图灵教育

站在巨人的肩上
Standing on the Shoulders of Giants

TURING 图灵原创

区块链技术
进阶与实战

第2版

蔡亮 李启雷 梁秀波 著

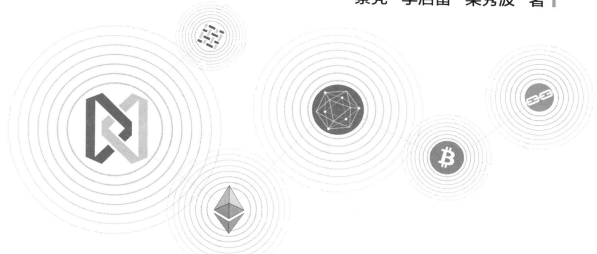

人民邮电出版社
北京

图书在版编目（CIP）数据

区块链技术进阶与实战 / 蔡亮，李启雷，梁秀波著.
-- 2版. -- 北京 : 人民邮电出版社，2020.11
（图灵原创）
ISBN 978-7-115-55137-5

Ⅰ. ①区… Ⅱ. ①蔡… ②李… ③梁… Ⅲ. ①区块链
技术 Ⅳ. ①TP311.135.9

中国版本图书馆CIP数据核字(2020)第206653号

内 容 提 要

本书从实战的角度对区块链技术进行了全面的介绍和剖析，非常适合区块链开发人员由浅入深地学习区块链技术。全书共分为 4 个部分：第一部分对区块链进行全景分析，介绍其概念、历史、技术流派、主要公司和典型应用场景；第二部分对知名开源区块链平台以太坊和 Hyperledger 进行详细解读；第三部分对企业级区块链平台的核心技术进行分析；第四部分介绍了 6 个区块链实际应用项目案例。第 2 版对调研数据、平台介绍、开发实践和项目案例进行了全面补充和更新。

本书适用于对区块链技术感兴趣的程序员、架构师和高校学生，可作为高校教材和培训资料。

◆ 著　　　　蔡　亮　李启雷　梁秀波

责任编辑　张　霞
责任印制　周昇亮

◆ 人民邮电出版社出版发行　　北京市丰台区成寿寺路11号

邮编　100164　电子邮件　315@ptpress.com.cn

网址　https://www.ptpress.com.cn

北京天宇星印刷厂印刷

◆ 开本：800×1000　1/16

印张：23

字数：340千字　　　　　　　　2020年 11 月第 2 版

印数：9 601 – 13 600册　　　　2020年 11 月北京第 1 次印刷

定价：89.00元

读者服务热线：(010)51095183转600　印装质量热线：(010)81055316

反盗版热线：(010)81055315

广告经营许可证：京东市监广登字 20170147 号

序 一

打造自主可控联盟区块链，开创金融科技发展新天地

近年来，以比特币为代表的"数字加密货币"在世界范围内广为流行，带来了新的机遇和挑战。区块链作为"数字加密货币"系统的底层支撑技术，展现出了巨大的潜在应用价值，将在金融、贸易、物流、征信、物联网、共享经济等诸多领域引发技术革新浪潮。美国、英国、俄罗斯、澳大利亚、日本等发达国家已从战略层面开展区块链的研究和应用。我国政府对区块链技术的发展也非常重视，国务院将区块链列入"十三五"国家信息化规划，工信部连续多年发布我国区块链产业发展白皮书。总体上来说，当前区块链技术尚处于起步阶段，国内外发展差距并不大。为了避免在该重要新兴技术领域出现类似操作系统、数据库等底层关键技术被国外巨头垄断的局面，研发一套完全自主可控的区块链底层平台意义重大。

区块链技术本质上是一种分布式账簿数据库，它利用块链式数据结构来验证与存储数据，基于分布式共识算法来生成和更新数据，并通过密码学的方式保证数据传输和访问的安全。从功能层面上来看，区块链记录不易篡改，无须第三方可信中介，天然适合多个机构在区块链网络中相互监督并实时对账，通过智能合约大大提高了经济活动与契约的自动化程度。

按其组织形态，区块链平台可分为公有链、联盟链和私有链。公有链是非许可链，具有完全去中心化的特性，但存在共识效率极低、缺乏权限控制与隐私保护等问题，除了"数字加密货币"之外，很难应用于其他领域。联盟链是许可链，需经过一定的权限许可方能加入网络。私有链也属于许可链，其许可权掌握在单一机构手中。

从时间维度来看，区块链技术自诞生以来发生了 3 次重要的技术演进。第一次发生在 2009年，代表平台为"比特币"，首次验证了无中心机构的"数字货币"的可行性，但其交易性能极低，仅为每秒几笔交易。第二次发生在 2013 年，代表平台为以太坊，首次在区块链平台中增加了可编程特性，从而大大拓展了区块链的应用范围，但其交易性能仍然不高，仅为每秒数十笔。第三次发生在 2015 年，代表平台为 Hyperledger Fabric 和 Hyperchain，首次在区块链平台中加入权限控制和隐私保护，并将交易性能提高到了每秒几千笔甚至到上万笔。

联盟区块链具有高效共识、智能合约、多级加密、权限控制、隐私保护等特性，辅以可视监控、动态配置等功能，主要面向企业级应用场景，是区块链发展的最新形态，在中国有极其广泛的应用价值，其核心优势主要有 3 点：(1) 从监管角度看，联盟区块链可以通过 CA 认证准入、制定监管规则合约等方式为监管提供便利；(2) 商业机构及用户对账户和部分交易信息有隐私保护的需求，联盟区块链可以通过加密、分区等方式实现隐私保护；(3) 从商业应用角度来看，交易吞吐量和时延是企业最关心的交易性能指标，联盟区块链通过共识算法的创新使交易效率得到很大提升。但是，一些商业需求的场景对联盟区块链提出了更高的技术要求，例如：(1) 高性能，如何在多个节点之间高效地达成共识，如何有效地提升智能合约的执行效率；(2) 高可用，应允许在不死机的情况下加入新节点，并可在节点重启之后快速恢复；(3) 安全隐私，如何设计权限控制机制，使之符合国家标准，并能有效地保护隐私数据；(4) 可编程，应提供图灵完备的、安全的智能合约引擎，可支持多语言的、复杂的智能合约。然而，当前主流的开源区块链平台（如以太坊、Hyperledger Fabric 等）尚未达到上述技术要求。

在杨小虎、蔡亮等教师的带领下，浙江大学超大规模信息系统研究中心自 2015 年开始对联盟区块链的核心技术开展了多层次的研究工作。浙江大学于 2018 年 6 月成立了浙江大学区块链研究中心，专注于区块链理论、技术和应用的前沿研究。杭州趣链科技有限公司研发的 Hyperchain 联盟区块链平台在高性能、高可用、安全隐私和可编程技术方面取得突破，支持了国内首个接入银行核心系统的区块链项目的落地和稳定运行。目前 Hyperchain 平台已在金融等众多领域得到了实际应用。

本书对以太坊、Hyperledger Fabric 和 Hyperchain 的技术特点及内核代码进行了详细的分析，对各平台的应用开发技术进行了介绍。相信本书对区块链技术的爱好者和区块链行业的从业者会有很好的参考价值。

陈纯

中国工程院院士，浙江大学计算机科学与技术学院教授

序　二

利用区块链构建新型多方业务协作平台

很荣幸受邀为本书撰序，也很高兴看到这样一本全面、系统、综合介绍区块链技术的图书问世。

随着一系列以比特币为代表的"虚拟货币"大热，区块链这一底层支撑技术浮出水面，受到广泛关注。相关从业人员逐渐发现，该技术不仅可以用于产生一种新型的"数字货币"，而且能够解决万物互联的产品交换问题，改变商品交易模式，进而影响和改变未来的经济和金融形态。它甚至会像 TCP/IP 一样，对互联网的发展产生颠覆性的作用，在未来万物互联的世界里，对人类社会产生重大影响，彻底改变社会生产方式和人们的生活方式。以 TCP/IP 为基础的第一代互联网只解决了信息传输的效率问题，却未解决信任问题。在涉及多方协作的业务场景时，除了要建设信息系统、建立中介机构以完成信息传输和交换，还需要额外采取一系列的措施来解决各方信任问题，这大大增加了各方沟通和协作的成本。区块链技术通过建立多节点参与共识的、难以篡改的分布式总账，使得利益相关方可以从技术层面上共组一个网络、共记一套账本，因而可以大大降低业务协作过程中的沟通和人力成本。

对新型多方业务协作系统而言，区块链的价值主要体现在 4 个方面：(1) 降低系统对接复杂性，跨系统数据交互与路由下沉到区块链层，降低应用开发的难度和成本，提高开发效率；(2) 提高数字资产流动性，通过资产上链，提高流动性，实现价值传输；(3) 实现全流程监控，智能合约记录信息和状态的流转，数据难以篡改，实现信息的全流程可监控；(4) 多方可信合作，使产业链可信合作成为可能，符合轻资产运行需求。

中国外汇交易中心多年致力于金融科技（FinTech）领域的前沿技术研究，在区块链、人工智能、分布式架构、微服务和软件形式化等方面均有探索，对于区块链和分布式账本技术的研究，形成了符合中心技术规划和技术发展路线的区块链架构方案，并以国密算法、共识协议、智能合约等关键技术为突破口，明确了对通用区块链技术的改进方案，取得了丰硕的研究成果。交易中心与浙江大学杨小虎、蔡亮等教师带领的研究团队在金融科技领域有多年的合作研究基础，在区块链方面从 2016 年开始与杭州趣链科技有限公司展开合作，现已形成一定的技术储备。杭州趣链科技有限公司研发的 Hyperchain 平台具有性能优异、安全可靠、监控可视化、支持合约无缝升级和数据存储横向扩展等特性，是国内非常具有竞争力的、自主可控的企业级区块链底层平台，是基于区块链搭建新一代价值传输和业务协作平台的理想选择。

除了金融领域，区块链技术在贸易、物流、征信、物联网、社会公益等领域也有了越来越多的关注和应用，越来越多的专业人员开始从事区块链平台研究和应用开发工作，但当前市面上介绍区块链开发技术的书却不多，可指导读者动手实践的书更是凤毛麟角。本书基于浙江大学和杭州趣链科技有限公司多年的区块链技术研发经验，对知名的开源区块链平台以太坊和 Hyperledger Fabric 以及自研的 Hyperchain 平台展开了深入剖析，在讲解平台功能的过程中，穿插说明了区块链的关键算法和核心原理，并配有各个平台的开发指南和项目案例，深入浅出地介绍了当前主流的区块链开发技术。相信本书可帮助读者更深刻地理解区块链技术原理，并有效地提升区块链技术开发能力。

许再越

中国外汇交易中心副总裁

前　　言

区块链技术是金融科技领域乃至整个 IT 领域的重大技术创新。该技术本质上是以数据加密、时间戳和分布式共识算法等基础技术为依托，实现链式存储、智能合约和隐私保护等高级功能的分布式账本技术。该技术通过区块链网络节点之间的相互验证、监督和数据备份，从技术层面上保证在链式账本中所存储的数据很难被恶意篡改，特别适合用于解决多方业务协作场景中为维护信用而导致的成本居高不下的问题。

区块链技术起源于"比特币"，是"数字加密货币"的底层支撑技术。自 2009 年诞生以来，比特币系统已在无中心维护机构的情况下稳定运行达 10 年之久。随着比特币的流行，数以百计的"数字加密货币"快速涌现。近年来，人们发现"数字加密货币"背后的区块链技术可能具有发挥更大价值的潜力，将来可用于极为广泛的业务场景。许多专家认为，区块链技术可用于解决新一代互联网去中心化的价值交换问题，即网络传输的信用问题。

用于"数字加密货币"的区块链技术只能实现交易转账等基础功能，被认为是 1.0 版本的区块链技术。要想将区块链应用于"数字加密货币"之外的广泛场景，必须对该技术加以改进。2014 年，以太坊应运而生。该平台通过支持智能合约将业务逻辑的设计和控制权转移到了平台用户手中，允许通过编写合约代码来满足各种复杂的业务场景的需求。该平台作为区块链 2.0 版本的典型代表，广受赞誉和追捧。

然而，以太坊平台并不是一个完美的区块链平台，还存在共识效率低下、隐私保护缺乏、大规模存储困难和信息难以监管等问题，无法应用于大规模的企业级信息系统。针对这些问题，一些企业级的区块链平台诞生了，其中的典型代表是 IBM 支持的 Hyperledger Fabric 和趣链科技的 Hyperchain。通过高效共识、多级加密、权限控制、可视监控、动态配置等技术，企业级区块链平台为区块链技术打开了更为广泛的应用空间。

本书是一本介绍区块链核心原理和应用技术的专业书，与当前市场上的绝大部分区块链图书不同，不会天马行空地设想各种短期无法落地的应用场景，而是专注于介绍技术"干货"和开发经验，实战性非常强。读者通过本书的学习即可上手使用当下最受欢迎的区块链平台，参考本书实例即可快速开发自己的第一个区块链应用。

本书结构

本书共分为 4 个部分。

第一部分介绍区块链的基础知识，使读者快速对区块链技术有一个整体认识。本部分包含了 1 章内容，即第 1 章，对区块链技术的发展情况进行了全面分析，介绍了其概念、历史、技术流派、关键技术和典型应用场景，并对主流平台进行了对比分析，给出了当前区块链产业生态图谱。

第二部分对知名开源区块链平台以太坊和 Hyperledger 进行详细解读，并介绍如何基于这两个平台进行区块链应用开发。本部分包含了 4 章的内容。

第 2 章对以太坊的发展历史、基本概念、客户端、账户管理及以太坊网络等基础知识进行了介绍，并对以太坊共识机制、虚拟机、数据存储和加密算法等以太坊关键模块的核心原理进行了剖析，详细介绍了以太坊智能合约的编写、部署、测试与执行，最后对以太坊发展过程中的重大事件和目前存在的主要问题进行了分析探讨。

第 3 章首先介绍了如何搭建以太坊的开发环境，包括 Go 语言环境、Node.js 和 npm 的配置，Solc 编译器的安装，以及如何使用以太坊 geth 客户端搭建私有链；其次讲解了以太坊智能合约开发的集成开发环境，包括 Mix IDE 和在线浏览器编译器；再次讲述了 JSON RPC 和 JavaScript API 两种以太坊编程接口，通过这两种接口可以实现和以太坊底层的交互，实现合约方法的调用；随后讲述了目前主流的以太坊开发框架与流程，包括 Metero、Truffle 和商业化开发中的分层可扩展开发流程；最后给出了第一个较为完整的以太坊应用开发实例。

第 4 章对 Hyperledger Fabric 进行了深入解读，有助于读者深入理解 Fabric 的底层实现原理。首先，介绍了 Hyperledger 及其子项目的发展现状及管理模式，重点介绍了 Hyperledger Fabric；其次，对 Hyperledger Fabric 架构进行深入分析，从成员服务、区块链服务以及合约代码服务 3 个方面探讨 Hyperledger Fabric 的架构组成与特点，给出了 Fabric 架构设计和模块组件；再次，给出了 Chaincode 代码结构、调用方式和执行流程；最后，对交易背书流程展开了详细分析。

第 5 章主要介绍如何在 Hyperledger Fabric 平台上开发区块链应用，首先讲述了 Hyperledger Fabric 的开发运行环境的搭建过程，其次给出了 Chaincode 开发和部署流程，最后介绍了 CLI 应用接口和 SDK 接口，并通过实例说明了如何基于这两种接口开发 Hyperledger Fabric 的区块链应用。

第三部分以自主可控联盟区块链 Hyperchain 为例对企业级区块链平台的核心技术进行分析，并介绍了基于 Hyperchain 的企业级区块链应用开发技术。本部分包含了 2 章的内容。

第 6 章以企业级区块链平台 Hyperchain 为例，介绍了构成企业级区块链平台的核心组件的实现原理。企业级区块链同公有链和私有链不同，它直接面对企业级应用的需求，对区块链系统的安全性、灵活性以及性能都有着更加严格的要求。Hyperchain 企业级区块链平台在优化传统 PBFT 的基础上设计实现了灵活、高效、稳定的共识算法 RBFT，在智能合约的支持上选择了支持开源领域活跃的 Solidity 语言，对其执行虚拟机进行了系统层面的优化，并通过对交易、交易链路、应用开发包等多层面的加密处理，加强企业级区块链的安全等级。此外，Hyperchain 还设计实现了支持系统监控、合约编写、合约编译等多功能的企业级区块链管控平台。

第 7 章主要介绍了 Hyperchain 区块链上应用开发的相关内容。首先，从交易调用、合约管理以及区块查询几个方面介绍了 Hyperchain 平台对外提供的主要接口；其次，从 Hyperchain 集群的配置、部署和运行等方面介绍了如何搭建一个可运行的企业级区块链系统 Hyperchain；最后，以模拟银行为例，介绍了如何在 Hyperchain 平台上进行智能合约应用的开发。

第四部分介绍了多个区块链实际应用项目案例，每个案例的介绍均包括项目简介、系统功能分析、系统总体设计、智能合约设计、系统实现和部署等部分，对开发过程和关键代码进行了详细分析，并提供了完整的案例源代码。本部分包含了 3 章的内容。

第 8 章介绍了两个基于以太坊的实际项目案例，分别是通用积分系统和电子优惠券系统。基于前面章节所学习的以太坊基础知识和开发技术，读者可对照本章的内容，一步一步地动手实践，在实战过程中更好地理解相关概念和技术，从而为自己基于以太坊构建区块链应用项目打好基础。

第 9 章介绍了两个基于 Hyperledger Fabric 的实际项目案例，分别是社会文物管理平台和高端食品安全系统。基于前面章节所学习的 Hyperledger Fabric 基础知识和开发技术，读者可结合本章的内容边学边做，通过项目驱动的学习为 Hyperledger Fabric 区块链应用开发积累实践经验。

第 10 章介绍了两个基于 Hyperchain 的企业级区块链应用项目案例，分别是应收账款管理系统和出行打车平台。可以看到，利用 Hyperchain 可以构建功能完备、技术领先、符合企业级要求的区块链应用。读者可对照本章内容，通过 Hyperchain 提供的完善的开发接口，对区块链应用开发进行深入的学习和实践。

第 2 版的变化

本书第 1 版出版至今已两年有余，两年来区块链技术发展日新月异，书中所介绍的 3 个主要的区块链平台以太坊、Hyperledger Fabric 和 Hyperchain 都有了较大的变化，为保持内容的即时性和先进性，特推出第 2 版，主要对调研数据、平台介绍、开发实践和项目案例等内容进行了补充和更新。与第 1 版相比，主要变化包括：第 1 章对区块链发展情况、产业现状、应用场景和主流平台对比分析等方面进行了大幅更新；第 2 章和第 3 章对以太坊平台发展情况、现存问题、开发工具和编程接口等部分进行了更新；第 4 章和第 5 章对 Fabric 平台简介、开发环境等内容进行了更新；第 6 章和第 7 章对 Hyperchain 平台的整体架构、功能组件、应用开发和部署管理等内容进行了大幅更新；第 8 章、第 9 章和第 10 章分别对以太坊、Hyperledger Fabric 和 Hyperchain 平台的实战案例进行了补充、完善和修改，其中第 9 章新增了两个全新的案例，第 10 章的数字票据案例改为了应收账款管理案例。

示例代码与勘误

第四部分的所有项目案例代码已上传图灵社区本书主页 www.ituring.com.cn/book/2805，其中 Ethereum-Score-Hella 项目是在 Truffle 4.1.11 下对 Ethereum-Score 项目的更新。

由于作者时间和水平有限，本书难免会存在一些纰漏和错误，欢迎广大读者批评指正。勘误请提交至图灵社区本书主页，或发送至作者邮箱：liangxiubo@hyperchain.cn。对于读者发现的问题，我们将在本书后续印次和版本中加以改正。

开放服务平台及更多技术支持

为了进一步降低区块链技术使用门槛，让更多的区块链开发者、爱好者以及正在尝试接入区块链技术的企业能够快捷地开发区块链应用，趣链科技提供了基于联盟链的开放服务平台飞洛。基于该平台，用户可以更方便地创建、发布和使用多中心化的应用程序。通过平台提供的在线智能合约编辑器，用户可便捷、准确地编写智能合约程序；通过平台提供的区块链浏览器，用户可方便地获取链上区块信息、区块链节点状态、节点维护方信息等。欢迎广大区块链相关从业人员访问体验。

如需获得更多区块链技术的最新技术动态和趣链科技的技术支持，可关注我们的微信公众号"趣链科技"。

致谢

作为区块链技术人员，能够编写一本技术性和实践性非常强的区块链图书，我们感到非常荣幸。在此向所有给我们提供指导、支持和鼓励的朋友表示衷心的感谢。

感谢浙江大学计算机科学与技术学院和软件学院为我们提供的优良条件和各种便利，感谢陈纯院士、杨小虎研究员一直以来的关怀和支持，使得本书得以顺利完稿。

感谢杭州趣链科技有限公司全体人员的大力支持，特别感谢李伟博士、邱炜伟博士后、尹可挺博士为本书成稿所给予的鼎力支持，感谢汪小益、黄方蕾、戎佳磊、陈宇峰、吴发翔、吴琛、胡为、宋家锦、郭威、李超、林波、欧锦铭、周昕、陈菲、费丽娜、陈晓阳、孙立钢、赵迁、顾家飞、史钢哲、尹旗胜、张乾威、何振豪等对书稿材料汇编所做出的贡献，感谢刘耀儆、胡麦芳、卓海振、钟蔚蔚、孙琪、赵科、黄志胜等对书稿校阅所付出的时间和汗水。

感谢万达网络科技集团先进技术研究中心副总经理季宙栋、区块链资深研究员张梦航对本书第 4 章和第 5 章内容的有益补充。

感谢人民邮电出版社图灵公司的编辑们，是他们不辞辛苦、仔细严谨的审阅和校对工作为本书的顺利出版提供了有力保障。

蔡亮　李启雷　梁秀波

2020 年 9 月于浙江杭州

目　　录

第一部分　区块链基础

第1章　区块链基础入门 ……… 2

1.1　区块链基础知识 ……… 2

  1.1.1　从比特币到区块链 ……… 2

  1.1.2　区块链定义 ……… 3

  1.1.3　区块链相关概念 ……… 4

  1.1.4　区块链分类 ……… 6

1.2　区块链发展历程 ……… 8

  1.2.1　技术起源 ……… 8

  1.2.2　区块链1.0："数字货币" ……… 9

  1.2.3　区块链2.0：智能合约 ……… 9

  1.2.4　区块链3.0：超越"货币"、
经济和市场 ……… 10

1.3　区块链关键技术 ……… 10

  1.3.1　基础模型 ……… 10

  1.3.2　数据层 ……… 11

  1.3.3　网络层 ……… 16

  1.3.4　共识层 ……… 17

  1.3.5　激励层 ……… 20

  1.3.6　合约层 ……… 21

1.4　区块链产业现状 ……… 22

  1.4.1　区块链发展态势 ……… 22

  1.4.2　区块链政府规划 ……… 23

  1.4.3　区块链生态图谱 ……… 26

1.5　区块链应用场景 ……… 27

  1.5.1　数字票据 ……… 27

  1.5.2　供应链金融 ……… 28

  1.5.3　应收账款 ……… 28

  1.5.4　数据交易 ……… 29

  1.5.5　债券交易 ……… 29

  1.5.6　大宗交易 ……… 29

  1.5.7　跨境支付 ……… 29

  1.5.8　其他场景 ……… 30

1.6　区块链主流平台 ……… 31

1.7　小结 ……… 33

第二部分　开源区块链平台

第2章　以太坊深入解读 ……… 36

2.1　以太坊基础入门 ……… 36

  2.1.1　以太坊发展历史 ……… 36

  2.1.2　以太坊基本概念 ……… 37

  2.1.3　以太坊客户端 ……… 39

  2.1.4　以太坊账户管理 ……… 42

  2.1.5　以太坊网络 ……… 44

2.2　以太坊核心原理 ……… 44

  2.2.1　以太坊共识机制 ……… 46

  2.2.2　以太坊虚拟机 ……… 48

  2.2.3　以太坊数据存储 ……… 50

  2.2.4　以太坊加密算法 ……… 52

2.3　以太坊智能合约 ……… 53

  2.3.1　智能合约与Solidity简介 ……… 53

  2.3.2　智能合约的编写与部署 ……… 55

  2.3.3　智能合约测试与执行 ……… 66

  2.3.4　智能合约实例分析 ……… 72

2.4 以太坊历史、问题与未来发展 ······ 75
　　2.4.1 历史事件 ···················· 75
　　2.4.2 以太坊现存问题 ············ 76
　　2.4.3 以太坊 2.0 ················· 78
2.5 小结 ····························· 79

第 3 章　以太坊应用开发基础 ······ 80
3.1 以太坊开发环境搭建 ············ 80
　　3.1.1 配置以太坊环境 ············ 80
　　3.1.2 搭建以太坊私有链 ········· 82
3.2 以太坊 Remix IDE ··············· 86
　　3.2.1 编译智能合约 ·············· 86
　　3.2.2 获得字节码和 ABI 文件 ····· 88
　　3.2.3 合约方法测试 ·············· 90
3.3 以太坊编程接口 ················· 91
　　3.3.1 JSON RPC ··················· 91
　　3.3.2 JavaScript API ·············· 95
3.4 DApp 开发框架与流程 ··········· 98
　　3.4.1 Meteor ····················· 98
　　3.4.2 Truffle ···················· 101
　　3.4.3 分层可扩展开发流程 ······ 105
3.5 第一个以太坊应用 ············· 107
　　3.5.1 优化 MetaCoin 应用 ········ 107
　　3.5.2 MetaCoin 代码详解 ········· 109
　　3.5.3 MetaCoin 应用运行 ········ 114
3.6 部署至以太坊公有链（Mainnet） ······ 116
　　3.6.1 Infura ····················· 116
　　3.6.2 项目配置 ·················· 118
　　3.6.3 部署 MetaCoin ·············· 119
3.7 小结 ··························· 119

第 4 章　Hyperledger Fabric 深入解读 ···· 120
4.1 项目介绍 ······················ 120
　　4.1.1 项目背景 ·················· 120
　　4.1.2 项目简介 ·················· 121
4.2 Fabric 简介 ···················· 123
4.3 核心概念 ······················ 124

4.4 架构详解 ······················ 128
　　4.4.1 架构解读 ·················· 128
　　4.4.2 成员服务 ·················· 130
　　4.4.3 区块链服务 ················ 134
　　4.4.4 合约代码服务 ············· 138
4.5 合约代码分析 ·················· 139
　　4.5.1 合约代码概述 ············· 139
　　4.5.2 合约代码结构 ············· 139
　　4.5.3 CLI 命令行调用 ············ 142
　　4.5.4 合约代码执行泳道图 ······ 143
4.6 交易流程 ······················ 144
　　4.6.1 通用流程 ·················· 144
　　4.6.2 流程详解 ·················· 146
　　4.6.3 背书策略 ·················· 149
　　4.6.4 验证账本和 PeerLedger
　　　　　 检查点 ···················· 150
4.7 小结 ··························· 151

**第 5 章　Hyperledger Fabric 应用开发
　　　　　 基础** ···················· 152
5.1 环境部署 ······················ 152
　　5.1.1 软件下载与安装 ············ 152
　　5.1.2 开发环境搭建 ············· 154
　　5.1.3 Go 和 Docker ··············· 156
5.2 合约代码开发指南 ············· 159
　　5.2.1 接口介绍 ·················· 159
　　5.2.2 案例分析 ·················· 160
　　5.2.3 私有数据的相关介绍 ······ 163
5.3 CLI 应用实例 ··················· 165
　　5.3.1 准备工作 ·················· 165
　　5.3.2 编写代码 ·················· 167
　　5.3.3 启动网络与合约代码调用 ······ 172
　　5.3.4 手动开启网络 ············· 173
5.4 SDK 应用实例 ·················· 175
　　5.4.1 SDK 介绍 ·················· 176
　　5.4.2 SDK 应用开发 ············· 177
5.5 小结 ··························· 182

第三部分　企业级区块链平台 Hyperchain

第6章　企业级区块链平台核心原理剖析 ……184

6.1　Hyperchain 整体架构 …………184

6.2　基础组件 …………………………187

　　6.2.1　共识算法 …………………187

　　6.2.2　网络通信 …………………193

　　6.2.3　智能合约 …………………194

　　6.2.4　账本数据存储机制 ………198

6.3　拓展组件 …………………………205

　　6.3.1　隐私保护 …………………205

　　6.3.2　加密机制 …………………207

　　6.3.3　成员管理 …………………210

　　6.3.4　区块链治理 ………………213

　　6.3.5　消息订阅 …………………214

　　6.3.6　数据管理 …………………216

　　6.3.7　基于硬件加速的验签 ……219

6.4　小结 ………………………………220

第7章　Hyperchain 应用开发基础 ……222

7.1　平台功能 …………………………222

　　7.1.1　平台交互 …………………222

　　7.1.2　交易调用 …………………223

　　7.1.3　合约管理 …………………227

　　7.1.4　区块查询 …………………230

7.2　平台部署 …………………………233

　　7.2.1　Hyperchain 配置 …………234

　　7.2.2　Hyperchain 部署 …………234

　　7.2.3　Hyperchain 运行 …………236

7.3　第一个 Hyperchain 应用 ………237

　　7.3.1　编写智能合约 ……………237

　　7.3.2　部署与合约调用 …………238

7.4　小结 ………………………………239

第四部分　区块链应用案例

第8章　以太坊应用实战案例详解 ………242

8.1　基于以太坊的通用积分系统案例分析 …………………………242

　　8.1.1　项目简介 …………………242

　　8.1.2　系统功能分析 ……………243

　　8.1.3　系统总体设计 ……………244

　　8.1.4　智能合约设计 ……………246

　　8.1.5　系统实现 …………………253

　　8.1.6　系统部署 …………………262

8.2　基于以太坊的电子优惠券系统案例分析 …………………………265

　　8.2.1　项目简介 …………………265

　　8.2.2　系统功能分析 ……………266

　　8.2.3　系统总体设计 ……………267

　　8.2.4　智能合约设计 ……………269

　　8.2.5　系统实现与部署 …………276

8.3　小结 ………………………………279

第9章　Hyperledger Fabric 应用实战案例详解 ……………………280

9.1　基于 Fabric 的社会文物管理平台案例分析 ……………………280

　　9.1.1　项目背景分析 ……………280

　　9.1.2　系统功能分析 ……………281

　　9.1.3　系统总体设计 ……………282

　　9.1.4　智能合约总体设计 ………284

　　9.1.5　核心功能合约设计 ………284

　　9.1.6　工具合约设计 ……………287

　　9.1.7　部署实现 …………………288

9.2　基于 Fabric 的高端食品安全系统案例分析 ……………………289

　　9.2.1　背景分析 …………………290

　　9.2.2　方案提出 …………………290

　　9.2.3　系统功能分析 ……………291

　　9.2.4　系统总体设计 ……………292

　　9.2.5　API 设计 …………………294

　　9.2.6　智能合约设计 ……………294

9.2.7　利用 Node.js SDK ……………308

9.2.8　部署实现 ……………………310

9.3　小结 ……………………………317

第 10 章　企业级区块链应用实战案例
**　　　　详解** ……………………318

10.1　基于 Hyperchain 的应收账款管理
　　　系统案例分析 …………………318

10.1.1　项目简介 ……………………318

10.1.2　系统功能分析 ………………320

10.1.3　系统总体设计 ………………321

10.1.4　智能合约设计 ………………325

10.1.5　系统安全设计 ………………328

10.2　基于 Hyperchain 的出行打车平台
　　　案例分析 ………………………329

10.2.1　项目简介 ……………………329

10.2.2　系统功能分析 ………………330

10.2.3　系统总体设计 ………………333

10.2.4　智能合约设计 ………………335

10.2.5　系统实现与部署 ……………350

10.3　小结 ……………………………352

第一部分

区块链基础

☐ 第1章　区块链基础入门

区块链基础入门

区块链技术最初源自于中本聪（Satoshi Nakamoto）2008 年提出的比特币（Bitcoin），其去中心化、开放性、信息不易篡改等特性很可能会对金融、服务等一系列行业带来颠覆性的影响。2016 年 1 月，中国人民银行在北京召开数字货币研讨会，探讨采用区块链技术发行虚拟数字货币的可行性，虽然后来试点发行的数字货币并未完全采用区块链技术，但是"区块链"这个带着些神秘色彩的名词突然间成为热议的话题，接踵而来的是区块链技术在国内迅速升温，越来越多的区块链初创公司和相关研究机构小组相继成立，这带动了区块链技术高速发展，使其成为近年来最具革命性的新兴技术之一，甚至被认为是继大型机、个人计算机、互联网、移动/社交网络之后计算范式的第五次颠覆式创新，同时它还被誉为人类信用进化史上继血亲信用、贵金属信用、纸币信用之后的第四个信用里程碑。

本章将对区块链技术进行全面剖析，从区块链的基础知识、发展历程、关键技术、产业现状、场景模式和主流平台等方面进行全景分析，使读者对区块链技术有一个整体而直观的认识，为区块链技术的进阶与实战打好基础。

1.1 区块链基础知识

学习一项新技术，必始于了解其基本概念。本节将从比特币讲起，引出区块链技术，然后介绍区块链技术入门所必备的基础知识，例如区块链的定义、相关基本概念和区块链的分类等。

1.1.1 从比特币到区块链

谈到区块链技术，人们往往会先联想到比特币，因为区块链技术最初是作为比特币的底层框架技术出现的。因此，我们在探究区块链技术之前，先来简单地了解一下区块链的起源——比特币。

早在 20 世纪 80 年代，人们就已经开始了"数字货币"的探索。但是直到比特币出现，"数字加密货币"的想法才变成了现实，"数字货币"及其衍生应用才开始迅猛发展。比特币是第一个区块链应用，也是迄今为止规模最大、应用范围最广的区块链应用。在 2008 年 11 月，一个化名为中本聪的人在一篇《比特币：一种点对点的电子现金系统》论文中，描述了一种如何建立一套全新的、去中心化的点到点交易系统的方法，并将他在论文中提出的理念付诸实践，开始研发比特币相关的功能。2009 年 1 月 3 日，比特币正式运行，第一个区块——创世区块诞生了。2009 年 1 月 12 日，中本聪通过比特币系统发送了 10 个比特币给密码学家哈尔·芬尼（Hal Finney），这是比特币系统自上线以来完成的第一笔交易。尽管充满了争议，但从技术角度来说，比特币是"数字货币"历史上一次了不起的创新。

与传统货币和在比特币诞生之前的"数字货币"相比，比特币最大的不同是不依赖于任何中心化机构，而是依靠加密和共识算法等数学原理。人们不再需要因为信任问题而消耗额外的资源，因此，比特币和区块链技术受到了众多的关注和追捧。

比特币作为一种基于区块链技术创造的"虚拟数字货币"，旨在解决之前的"数字货币"存在的以下问题：

- ❑ 发行机构控制货币的发行及相关政策，可以决定一切；
- ❑ 以前的"数字货币"都无法做到匿名交易；
- ❑ "虚拟数字货币"自身的价值无法得到保证；
- ❑ 所持货币对于持币人来说不具备完全的安全性。

当前的银行系统作为货币的第三方机构，确实可以有代价地解决上面的问题，但是如果把交易范围扩大到全球范围，又有哪一所银行能确保它在全球都是可以信任的呢？于是，就有人提出，是否可以设计一套分布式的数据库系统，它在全球范围内都可以访问，并完全中立、公正、安全。很多研究者努力探索并提出了一些解决方案，但由于种种原因未能真正被社会接纳，而比特币实现了这样的分布式账本技术。

从 2014 年开始，人们发现比特币的底层支撑技术区块链具有巨大的潜在应用价值，这正式引发了分布式账本（Distributed Ledger）技术的革新浪潮。随着探索者的不断创新，区块链技术已经脱胎于比特币，逐渐在金融、贸易、物流、征信、物联网、共享经济等诸多领域崭露头角。

1.1.2 区块链定义

区块链技术本质上是一个去中心化的数据库，它是比特币的核心技术与基础架构，是分布式数据存储、点对点传输、共识机制、加密算法等计算机技术的新型应用模式。狭义来讲，区块链是一种按照时间顺序将数据区块以顺序相连的方式组合成的一种链式数据结构，并以密码学方式加以保证的不易篡改、不易伪造的分布式账本。广义来讲，区块链技术是利用块链式数据结构验证和存储数据、利用分布式节点共识算法生成和更新数据、利用密码学方式保证数据传输和访问的安全、利用由自动化脚本代码组成的智能合约，来编程和操作数据的一种全新的分布式基础架构与计算范式。

区块链上存储的数据需由全网节点共同维护，可以在缺乏信任的节点之间有效地传递价值。

相比现有的数据库技术，区块链具有以下技术特征。

1. 块链式数据结构

区块链利用块链式数据结构验证和存储数据，通过前文对区块链基本概念的介绍可知，每个区块打包记录了一段时间内发生的交易，是对当前账本的一次共识，并且通过记录上一个区块的哈希值进行关联，从而形成块链式的数据结构。

2. 分布式共识算法

区块链系统利用分布式共识算法来生成和更新数据，从技术层面杜绝了非法篡改数据的可能性，从而取代了传统应用中保证信任和交易安全的第三方中介机构，降低了为维护信用而造成的时间成本、人力成本和资源耗用。

3. 密码学方式

区块链系统利用密码学的方式保证数据传输和访问的安全。存储在区块链上的交易信息是公开的，但账户的身份信息是高度加密的。区块链系统集成了对称加密、非对称加密及哈希算法的优点，并使用数字签名技术来保证交易的安全。

以上技术特征决定了区块链应用具有如下功能特征。

1. 多中心

不同于传统应用的中心化数据管理，区块链网络中有多个机构进行相互监督并实时对账，从而避免了单一记账人造假的可能，增强了数据安全。

2. 自动化

区块链系统中的智能合约是可以自动化执行一些预先定义好的规则和条款的一段计算机程序代码，它大大提高了经济活动与契约的自动化程度。

3. 可信任

存储在区块链上的交易记录和其他数据都是不易篡改并且可溯源的，这样就能够很好地解决各方不信任的问题，无须第三方可信中介。

4. 开放性

通常情况下，区块链系统的每个节点都有全网的账本，而且很多区块链项目开源了源代码。除了行业相关隐私数据会进行加密外，区块链的数据信息完全公开透明。

1.1.3　区块链相关概念

区块链以密码学的方式维护一份不易篡改和不易伪造的分布式账本，通过基于协商一致的规范和协议（共识机制）解决了去中心化的记账系统的一致性问题，其相关概念主要有以下 3 个。

❑ 交易（transaction）：区块链上每一次导致区块状态变化的操作都称为交易，每一次交易对应唯一的交易哈希值，一段时间后便会对交易进行打包。

❑ 区块（block）：打包记录一段时间内发生的交易和状态结果，是对当前账本的一次共识。每个区块以一个相对平稳的时间间隔加入到链上，在企业级区块链平台中，共识时间可以动态设置。

❑ 链（chain）：区块按照时间顺序串联起来，通过每个区块记录上一个区块的哈希值关联，是整个状态改变的日志记录。

图 1.1 展示的区块链主要结构可以帮助大家理解这些概念。

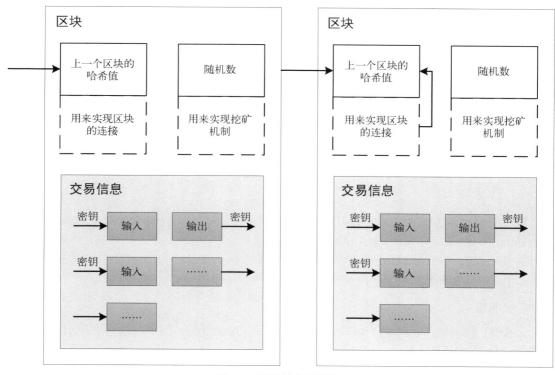

图 1.1 区块链主要结构

在区块链技术体系中，交易的可信和安全并不是通过某个权威的中心化机构来保证的，而是通过加密和分布式共识机制。区块链主要的技术创新有以下 4 点。

1. 分布式账本

交易是由分布式系统中的多个节点共同记录的。每一个节点都记录了完整的交易记录，因此它们都可以参与监督交易的合法性并验证交易的有效性。不同于传统的中心化技术方案，区块链中没有任何一个节点有权限单独记录交易，从而避免了因单一记账人或节点被控制而造假的可能性。另外，由于全网节点参与记录，理论上讲，除非所有的节点都被破坏，否则交易记录就不会丢失，从而保证了数据的安全性。

2. 加密技术和授权技术

区块链技术很好地集成了当前对称加密、非对称加密和哈希算法的许多优点，并使用了数字签名技术来保证交易的安全性，其中最具代表性的是使用椭圆曲线加密算法生成用户的公私钥对和使用椭圆曲线数字签名算法来保证交易安全。打包在区块上的交易信息对于参与共识的所有节点是公开的，但是账户的身份信息是经过严格加密的。

3. 共识机制

共识机制是区块链系统中各个节点达成一致的策略和方法。区块链的共识机制替代了传统应用中保证信任和交易安全的第三方中心机构，能够降低由于各方不信任而产生的第三方信用成本、时间成本和资本耗用。常用的共识机制主要有 PoW、PoS、DPoS、Paxos、Raft、PBFT 等，共识机制既是数据写入的方式，又是防止篡改的手段。

4. 智能合约

智能合约是可以自动化执行预先定义规则的一段计算机程序代码，本身就是一个系统参与者。它能够实现价值的存储、传递、控制和管理，为基于区块链的应用提供了创新性的解决方案。

1.1.4　区块链分类

按照节点参与方式的不同，区块链技术可以分为：公有链（public blockchain）、联盟链（consortium blockchain）和私有链（private blockchain）。按照权限的不同，区块链技术可以分为：许可链（permissioned blockchain）和非许可链（permissionless blockchain）。在前述的三大类区块链技术中，联盟链和私有链属于许可链，公有链属于非许可链。

1. 公有链

公有链，顾名思义，就是公开的区块链。公有链是全公开的，所有人都可以作为网络中的一个节点，而不需要任何人给予权限或授权。在公有链中，每个节点都可以自由加入或者退出网络，可以参与链上数据的读写、执行交易，还可以参与网络中共识达成的过程，即决定哪个区块可以添加到主链上并记录当前的网络状态。公有链是完全意义上的去中心化区块链，借助密码学中的加密算法保证链上交易的安全。在采取共识算法达成共识时，公有链主要采取工作量证明（proof of work，PoW）机制、权益证明（proof of stake，PoS）机制和股份授权证明（delegated proof of stake，DPoS）机制等共识算法，将经济奖励和加密数字验证结合起来，达到去中心化和全网达成共识的目的。在这些算法共识形成的过程中，每个节点都可以为共识过程做出贡献，也就是俗称的"挖矿"，来获取与贡献成正比的经济奖励，也就是系统中发行的"数字代币"。

公有链也称为公共链，它属于一种非许可链，不需要许可就可以自由加入或退出。当前最典型的代表应用有比特币、以太坊（Ethereum）等。因其完全去中心化和面向大众的特性，公有链通常适用于"虚拟加密货币"和一些面向大众的金融服务以及电子商务等。

2. 联盟链

联盟链不是完全去中心化的，而是一种多中心化或者部分去中心化的区块链。在区块链系统运行时，它的共识过程可能会受指定节点的控制。例如，在一个有 15 个金融机构接入的区块链系统中，每个机构都作为链上的一个节点，每确认一笔交易，都需要至少对 10 个节点进行确认（2/3 确认），这笔交易或者这个区块才能被认可。联盟链账本上的数据与公有链的完全公开不同，只有联盟成员节点才可以访问，并且链上的读写权限、参与记账规则等操作也需要由联盟成员节点共同决定。因为联盟链场景中的参与者组成一个联盟，参与共识的节点相对公有链而言会少很多，并且一般针对某个商业场景，所以共识协议一般不采用与工作量证明类似的挖矿机制，同时也不一定需要代币作为激励机制，而是采用 PBFT、Raft 这类适用于多中心化且效率较高的共识算法。同时，联盟链对交易的时间、状态、每秒交易数等与公有链有很大区别，所以它比公有链有更高的安全和性能要求。

联盟链属于一种许可链，不像公有链那样任何人都能自由加入，而是需要一定的权限许可才可以作为一个新的节点加入。当前联盟链典型的代表有 Linux 基金会支持的超级账本（Hyperledger）项目、R3 区块链联盟开发的 Corda，以及趣链科技推出的 Hyperchain 平台等。

3. 私有链

私有链是指整个区块链上的所有写入权限仅仅掌握在一个组织手里，而读取权限可以根据情况对外开放或者任意进行限制。所以，私有链的应用场景一般是企业内部总公司对分公司的管理，如数据库管理和审计等。相比于公有链和联盟链，私有链的价值主要体现在它可以提供一个安全、可追溯、不易篡改的平台，并且可以同时防止来自内部和外部的安全攻击。目前对于私有链存在着一些争议，有人认为私有链的意义不大，因为它需要依赖于第三方的区块链平台机构，所有的权限都被控制在一个节点中，已经违背了区块链技术的初衷，不能算一种区块链技术，而是已经存在的分布式账本技术。但是也有人认为私有链具有很大的潜在价值，因为它可以给当前存在的许多问题提供很好的解决方案，比如企业内部规章制度的遵守、金融机构的反洗钱行为以及政府部门的预算和执行，等等。

与联盟链一样，私有链也属于一种许可链，不过它的许可权掌握在单一节点中，在有些场景中，私有链还被称为专有链。当下私有链的应用不是很多，开创者还在努力探索之中。当前已经存在的应用主要有英国币科学公司（Coin Sciences Ltd.）推出的多链（multichain）平台，其宗旨是希望帮助各企业快速地部署私有链环境，提供良好的隐私保护和权限控制。

自诞生至今，区块链技术经历了 3 次大的技术演进，其典型代表平台为 2009 年的比特币、2013 年的以太坊和 2015 年的 Fabric 和 Hyperchain，其组织形态从资源消耗严重、交易性能低下、缺乏灵活控制机制的公有区块链，向高效共识、智能可编程、可保护隐私的联盟区块链转变。当前，Hyperchian 平台的 TPS（每秒事务处理量）已达到千甚至万量级，可以满足大部分商业场景的需要。将来，随着技术的进一步发展，基于联盟链的区块链商业应用将成为区块链应用的主要形态。

1.2　区块链发展历程

比特币所实现的基于零信任基础、真正去中心化的分布式系统，其实是解决一个 30 多年前由 Leslie Lamport 等人提出的拜占庭将军问题。区块链技术从诞生至今，其发展历程大致可以分为 4 个阶段：技术起源、区块链 1.0、区块链 2.0 和区块链 3.0，如图 1.2 所示。

图 1.2　区块链发展历程

1.2.1　技术起源

区块链技术源于中本聪创造的比特币。比特币是中本聪站在巨人的肩膀上，基于前人的各种相关技术和算法，结合自己独特的创造性思维而设计出来的。下面简要介绍区块链相关基础技术的发展历史。

区块链利用工作量证明（proof of work，PoW）这种共识机制来实现交易更新和共享，解决了莱斯利·兰伯特（Leslie Lamport）等人在 1982 年提出的拜占庭将军问题（Byzantine Generals problem），这是一个非常著名的、具有容错性的分布式计算领域问题，即在一个存在故障节点和错误信息的分布式系统中保证正常节点达成共识，从而保证信息传输的一致性。1990 年，Leslie Lamport 提出了 Paxos 算法，该算法能在分布式系统中达成高容错性的全网一致性，但是它不考虑拜占庭将军问题。后来，Barbara Liskov 在 1999 年提出的实用拜占庭容错算法（practical Byzantine fault tolerance，PBFT）改进了 Paxos 算法，使其可以处理拜占庭将军问题。

PoW 机制源于 Cynthia Dwork 在 1993 年提出的工作量证明思想，最初被广泛应用于过滤垃圾邮件。1997 年，Adam Back 发明了 Hashcash（一种工作量证明算法），该算法利用成本函数的不可逆性，具有难于破解却易于验证的特点。其算法设计理念被中本聪改进之后，成为比特币区块链节点达成共识的核心技术之一，可以达到防止伪造交易的目的，是比特币的基石。1998 年，Wei Dai 使用 PoW 机制提出了匿名的"分布式电子货币系统"B-money，这是第一个去中心化的"电子加密货币"。比特币区块链的许多思想就是借鉴了 B-money。1999 年，Markus Jakobsson 和

Ari Juels 正式发表了工作量证明这个概念。2005 年，Hal Finney 提出可重复使用的工作量证明机制（reusable proofs of work，RPoW），结合 Wei Dai 提出的 B-money 系统与 Adam Back 发明的 Hashcash 算法来创造"数字加密货币"。2008 年，中本聪在一个隐秘的密码学论坛组发表了一篇关于比特币的论文，提出了利用 PoW 和时间戳机制构造出链式交易区块，实现了一种去中心化的匿名支付方式。而时间戳机制最早是由 Stuart Haber 与 W. Scott Stornetta 提出的，用来确保电子文件安全，中本聪在比特币中采用了这一技术，对账本中的交易进行追本溯源。

为保证区块链中交易的安全性，区块链技术采用了 1992 年 Scott Vanstone 等人提出的椭圆曲线数字签名算法（elliptic curve digital signature algorithm，ECDSA）。1985 年，Neal Koblitz 和 Victor Miller 两人最先将椭圆曲线用于密码学中，独立提出椭圆曲线密码学（elliptic curve cryptography，ECC）。ECDSA 正是在 ECC 的基础上提出的。ECC 与之前的 RSA 同为建立公开密钥加密算法，但是 ECC 可用简短且快速的密钥达到与 RSA 相同的安全强度，且更加难以攻破。ECC 逐渐成为保障网络安全与隐私的首选之策。在安全隐私方面，比特币很多设计与创新借鉴了密码学匿名现金系统 eCash，这是 David Chaum 在 1990 年基于自己在 1982 提出的不可追踪密码学网络支付系统理念开创的。虽然 eCash 不是一个去中心化的系统，但它也是数字货币历史上重要的里程碑。

从上述技术发展历史来看，区块链技术并不是一蹴而就的，而是一定背景和技术发展下的必然产物。关于区块链的核心技术，后续章节会进行系统性的详细介绍。

1.2.2　区块链 1.0："数字货币"

在区块链 1.0 阶段，区块链技术的应用范围主要集中在"数字货币"领域。由于比特币区块链解决了双花问题和拜占庭将军问题，真正扫清了"数字货币"流通的主要障碍，很多"山寨数字货币"开始大量涌现。这些"数字货币"的技术架构一般都可分为 3 层：区块链层、协议层和"货币层"。区块链层作为这些"数字货币"系统的底层技术，是最核心的部分，系统的共识过程、消息传递等核心功能都是通过区块链达成的。协议层则主要为系统提供一些软件服务、制定规则，等等。"货币层"则主要作为价值表示，用来在用户之间传递价值。

在区块链 1.0 阶段，基于区块链技术构建了很多去中心化数字支付系统，对传统的金融体系有着一定的冲击。

1.2.3　区块链 2.0：智能合约

在比特币和其他"山寨币"的资源消耗严重、无法处理复杂逻辑等弊端逐渐暴露后，业界逐渐将关注点转移到了比特币的底层支撑技术区块链上，产生了运行在区块链上的模块化、可重用、自动执行脚本，即智能合约。这大大拓展了区块链的应用范围，区块链由此进入 2.0 阶段。业界慢慢地认识到区块链技术潜藏的巨大价值。区块链技术开始脱离"数字货币"领域的创新，其应用范围延伸到金融交易、证券清算结算、身份认证等商业领域。涌现了很多新的应用场景，如金融交易、智能资产、档案登记、司法认证，等等。

以太坊是这一阶段的代表性平台，它是一个区块链基础开发平台，提供了图灵完备的智能合约系统。通过以太坊，用户可以自己编写智能合约，构建去中心化的 DAPP。基于以太坊智能合约图灵完备的性质，开发者可以编程任何去中心化应用，例如投票、域名、金融交易、众筹、知识产权、智能财产，等等。目前在以太坊平台运行着很多去中心化应用，按照其"白皮书"说明，主要有 3 种应用。第一种是金融应用，包括"数字货币"、金融衍生品、对冲合约、储蓄钱包、遗嘱这些涉及金融交易和价值传递的应用。第二种是半金融应用，它们涉及金钱的参与，但有很大一部分是非金钱的方面。第三种则是非金融应用，如在线投票和去中心化自治组织这类不涉及金钱的应用。

在区块链 2.0 阶段，以智能合约为主导，越来越多的金融机构、初创公司和研究团体加入了区块链技术的探索队列，推动了区块链技术的迅猛发展。

1.2.4   区块链 3.0：超越"货币"、经济和市场

随着区块链技术的不断发展，区块链技术的低成本信用创造、分布式结构和公开透明等特性的价值逐渐受到全社会的关注，在物联网、医疗、供应链管理、社会公益等各行各业中不断有新应用出现。区块链技术的发展进入了区块链 3.0 阶段。在这一阶段，区块链的潜在作用并不仅仅体现在货币、经济和市场方面，更延伸到了政治、人道主义、社交和科学领域，区块链技术已经帮助特殊的团体来处理现实中的问题。而随着区块链技术的继续发展，我们可以大胆构想，未来它将广泛而深刻地改变人们的生活方式，并重构整个社会，重铸信用价值。或许将来当区块链技术发展到一定程度时，整个社会将进入区块链时代，每一个个体都可作为区块链网络中的一个节点。社会资源的分配使用去中心化技术，区块链或将成为一个促进社会经济发展的理想框架。

1.3   区块链关键技术

前面我们介绍了区块链的基础知识和发展历程，相信读者已经对区块链有了一个较为直观的认识，本节将更进一步，深入介绍区块链的系统架构和关键技术。

1.3.1   基础模型

图 1.3 所示是区块链的基本架构，该图的绘制参考了《区块链技术发展现状与展望》和工信部《中国区块链技术和应用发展白皮书（2016）》中的区块链架构图。区块链基本架构可以分为数据层、网络层、共识层、激励层、合约层和应用层：

❑ 数据层封装了区块链的链式结构、区块数据以及非对称加密等区块链核心技术；
❑ 网络层提供点对点的数据通信传播以及验证机制；

□ 共识层主要是网络节点间达成共识的各种共识算法；
□ 激励层将经济因素引入区块链技术体系之中，主要包括经济因素的发行机制和分配机制；
□ 合约层展示了区块链系统的可编程性，封装了各类脚本、智能合约和算法；
□ 应用层则封装了区块链技术的应用场景和案例。

在该架构中，基于时间戳的链式结构、分布式节点间的共识机制和可编程的智能合约是区块链技术最具代表性的创新点。一般可以在合约层编写智能合约或者进行脚本编程，来构建基于区块链的去中心化应用。下面将对本架构中每一层所涉及的技术展开具体介绍。

图 1.3　区块链基本架构

1.3.2　数据层

数据层是区块链的核心部分，区块链本质上是一种数据库技术和分布式共享账本，是由包含交易信息的区块从后向前有序连接起来的一种数据结构。该层涉及的技术主要包括：区块结构、Merkle 树、非对称加密、时间戳、数字签名和哈希函数。时间戳和哈希函数相对比较简单，这里重点介绍一下区块结构、Merkle 树、非对称加密和数字签名。

1. 区块结构

每个区块一般都由区块头和区块体两部分组成。如图 1.4 所示，区块头部分包含了父区块哈希值、时间戳、Merkle 根等信息，而区块体部分则包含了此区块中所有的交易信息。除此之外，每一个区块还对应着两个值来识别区块：区块头哈希值和区块高度。

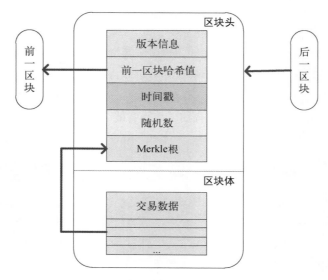

图 1.4　区块结构

每一个区块都会有一个区块头哈希值,这是一个通过 SHA256 算法对区块头进行二次哈希计算而得到的 32 字节的数字指纹。例如,比特币的第一个区块头哈希值为 000000000019d6689c085ae165831e934ff763ae46a2a6c172b3f1b60a8ce26f。区块头哈希值可以唯一标识一个区块链上的区块,并且任何节点通过对区块头进行简单的哈希计算都可以得到该区块头的哈希值。区块头哈希值也包含在区块的整体数据结构中,但是区块头的数据和区块体的数据并不一定一起存储,为了检索效率起见,在实现中可以将二者分开存储。

除了通过头哈希值来识别区块,还可以通过区块高度来对区块进行识别。例如高度为 0 和前面 000000000019d6689c085ae165831e934ff763ae46a2a6c172b3f1b60a8ce26f 所索引的区块都是第一个区块。但是与头哈希值不同的是,区块高度并不能唯一地标识一个区块。由于区块链存在着分叉情况,所以可能存在 2 个或 2 个以上区块的区块高度是一样的。

谈完了头哈希值和区块高度,下面介绍区块头的构造。以比特币为例,区块头有 80 字节,其详细结构如表 1.1 所示。

表 1.1　区块头详细结构

字　　段	大小(字节)	描　　述
版本	4	版本号,用于跟踪软件/协议的更新
前一区块哈希值	32	引用区块链中前一区块的哈希值
Merkle 根	32	该区块中交易的 Merkle 树根的哈希值
时间戳	4	该区块产生的近似时间(精确到秒的 UNIX 时间戳)
随机数	4	用于工作量证明算法的计数器

区块头由 3 组元数据组成，第一组是引用父区块的哈希值数据，用于同前一区块进行相连；第二组即难度值、时间戳和随机数，这些都与挖矿竞争相关；第三组是 Merkle 根，是区块体中 Merkle 树的根节点。

2. Merkle 树

前面介绍了区块头哈希值、区块高度和区块头的结构，接下来看看区块体。区块体存储着交易信息，在区块中它们是以一棵 Merkle 树的数据结构进行存储的，而 Merkle 树是一种用来有效地总结区块中所有交易的数据结构。Merkle 树是一棵哈希二叉树，树的每个叶子节点都是一笔交易的哈希值。同样以比特币为例，在比特币网络中，Merkle 树被用来归纳一个区块中的所有交易，同时生成整个交易集合的数字指纹即 Merkle 树根，且提供了一种校验区块是否存在某交易的高效途径。生成一棵 Merkle 树需要递归地对每两个哈希节点进行哈希得到一个新的哈希值，并将新的哈希值存入 Merkle 树中，两两结合直到最终只有一个哈希值，这个哈希值就是这一区块所有交易的 Merkle 根，存储到上面介绍的区块头结构中。

下面通过一个实例来对 Merkle 树进行进一步的介绍。图 1.5 是一棵只有 4 笔交易的 Merkle 树，即交易 A、B、C 和 D。

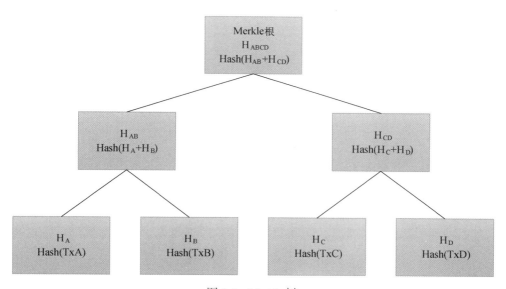

图 1.5　Merkle 树

第一步，使用两次 SHA256 算法对每笔交易数据进行哈希运算，得到每笔交易的哈希值，这里可以得到 H_A、H_B、H_C、H_D 这 4 个哈希值，也就是这棵 Merkle 树的叶子节点。例如，

$$H_A = SHA256（SHA256（交易 A））$$

第二步，对两个叶子节点 H_A、H_B 的哈希值同样使用两次 SHA256 进行组合哈希运算，将会

得到一个新的哈希值 H_{AB}，对 H_C、H_D 进行同样的操作将获得另一个哈希值 H_{CD}。例如，

$$H_{AB} = SHA256（SHA256（H_A + H_B））$$

第三步，对现有的两个哈希值 H_{AB}、H_{CD} 进行第二步中的组合运算，最后将得到一个新的哈希值 H_{ABCD}。

$$H_{ABCD} = SHA256（SHA256（H_{AB} + H_{CD}））$$

此时我们已经没有了其他同高度节点，所以最后的 H_{ABCD} 就是这一棵 Merkle 树的 Merkle 根。之后将这个节点的 32 字节哈希值写入区块头部 Merkle 根字段中。Merkle 树的整个形成过程结束。

因为 Merkle 树是一棵二叉树，所以它需要偶数个叶子节点，也就是偶数笔交易。但是在很多情况下，某个区块的交易数目会出现奇数笔。对于这种情况，Merkle 树的解决方案是复制最后一笔交易，以此构造成偶数个叶子节点，这种偶数个叶子节点的二叉树也称为平衡树。

图 1.6 展示的是一棵更大的 Merkle 树，由 16 个交易构成。通过图示，可以发现，不管一个区块中有一笔交易还是十万笔交易，最终都能归纳成一个 32 字节的哈希值作为 Merkle 树的根节点。

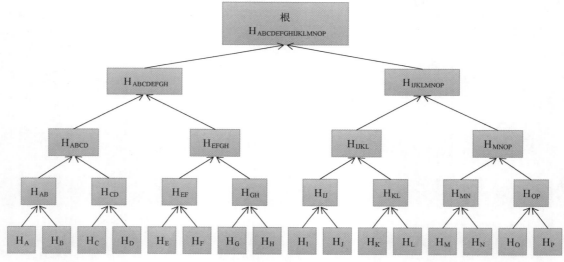

图 1.6   多节点的 Merkle 树

当需要证明交易列表中的某笔交易存在时，一个节点只需计算 $\log_2 N$ 个 32 字节的哈希值，就可以形成一条从 Merkle 树根到特定交易的路径，Merkle 树的效率如表 1.2 所示。

表 1.2   Merkle 树的效率

交易数量（笔）	区块的近似大小（千字节）	路径大小（哈希数量）	路径大小（字节）
16	4	4	128
512	128	9	288

（续）

交易数量（笔）	区块的近似大小（千字节）	路径大小（哈希数量）	路径大小（字节）
2048	512	11	352
65 535	16 384	16	512

3. 非对称加密与数字签名

非对称加密是区块链技术中用于安全性需求和所有权认证时采用的加密技术，常见的非对称加密算法有 RSA、Elgamal、背包算法、Rabin、D-H、ECC（椭圆曲线加密算法）和 ECDSA（椭圆曲线数字签名算法），等等。与对称加密算法不同的是，非对称加密算法需要两个密钥：公开密钥（public key）和私有密钥（private key）。基于非对称加密算法可使通信双方在不安全的媒体上交换信息，安全地达成信息的一致。公开密钥是对外公开的，而私有密钥是保密的，其他人不能通过公钥推算出对应的私钥。每一个公开密钥都有对应的私有密钥，如果我们使用公开密钥对信息进行了加密，那么必须有对应的私有密钥才能对加密后的信息进行解密；而如果是用私有密钥加密信息，则只有对应的公开密钥才可以进行解密。在区块链中，非对称加密主要用于信息加密、数字签名等场景。

在信息加密场景（如图 1.7 所示）中，信息发送者 A 需要发送一个信息给信息接收者 B，需要先使用 B 的公钥对信息进行加密，B 收到后，使用自己的私钥就可以对这一信息进行解密，而其他人没有私钥，是没办法对这个加密信息进行解密的。

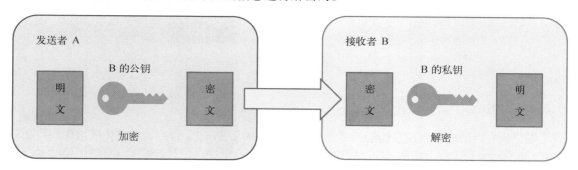

图 1.7 信息加密

而在数字签名场景（如图 1.8 所示）中，发送者 A 先用哈希函数对原文生成一个摘要（digest），然后使用私钥对摘要进行加密，生成数字签名（signature），之后将数字签名与原文一起发送给接收者 B；B 收到信息后，使用 A 的公钥对数字签名进行解密得到摘要，由此确保信息是 A 发出的，然后再对收到的原文使用哈希函数产生摘要，并与解密得到的摘要进行对比，如果相同，则说明收到的信息在传输过程中没有被修改过。

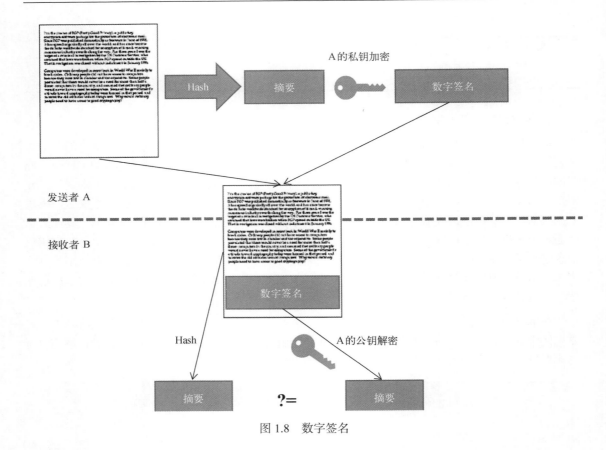

图 1.8　数字签名

1.3.3　网络层

网络层是区块链平台信息传输的基础，通过 P2P 的组网方式、特定的信息传播协议和数据验证机制，区块链网络中的每个节点都可以平等地参与共识与记账。下面将详细介绍区块链平台网络层中的 P2P 网络架构、信息传输机制和数据验证机制。

1. P2P 网络架构

区块链网络架构一般采用的是基于互联网的 P2P（peer-to-peer，点对点）架构，在 P2P 网络中，每台计算机的每个节点都是对等的，它们共同为全网提供服务。而且，没有任何中心化的服务端，每台主机都可以作为服务端响应请求，也可以作为客户端使用其他节点所提供的服务。P2P 通信不需要从其他实体或 CA 获取地址验证，因此有效地消除了篡改和第三方欺骗的可能性。所以 P2P 网络是去中心化和开放的，这也正符合区块链技术的理念。

　　在区块链网络中，所有的节点地位均等且以扁平式拓扑结构相互连通和交互，每个节点都需要承担网络路由、验证区块数据、传播区块数据等功能。在比特币网络中，存在着两类节点：一类是全节点，它保存着区块链上所有的完整数据信息，并需要实时地参与区块链数据的校验和记录来更新区块链主链；另一类是轻节点，它只保存着区块链中的部分信息，通过简易支付验证（SPV）方式向其他相邻的节点请求数据以便完成数据的验证。

2. 传输机制

　　在新的区块数据生成后，生成该数据的节点会将其广播到全网的其他节点以供验证。目前的区块链底层平台一般会根据自身的实际应用需求，在比特币传输机制的基础上重新设计或者改进出新的传输机制，如以太坊区块链集成了所谓的"幽灵协议"，以解决因区块数据确认速度快而导致的高区块作废率和随之而来的安全性风险。这里我们以中本聪设计的比特币系统为例，列出其传输协议的步骤。

　　(1) 负责交易的节点将新的交易数据向全网所有节点广播，节点接收后会将数据存储到一个区块中；

　　(2) 每个节点基于自身算力在区块中找到一个符合难度要求的工作量证明，之后便向全网所有节点广播此区块；

　　(3) 如果区块中的所有交易有效且未曾出现，那么其他节点才会认同并接收该数据区块。节点在该区块的末尾制造新的区块以延长链，将被接收区块的随机哈希值视为新区块的前序区块哈希值。

　　如果交易的相关节点是一个未与其他节点相连接的新节点，比特币系统通常会将一组长期稳定运行的"种子节点"推荐给新节点以建立连接，或者推荐至少一个节点连接新节点。此外，进行广播的交易数据不需要全部节点都接收到，只要有足够多的节点做出响应，交易数据便可整合到区块链账本中。而未接收到完整交易数据的节点可以向邻近节点请求下载缺失的交易数据。

3. 验证机制

　　在区块链网络中，所有的节点都会时刻监听网络中广播的交易数据和新产生的区块。在接收到相邻节点发来的数据后，会首先验证该数据的有效性：若数据有效则按接收顺序为新数据建立存储池来暂存这些数据，并且继续向邻近节点转发；若数据无效则立即废弃该数据，从而保证无效数据不会在区块链网络中继续传播。验证有效性的方法是根据预定义好的标准，从数据结构、语法规范性、输入输出和数字签名等各方面进行校验。对于新区块的校验同理，某节点产生新区块后，其他节点按照预定义的标准对新区块的工作量证明、时间戳等进行校验，若确认有效，则将该区块链接到主区块链上，并开始争取下一个区块的记账权。

1.3.4　共识层

　　Leslie Lamport 于 1982 年提出著名的拜占庭将军问题，引发了无数研究者探索解决方案。如何在分布式系统中高效地达成共识是分布式计算领域的一个重要研究课题。区块链的共识层的作用就是在不同的应用场景下通过使用不同的共识算法，在决策权高度分散的去中心化系统中使各个节点高效地达成共识。

最初，比特币区块链选用了一种依赖节点算力的工作量证明共识机制来保证比特币网络分布式记账的一致性。之后随着区块链技术的改进，研究者陆续提出了一些不过度依赖算力就能达到全网一致的算法，比如权益证明共识机制、授权股份证明共识机制、实用拜占庭容错算法、Raft共识算法，等等。下面我们对这几种共识算法进行简单介绍。

1. PoW（工作量证明）机制

PoW 机制诞生于 1997 年 Adam Back 设计的 Hashcash 系统，它最初被创造出来用于预防邮件系统中铺天盖地的垃圾邮件。2009 年，中本聪将 PoW 机制运用于比特币区块链网络中，作为达成全网一致性的共识机制。从严格意义上讲，比特币中所采用的是一种可重复使用的 Hashcash 工作证明，使得生成工作证明量可以是一个概率意义上的随机过程。在该机制中，网络上的每一个节点都在使用 SHA256 哈希算法运算一个不断变化的区块头的哈希值。共识要求算出的值必须等于或者小于某个给定的值。在分布式网络中，所有的参与者都需要使用不同的随机数来持续计算该哈希值，直到达到目标为止。当一个节点得出了确切的值，其他所有的节点必须相互确认该值的正确性。之后，新区块中的交易将被验证以防欺诈。然后，用于计算的交易信息的集合会被确认为认证结果，用区块链中的新区块表示。在比特币中，运算哈希值的节点被称作"矿工"，而 PoW 的过程被称为"挖矿"。由于认证的计算是一个耗时的过程，所以也提出了相应的激励机制（例如向矿工授予一小部分比特币）。总的来说，工作量证明就是对于工作量的证明，每个区块加入到链上，必须得到网络参与者的同意验证，矿工对它完成了相对应的工作量。PoW 的优点是完全的去中心化和分布式账簿。缺点也很明显，即消耗资源：挖矿行为造成了大量的资源浪费，同时 PoW 达成共识的周期也比较长，比特币网络会自动调整目标值来确保区块生成过程大约需要 10 分钟，因此它不是很适合商业运用。

2. PoS（股权证明）机制

PoS 的想法源于尼克·萨博（Nick Szabo），是 PoW 的一种节能替代选择，它不需要用户在不受限制的空间中找到一个随机数，而是要求人们证明"货币"数量的所有权，因为其相信拥有"货币"数量多的人攻击网络的可能性更低。由于基于账户余额的选择是非常不公平的，单一最富有的人势必在网络中占主导地位，所以后来提出了许多解决方案，结合股权来决定谁来创建下一个块。其中，Blackcoin 使用随机选择来预测下一个创建者，而 Peercoin 则倾向于基于币龄来选择。Peercoin 首次开创性地实现了真正的股权证明，它采用工作量证明机制发行新币，采用股权证明机制维护网络安全，这也是"虚拟货币"历史上的一次创举。同比特币网络要求证明人执行一定量的工作不同，该机制只需要证明人提供一定数量"数字货币"的所有权即可。在股权证明机制中，每当创建一个区块时，矿工需要创建一个称为"币权"的交易，这个交易会按照一定的比例预先将一些币发给矿工。然后股权证明机制根据每个节点持有代币的比例和时间，依据算法等比例地降低节点的挖矿难度，以加快节点寻找随机数的速度，缩短达成共识所需的时间。与 PoW 相比，PoS 可以节省更多的能源，更有效率。但是，由于挖矿成本接近于零，因此可能会遭受攻击。且 PoS 在本质上仍然需要网络中的节点进行挖矿运算，所以它同样难以应用于商业领域。

3. DPoS（股份授权证明）机制

DPoS 由比特股（Bitshares）项目组发明。类似于现代企业中的董事会制度，在 DPOS 中将代币持有者称为股东，区块的股东们（拥有股份）通过民主选举的方式投票推举他们的代表，所推选出的代表将负责新区块的生成与数据验证工作。如果想要成为代表，获得相应的权利，持币者必须首先使用自己的区块链公钥进行注册，获得长度为 32 位的唯一 ID 标识符，股东们以交易的形式对持币者的标识符进行投票，得票数排名靠前的持币者将会被选为代表。代表们轮流进行区块的生产工作，并共享平分交易所得收益（即手续费）。假若有的代表为了自身利益在区块链上作恶，按照分布式账本的特性，很容易被其他股份与代表们发现并被剔除出区块链系统，所产生的空缺位置将由得票数排名靠后的持币者替代。DPoS 大幅减少了参与区块生成验证与记账节点的数量，不需要节点耗费额外的工作量，节省了大量的算力资源与共识验收时间。DPoS 实现了去中心化与中心化的设计，大幅加快了区块链上的交易速度。

4. PBFT（实用拜占庭容错）算法

这个算法最初出现在 MIT 的 Miguel 和 Barbara Liskov 的学术论文中，初衷是为一个低延迟存储系统所设计，降低算法的复杂度，该算法可以应用于吞吐量不大但需要处理大量事件的数字资产平台。它允许每个节点发布公钥，任何通过节点的消息都由节点签名，以验证其格式。验证过程分为 3 个阶段：预备、准备、落实。如果已经收到超过 1/3 不同节点的批准，服务操作将是有效的。使用 PBFT，区块链网络 N 个节点中可以包含 f 个拜占庭恶意节点，其中 $f=(N-1)/3$。换句话说，PBFT 确保至少 $2f+1$ 个节点在将信息添加到分布式共享账簿之前达成共识。目前，Hyperledger 联盟、中国 ChinaLedger 联盟等诸多区块链联盟都在研究和验证这个算法的实际部署和应用。

5. Raft（信道可信条件下）共识算法

Raft 是由 Stanford 提出的一种更易理解的一致性算法，在没有作恶节点但网络节点可能死机的前提条件下，达成所有节点的一致性共识。Raft 节点一般分为 3 种角色：Follower、Candidate 和 Leader。一开始，所有的节点都是以 Follower 角色启动，想当 Leader 的节点将会成为 Candidate 节点，并向其他 Follower 发出选举投票请求，只要超过半数的节点选择自己，即可成为 Leader 节点，之后该 Leader 节点每隔一段时间就向 Follower 节点发送"心跳"保活，否则其余节点可再次竞争 Leader 节点。写入数据时，Leader 先将数据暂时写入本地日志，并向 Follower 发送添加数据请求。当有超过半数的添加成功信息返回时，Leader 便可以写入本地并向客户端发回成功结果，否则写入失败。

1.3.5   激励层

激励层作为将经济因素引入区块链技术的一个层次，其存在的必要性取决于建立在区块链技术上的具体应用需求。本节以比特币系统为例，对激励层进行介绍。

在比特币系统中，大量的节点算力资源通过共识过程得以汇聚，从而实现区块链账本的数据验证和记账工作，因而其本质上是一种共识节点间的任务众包过程。在去中心化系统中，共识节点本身是自利的，其参与数据验证和记账工作的根本目的是最大化自身收益。所以，必须设计合理的激励机制，使得共识节点最大化自身收益的个体行为与区块链系统的安全性和有效性相契合，从而使大规模的节点对区块链历史形成稳定的共识。

比特币采用 PoW 共识机制，在该共识中其经济激励由两部分组成：一是新发行的比特币；二是交易流通过程中的手续费。两者组合在一起，奖励给 PoW 共识过程中成功计算出符合要求的随机数并生成新区块的节点。因此，只有当各节点达成共识，共同合作来构建和维护区块链历史记录及其系统的有效性，当作奖励的比特币才会有价值。

1. 发行机制

在比特币系统中，新区块产生发行比特币的数量是随着时间阶梯型递减的。从创世区块起，每个新区块将发行 50 个比特币奖励给该区块的记账者，此后每隔约 4 年（21 万个区块），每个新区块发行的比特币数量减少一半，以此类推，一直到比特币的数量稳定在上限 2100 万为止。前文提到过，给记账者的另一部分奖励是比特币交易过程中产生的手续费，目前默认的手续费是 1/10 000 个比特币。两部分费用会被封装在新区块的第一个交易（称为 Coinbase 交易）中。虽然现在每个新区块的总手续费与新发行的比特币相比要少得多，但未来比特币的发行数量会越来越少，甚至停止发行，到那时手续费便会成为共识节点记账的主要动力。此外，手续费还可以起到保障安全的作用，防止大量微额交易对比特币系统发起"粉尘攻击"。

2. 分配机制

随着比特币挖矿生态圈的成熟，"矿池"出现在人们的视野中。大量的小算力节点通过加入矿池而联合起来，通过合作汇集算力来提高获得记账权的概率，并共享生成新区块得到的新发行比特币和交易手续费奖励。据 Bitcoinminning.com 统计，目前已经存在 13 种不同的分配机制。现今主流矿池通常采用 PPLNS（pay per last N shares）、PPS（pay per share）和 PROP（PRO portionately）等机制。在矿池中，根据各个节点贡献的算力，按比例划分为不同的股份。PPLNS 机制在产生新的区块后，各合作节点根据其在最后 N 个股份内贡献的实际股份比例来分配奖励；PPS 则直接根据股份比例为各节点估算和支付一个固定的理论收益，采用此方式的矿池将会适度收取手续费来弥补其为各个节点承担的收益不确定性风险；PROP 机制则根据节点贡献的股份按比例地分配奖励。

1.3.6　合约层

　　合约层作为在区块链系统中编程功能的实现，封装了各种智能合约、脚本算法等。作为全球账本的区块链系统，比特币本身就具备简单的脚本编程功能。而作为区块链 2.0 的代表，以太坊平台极大地强化了编程语言方面的功能，理论上可以使用特定的脚本语言来实现任何功能的应用（即 DApp）。通过这些应用，以太坊可以被视为"全球计算机"，任何人都可以使用区块链系统中的共识性、一致性来上传和执行任意脚本程序，并通过共识机制来保证程序有效安全地运行，而不存在数据泄露以及恶意篡改等问题。如果说区块链数据、网络互联和共识机制这 3 个层级代表的是区块链底层结构的"虚拟机"（它们分别代表数据表示、数据分发和数据验证工作），那么合约层就是区块链能将复杂的商业逻辑、复杂算法等一系列高级应用作用于该虚拟机上的基础构件。虽然包括比特币在内的大多数"数字加密货币"采用的是非图灵完备的简单脚本代码，但这种简单雏形能简单地实现用户对交易过程的控制，是区块链系统实现数据控制以及图灵完备编程的基础。随着技术的演变与进化，以太坊等一系列图灵完备的平台系统的出现标志着区块链系统能够通过更加完备复杂的脚本语言参与到社会问题和金融监管之中。

　　1995 年，学者尼克·萨博提出了智能合约的定义："一个智能合约是一套以数字形式定义的承诺，包括合约参与方可以在上面执行这些承诺的协议。"该定义被视为智能合约的雏形，萨博希望能够将智能合约内嵌入物理机器实体来管理与创造安全可控的智能资产，为新兴物理机器产生相应的社会价值。由于当时时代的局限性以及技术水平的落后，智能合约的概念并未受到从业者的广泛关注。

　　2008 年之后，比特币的兴起和区块链技术的成熟为智能合约赋予了新的定义。智能合约技术将作为区块链技术的一部分，在区块链系统中承担着运行模块化、智能化脚本文件的工作，让区块链系统具备数据集管理、执行商业逻辑、解决基本金融问题等一系列的功能。合约在被部署到区块链上后会被虚拟机编译为一系列的操作码，然后存储到特定的地址中。当区块链上的交易满足合约上的预定条件时，智能合约就会被触发，全网节点执行智能合约的操作码，并将最后执行结果写入新区块中。智能合约作为嵌入式程序协议，开发者可以将其部署至任意区块链数据、交易或资产中，以形成可编译控制的系统、市场监控系统或数字资产。智能合约不仅会为金融行业提供区块链的解决方案，还将在管理社会系统中的信息、资产、合同和监管运作等方面发挥越来越重要的作用。

　　智能合约可以应用于大量数据驱动的业务工作中，通过智能合约的应用，区块链减少了操作成本，提高了工作效率，并且能够避免部分恶意行为对区块链系统的干扰，提高了区块链的应用安全性。2013 年年末，以太坊创始人 Vitalik Buterin 发布了以太坊"白皮书"《以太坊：下一代智能合约和去中心化应用平台》，启动了以太坊项目。Vitalik Buterin 首先看到了区块链技术和智能合约相结合所带来的巨大进步，创建了内嵌图灵完备编程语言的公有区块链系统，使得任何赞同以太坊理念的开发者都能够创建合约和去中心化应用。

　　智能合约与区块链的结合极大地丰富了区块链的价值内涵，其特性有以下 3 点：

- ❑ 通过程序逻辑中的丰富合约规则表达能力实现了不信任方之间的公平交换，避免了恶意方中断协议等可能性；
- ❑ 最小化交易方之间的交互，避免了计划外的监控和跟踪的可能性；
- ❑ 丰富了交易与外界状态的交互，比如可信数据源提供的股票信息、天气预报等。

1.4   区块链产业现状

新技术的发展离不开市场和产业的推动，对于区块链技术的学习，仅仅了解其技术原理是不够的，还需知晓当前相关产业的发展情况。本节将从区块链技术的发展态势、政府对区块链技术的发展规划以及区块链产业生态图谱这 3 个维度，对区块链产业的发展现状进行分析介绍。

1.4.1   区块链发展态势

区块链最早应用在"数字货币"方面，数字资产众筹经历了从萌芽到爆发的过程，但随之而来的是资产发行无序，市场上各类项目良莠不齐，大部分功能型通证并无实际使用价值。2018年后，数字资产市场出现了合规化资产发行模式。2017 年至 2018 年，数字货币热潮逐渐退却，向多元化技术体系延伸，链上扩容、链下扩容、DAG、跨链、隐私币等技术方案的热度不断攀升。从 2019 年开始，在较长一段时间内，区块链的产业发展会从思维理论为重到实体应用为主，从跟风发行"虚拟币"转向稳步造福实体产业。

下面再来看看大数据平台所展示的一些与区块链技术相关的信息。据统计，在谷歌趋势中，区块链技术按区域显示的搜索热度排行中，印度排名第一，然后依次是澳大利亚、印度尼西亚、加拿大、英国和美国。这个排名与国家人口数量有关，但也与国家对区块链技术的关注度有很大的关系。谷歌趋势目前并没有中国的数据，因此暂时不清楚中国和其他国家对于区块链技术的搜索热度对比。但为了探究区块链在中国的热度以及趋势情况，通过与谷歌趋势类似的百度指数平台进行分析，发现在国内区块链的热度从 2015 年 8 月开始，一直呈上升趋势，这或许与 2015 年10 月首届全球区块链峰会的召开和宣传有关，之后更多的人接触和关注区块链这一新技术。到2016 年 1 月，中国央行召开研讨会，讨论采用区块链技术发行数字货币的可能性，推动区块链的百度指数继续显著提升。直至 2016 年 6 月，由于全球闻名的、也是当时最大的众筹项目 DAO 被黑客攻击而被迫采用通过硬分叉的措施解决这一事件带来的损失，导致区块链的价值和安全性受到了大众质疑，相对应的百度指数出现了明显下滑。而到 2016 年 8 月，工信部发布区块链发展白皮书，肯定了区块链技术的价值，指数又开始再次反弹，并稳步提升。2017 年，随着全球区块链金融（杭州）峰会、工信部首届中国区块链开发大赛等大型区块链活动的举办，区块链的热度持续攀升。据 2018 年度德勤的全球区块链调查显示，约 40% 的受访者的公司将在区块链技术上投资 500 万美元或更多。约 74% 的受访者认为区块链技术将给他们的公司带来很多好处。2018 年12 月，中国信息通信研究院发布了"2019—2021 信息通信业（ICT）十大趋势"，指出区块链会通过探索构建分布式信任体系，与云计算、物联网等技术深度融合，创新突破，促进其在医疗、司法、工业、媒体等领域的大规模商业探索应用。

　　通过以上一系列数据分析，可以发现，在短短的几年时间内，区块链这一新兴技术发展得如此之快，态势如此之猛烈。这不禁让人联想到前些年的互联网，互联网实现了信息传播和分享，而区块链技术宣告了互联网从传递信息的信息互联网向转移价值的价值互联网的进化。

1.4.2　区块链政府规划

　　随着区块链技术的不断发展，世界各地对区块链的认知程度逐渐提高，相关部门纷纷对区块链技术予以关注、探讨和推动，并推出相应发展规划，如图1.9所示。

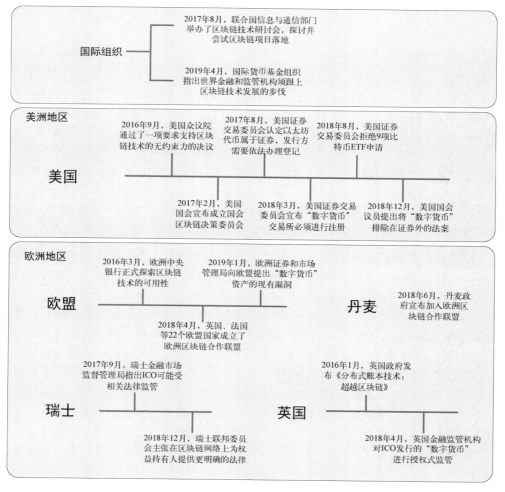

图1.9　各地区块链发展战略与规划

图 1.9　（续）

首先，来看一下国际组织对区块链技术的关注情况。2016 年年初联合国社会发展部发布了一篇题为《"加密货币"以及区块链技术在建立稳定金融体系中的作用》的报告，提出了应用区块链技术构建一个稳定的金融体系的想法，并认可了区块链技术在金融领域的价值和发展潜力。后来，国际基金组织也针对"数字货币"发布了题为《关于"加密货币"的探讨》的分析报告，对使用区块链技术构建"数字加密货币"的未来进行了具体详细的分析。2017 年 8 月，联合国信息与通信部门（OICT）在纽约联合国总部开展了区块链技术研讨会，重点探讨了区块链项目的尝试性落地，以此提高联合国各成员国对区块链技术的重视。2019 年 4 月，国际货币基金组织（IMF）和世界银行推出一种名为"学习货币"（learning coin）的"加密货币"，它建立在 IMF 和世界银行的私有链上，没有实际价值，只为更好地了解"加密货币"的基础技术原理。此外，IMF 指出各国央行、金融机构和监管机构需要及时跟上加密资产和分布式技术发展的步伐。

在美洲地区，多个国家政府都表明对区块链技术的应用与创新持支持态度，但对 ICO 的监管愈发严格。比如 2015 年 11 月 10 日，美国司法部举行了"数字货币"峰会，探讨区块链技术在"数字货币"应用的可能性。之后，美国证券交易所同意批准了在区块链上进行公司股票的交易，美国商品期货交易委员会在关注区块链技术的同时，将比特币视为大宗商品来进行监管监督，对区块链技术给予认可。2016 年 7 月 29 日，22 名美国参议员致函美联储要求对区块链技术发展进行指导，2016 年 9 月 12 日，美国众议院通过了一项要求支持区块链技术的无约束力的决议。2016 年 9 月 28 日，美联储主席耶伦向外透露美联储正致力于对区块链技术进行深入研究探讨。2017 年 2 月，美国国会宣布成立国会区块链决策委员会，探索区块链技术在公共部门中的应用。2017 年 8 月，美国证券交易委员会（SEC）认定以太坊代币属于证券，发行方须依法注册。2018 年 3 月，SEC 宣布"数字货币"交易登记所必须进行登记。2018 年 8 月，SEC 拒绝了比特币的 9 项 ETF 申请。2018 年 12 月，美国国会议员提出将"数字货币"排除在证券外的法案。

在欧洲地区，各国对区块链技术的态度总体上比较积极且监管较为宽松。早在 2013 年 8 月，德国就第一个宣布承认比特币的合法地位，并将其纳入监管体系。同时德国政府还表示，比特币可以作为"私人货币"和"货币单位"。2014 年 11 月，英国财政部官员发表声明说"数字货币"及其交易不受国家监管，但 2015 年 3 月，英国财政部发布"数字货币"相关报告，提出将商议"数字货币"的监管模式并制定最佳的监管框架。2016 年 1 月，英国政府发布了《分布式账本技术：超越区块链》的研究报告，第一次从国家层面对区块链技术的未来与发展进行了探讨、分析和建议。2018 年 4 月，英国金融监管机构对 ICO 发行的"数字货币"进行授权式监管。而俄罗斯央行在 2016 年上半年发布的一项研究计划中表示，将对区块链技术在金融领域的应用进行探索研究，这与其对比特币的态度有着较大差异。2017 年，俄罗斯央行发布的信息显示他们成立了一个专门研究前沿科技及金融市场创新技术的工作小组，对分布式账本、区块链技术及多种金融科技领域的新成果展开调查和研究。欧洲中央银行（ECB）也开始探索如何将区块链技术应用于证券和支付结算系统中，并于 2016 年 3 月发布《欧元体系的愿景——欧洲金融市场基础设施的未来》报告，正式探索区块链技术的可用性。2018 年 4 月，英国、法国等 22 个国家成立了区块链合作联盟，几个月后，丹麦等 4 个欧洲国家也加入了该联盟。2019 年 1 月，欧洲证券和市场管理局向欧盟提出"数字货币"资产的现有漏洞。

在亚太地区，澳大利亚中央银行对区块链技术非常积极，支持银行对分布式账本技术进行探索，提议全面发布"数字货币"澳元，利用区块链技术的优势对传统的金融系统进行改革。新加坡总理呼吁银行和监管机构密切关注区块链等新技术的发展。2016 年 6 月，新加坡金融管理局推出了 Sandbox 机制，保证区块链技术在可控范围内的金融领域创新。2015 年 11 月 16 日，日本经济产业省召开了 FinTech 会议，讨论金融科技的发展与应用，其中专门对区块链技术的发展和未来进行了具体的分析讨论。2017 年 4 月，日本实施的《支付服务法案》认可比特币是合法支付，但对交易所的监管提出了明确的要求。2016 年 2 月 3 日，韩国央行发布了一篇题为《分布式账本技术和"数字货币"的现状和启示》的分析报告，对区块链技术和"数字货币"的现状以及分布式账本技术进行了积极研究和探讨。2017 年 9 月，韩国加大了对"数字货币"的监管力度。

最后来看看我国政府部门对区块链技术的推动情况。2016 年 2 月，中国人民银行行长周小川在谈到"数字货币"相关问题时就曾提及，区块链技术是一项推出"数字货币"可选的技术，并提到人民银行部署了重要力量研究探讨区块链应用技术。他认为，目前区块链存在比较多的问题，比如区块链技术需要巨大的计算资源以及存储资源，同时区块产生的时间太长，还没办法应对金融交易的规模。2016 年 9 月 9 日，中国人民银行副行长范一飞在 2015 年度银行科技发展奖评审领导小组会议中提出，各机构应主动探索系统架构转型，积极研究建立灵活、可延展性强、安全可控的分布式系统架构，同时应加强对区块链等新兴技术的持续关注，不断创新服务和产品，提升普惠金融水平。2016 年年底，国务院将区块链技术纳入"十三五"国家信息化规划，这对于国内区块链技术来说是一个巨大的推进。2017 年 1 月，央行推动的基于区块链的数字票据交易平台已测试成功。此举说明中国央行紧跟金融科技的国际前沿趋势，具有对金融科技应用的前瞻性和控制力，以及探索实践前沿金融服务的决心和努力。2017 年 8 月，国务院鼓励利用开源代码开展基于区块链的试点应用。2017 年 9 月，中国人民银行等联合发文认定 ICO 是一种非法公开融资行为。2018 年 5 月，工信部发布《2018 年中国区块链产业白皮书》。2018 年 12 月，工信部为促进区块链应用落地、推动区块链技术和产业良性发展，标准院组织制定了《区块链隐私保护规范》《区块链智能合约实施规范》《区块链存证应用指南》《区块链技术安全通用规范》四大团体标准。2019 年年初，国家互联网信息办公室规范了区块链信息服务的法律依据。2020 年 2 月，商务部发布了关于推进商品交易市场发展平台经济的指导意见，明确提出要利用区块链技术促进商品交易发展。

1.4.3   区块链生态图谱

区块链技术是具有普适性的底层技术框架，可以为金融、经济、科技甚至政治等各领域带来深刻变革。区块链在发展的初期阶段，即区块链 1.0 阶段，主要作为"数字货币"（比特币）体系的技术支撑，只实现单一的支付功能，所以在这个阶段，区块链的应用和基础平台是紧密耦合的。但随着以以太坊为首的新一代区块链平台的出现，区块链进入了 2.0 阶段，在这个阶段，区块链应用和基础平台开始解耦。以以太坊为例，其提供了更加完善的区块链基础协议以及图灵完备的智能合约语言，使我们可以在其平台上开发各种各样的去中心化应用。甚至可以将以太坊类比为一个全新的互联网 TCP/IP，依赖这个协议及其提供的各种 API，帮助开发者开发去中心化应用或将原有的一些互联网应用移植再造到一个去中心化的网络中。于是，整个区块链产业链开始衍生出了各个不同的生态层次。

区块链产业链的参与者可分为 4 个层次：应用层、中间服务层、基础平台层和辅助平台层。其中，应用层主要为最终用户（个人、企业、政府）服务，开发者基于不同的用户需求开发不同的去中心化应用来为不同的行业服务；中间服务层主要帮助客户对各种基于区块链底层技术的应用进行二次开发，为其使用区块链技术改造业务流程提供便捷的工具和协议；基础平台层主要聚焦于区块链的基础协议和底层架构，为整个社会的区块链生态发展提供技术支持；辅助平台层并不是区块链产业链的主要参与者，但其同样是区块链产业发展非常重要的外部辅助力量，包括基金、媒体和社区等。

总的来说，区块链的应用可以分为两类。

第一类，基于区块链分布式记账的特点开发的应用，包括身份验证、权益证明、资产鉴证等。

第二类，利用区块链的去中心化体系开发的各种去中心化应用，从技术的可行性角度来看，目前所有涉及价值传递的行业皆可通过区块链技术进行底层重构。

图 1.10 是当前区块链产业的生态图谱，展示了部分公司和机构在各自领域应用区块链技术的情况。总的来说，整个区块链产业包括底层平台、上层应用、技术研究、媒体及社区、投资、计算与安全等生态领域。在区块链底层平台领域，以以太坊、Fabric、Hyperchain 为代表的开发平台对区块链底层技术进行革新，为基于区块链的去中心化应用提供底层技术支撑。在上层应用领域，开发者在各行各业展开了应用场景探索，如以 Ripple、Circle 公司为代表的金融服务领域，以 Factom 公司为代表的公证防伪领域，以 Skuchain 公司为代表的供应链领域，等等。除此之外，

各地也开始成立区块链联盟或区块链实验室专门研究区块链相关技术,各大金融公司也开始参与区块链项目的投资,更有网络媒体及社区对区块链技术的相关信息进行报道与讨论。

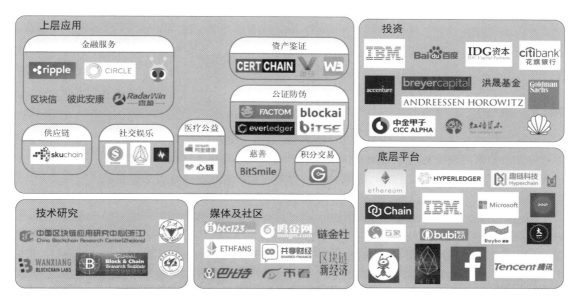

图 1.10 区块链产业生态图谱

虽然区块链技术被认为是一种未来具有广泛应用前景的新技术,但近年来由于在"数字货币"领域信息难以监管,"数字货币"平台一度成为恶意炒作人员快速非法获利的渠道。2017 年 9 月,国家先后明令禁止了 ICO 融资和"虚拟货币"交易,有效地遏制了相关非法炒作行为,保障了区块链产业的健康发展。

1.5 区块链应用场景

当前,区块链技术已经在诸多领域展现了应用前景,许多机构和组织都对区块链技术产生了浓厚的兴趣,正在为区块链在本领域的落地进行积极的探索,本节将对当前区块链的主要应用场景进行分析和介绍。

1.5.1 数字票据

传统的纸质票据存在着易丢失、易伪造和被篡改等风险。通过引入区块链技术,可以将票据信息、状态记录在区块链平台。一笔票据交易一旦生成,区块链上的各节点首先对交易进行验证,一旦各节点达成"共识",便把该条交易记录于区块链上,且不易篡改。区块链内存在多个副本,增加了内容被恶意篡改的成本,因此相对于传统票据,具有更高的安全性。另外,传统的票据行业，各个机构之间的对账与清算相对比较复杂，而区块链技术通过各个节点共同记账、相互验证的方式，可有效地提高资金清算的效率。同时，各个机构也保持了相对独立的业务自主性，从而实现了效率与灵活的完美平衡。由于参与方存在互信问题，传统的票据流通审核烦琐，变现困难，难以实现互通互利。通过将票据信息登记在区块链平台上，利用区块链扩展成本低、交易步骤简化的特性，将票据转变为客户可持有、可流通、可拆分、可变现的具有一定标准化程度的数字资产。

1.5.2　供应链金融

传统的供应链金融平台一般由单个金融机构主导，难以实现同业间的扩展和推广。区块链技术让参与方只需专注于业务系统对接区块链平台即可，可实现全行业的快速覆盖。供应链上企业之间的贸易信息、授信融资信息，以及贸易过程中涉及的仓储、物流信息均登记在区块链上，且信息不易篡改，保证了资产的真实有效，降低了企业融资成本和银行授信成本。跨机构信息通过区块链的共识机制和分布式账本保持同步，通过访问任意一个节点即可获取完整的交易数据，打破信息孤岛。机构通过访问内部区块链节点即可获得完整的交易数据，增强企业间的信用协作。通过将应收账款、承兑汇票、仓单等资产凭证记录在区块链上，并支持转让、质押等相关操作，实现了资产数字化，并通过区块链构造了一个数字化的、可以点对点传输价值的信用系统，实现了区块链上的价值传输。这一可信赖的价值传输系统既提高了需求方的融资能力，又提高了供应方的监管能力，为金融系统健康稳定提供了根本保障。通过智能合约控制供应链流程，减少人为交互，提升产业效率。无须中心平台审核确认，通过传感器探测真实仓储、物流信息，使用无线通信网络发送可信数据到区块链验证节点，保证满足合约条件时，自动触发相关操作，减少操作失误。

1.5.3　应收账款

传统的应收账款通过线下交易确认的方式完成，而伪造交易、篡改应收账款信息等风险的存在降低了交易参与方的信任感。将应收账款的全流程操作通过区块链平台进行，实现了应收账款交易的全程签名认证并且不可抵赖，同时使用智能合约实现权限和状态控制，使得应收账款更加安全可控，构建了高度可信的交易平台。应收账款交易流程中参与方众多，业务复杂，面对传统应收账款的融资申请，金融机构需要进行大量的贸易背景审查。区块链平台通过时间戳来记录整个应收账款的生命周期，从而使得所有的市场参与者都可以看到资金流和信息流，排除了票据造假的可能性。传统的应收账款由于存在互信问题，在交易市场上流通困难。应收账款以数字资产的方式进行存储、交易，不易丢失和无法篡改的特点使得新的业务模式可以快速推广，在提高客户资金管理效率的同时降低使用成本，并在不同企业间形成互信机制，使得多个金融生态圈可以通过区块链平台互通互利，具有良好的业务价值和广阔的发展空间。

1.5.4　数据交易

数据作为特殊商品具有独特性，存在被复制、转存的风险，按照商品流通中介模式建立的数据中介平台构成了对数据交易双方权益的潜在威胁，变成了数据交易的一个障碍。只有建立符合数据特性的信息平台，通过技术机制而不是仅凭承诺来保障数据的安全和权益，做到让数据交易双方真正放心，才能加速数据的顺畅流动。通过区块链技术对数据进行确权，能够有效保障数据所有方的权益，杜绝数据被多次复制转卖的风险，把数据变成受保护的虚拟资产，对每笔交易和数据进行确权和记录。利用区块链的可追溯和不易篡改等特性，可以确保数据交易的合规、有效，激发数据交易的积极性，促成数据市场的规模性增长。

1.5.5　债券交易

债券业务是需要多家机构共同参与的一项业务，在其发行、交易等流程中，各机构之间需要通过传统的邮寄或者报文转发的形式进行信息的同步与确认。债券发行交易如果通过中心化系统实现，可能会存在人工操作性失误或恶意篡改的风险。使用区块链技术之后，系统可以由区块链底层来保证数据的同步与一致，降低不同机构系统之间对接的时间、人力和资金成本，从依靠基于业务流的低效协同升级为不依靠任何中介而由平台保证基本业务流程的低成本、高效率、高可信协作系统。而且传统的中心化系统很多信息都封闭在机构内部，无法对外部系统进行及时、有效的监管，监管会存在盲区。利用区块链技术，监管机构以节点的形式加入区块链，实时监控区块链上的交易。同时，智能合约使得债券在整个生命周期中具备限制性和可控制性，也可以有效提高监管效能。由于区块链的数据完整和不易篡改性，对任何价值交换历史记录都可以追踪和查询，能够清晰查看和控制债券的流转过程，从而保证债券交易的安全性、有效性和真实性，有效防范市场风险。同时，基于区块链技术可避免第三方机构对账清算的工作，从而有效提升债券交易的清算效率。

1.5.6　大宗交易

基于区块链技术的大宗交易平台，可以实现各清算行之间大宗交易的实时清算，提高大宗交易效率，为业务开展提供便利。智能合约控制大宗交易流程，减少人为交互，提升处理效率。无须中心平台审核确认，保证报价满足撮合条件时，自动触发相关操作，减少操作失误。交易所和清算所可以互为主备，负责所有交易数据定序广播，发起共识。实时灾备容错，发生重大故障可以秒级切换主节点。接入节点发生故障，通过内置算法快速恢复历史数据，避免交易数据丢失。会员和银行接入端独立处理查询，数据实时同步，减轻主节点压力。监管节点实时获取相关交易数据，监管机构对大宗交易进行实时监管。

1.5.7　跨境支付

传统跨境支付由于存在币种、汇率的问题，十分依赖于第三方机构。这主要存在两个问题：

一是流程烦琐周期长，二是手续费较高。传统的跨境交易都是非实时的，通常需要一天的时间。由于人工对账，成本自然会高。目前一些第三方支付公司如银联、财付通、支付宝等，跨境支付的流程大致如下。

(1) 国内用户在跨境电商平台购买商品的时候可以使用国内常用的支付方式（如网银、快捷支付、扫码等）。

(2) 支付公司去合作银行进行购汇（购汇成功后，外币进入支付公司的外币备付金账户）。

(3) 商户维护指定的境外收款人信息，支付公司向境外付汇（从支付公司外币备付金至境外收款人账户）。

在跨境支付场景中引入区块链技术，借助其分布式账本、数据不易篡改、全程可追溯、多方实时监督和验证等技术特性，可高效地实现资金流和信息流的可信共享，从而建立新型的去中心化价值转移模式和路径，打破原有基于第三方机构的信任构建模式，建立基于技术的客观、公正、可信、高效的跨境支付新模式。

1.5.8   其他场景

区块链是一种可以进行价值传输的协议，除了上述场景外，还可应用于其他一切与价值转移有关的场景，如数字版权、公证、身份认证、社会公益，等等。

在消费金融领域，阳光保险公司用区块链技术作为底层技术架构推出了"阳光贝"积分，用户在享受普通积分功能的基础上，还能以"发红包"的形式将积分向朋友转赠，并可与其他公司发行的积分进行互换。

在数字版权领域，针对知识产权侵权现象，利用区块链技术可以通过时间戳、哈希算法对作品进行确权，证明知识产权的存在性、真实性和唯一性，并可对作品的全生命周期进行追溯，极大地降低了维权成本。

在医疗领域，患者私密信息泄露情况时有发生，2015 年 4 月，Factom 宣称与医疗记录和服务方案供应商 Healthnautica 展开合作，研究运用区块链技术保护医疗记录以及追踪账目，为医疗记录公司提供防篡改数据管理。

在教育领域，由于学生信用体系不完整，无历史数据信息链，这就导致政府和用人企业无法获得完整、有效的信息。利用区块链技术对学生的学历信息进行存储，可以解决信息不透明及容易被篡改的问题，有利于构建良性的学生信用体系。

在社会公益领域，慈善机构想要获得群众的支持，就必须具有公信力，而信息的透明则是必要条件之一，蚂蚁金服等公司已开始把区块链技术应用于公益捐赠平台，这为加速公益透明化提供了一种可能。区块链技术也可用于政府信息公开领域，帮助政府部门实施公共治理及服务创新，提升政府部门的效率及效力。

　　区块链的其他应用场景还有很多,区块链的未来存在着无限的可能,这需要更多优秀的公司、企业和人才加入区块链技术的探索队伍中,这样才能使区块链技术得到更快、更好的发展。人们有理由期待在区块链技术的范式下,又一次"大航海时代"的来临,将给各行各业和社会带来一次重构。

1.6　区块链主流平台

　　本节将对当前主流的区块链平台进行简要介绍和对比分析。

　　比特币(Bitcoin)是第一个区块链应用,使用工作量证明机制来达成网络节点的共识。由于比特币网络任何人都可以加入,没有访问权限,因此它是一个公有链,不支持智能合约,但是可以支持一些图灵不完备的编程脚本来进行一些简单的操作编程。其公网 TPS 小于 7。

　　以太坊(Ethereum)是一个开源的、图灵完备的且支持智能合约的公有区块链平台,也被称为"第二代区块链平台"。该平台以智能合约为核心构建了一个良好活跃的 App 生态圈,还提供了多种语言支持的客户端(如 go-ethereum、pyethapp 和 Parity 等),从而使开发更为便利高效。而用户可以通过使用该平台发布的"以太币"(Ether)以及基于 Solidity 的合约,搭建属于自己的 DApp 应用并发布至以太坊平台上。目前以太坊的公网 TPS 约为 100。

　　Hyperledger Fabric 是 Linux 基金会成立的 Hyperledger 联盟所推出的一个孵化中的项目,目前正在构建标准化的数字账本,它旨在使用区块链技术帮助初创公司、政府和企业联盟之间减少工作的花费,提高效率。因此,它不是面向公众的,而是服务于公司、企业、组织等联盟团体,属于联盟链。该平台使用的是 Go 语言,共识算法则是 PBFT 算法。同样,它也支持智能合约编程,在 Fabric 中有自己的学名,叫 Chaincode。Chaincode 仅在验证节点上执行,且运行在被隔离的沙盒中,目前采用 Docker 作为执行 Chaincode 的容器。Fabric 的公网 TPS 约为 3000。

　　EOS(Enterprise Operation System)是 Block.one 公司开发的全新的区块链智能合约平台,从其名字就可以看出,建立 EOS 的目标就是为商业级智能合约与应用带来完善便捷的"操作系统",其采用的石墨烯技术解决了以太坊交易时间和吞吐量小的问题。因此,EOS 的架构能够运行商业级别的程序调度和并行运算,EOS 的普通用户可以通过抵押代币而不是消耗代币的方式来运行智能合约。EOS 公网的 TPS 约为 3600。

　　比特股(BitShares)是一个点对点的多态数字资产交易系统,是 DPoS 共识机制的鼻祖。它为下一代企业家、投资者和开发人员提供技术,以利用全球去中心化共识和决策去寻找自由市场的解决方法。比特股也希望将区块链应用到基于互联网的所有行业(如银行、证券交易所、彩票、投票、音乐、拍卖等),通过数字公共账本来建立分布式自治公司(DAC),并且其成本低于传统成本。比特股区块链是一个公有链,其核心技术框架采用 C++语言进行开发,公网 TPS 大于 500。

　　公证通(Factom)将区块链技术应用到商业社会和政府部门的数据管理和记录中,协助各种应用程序的开发,包括审计系统、医疗信息记录、供应链管理、投票系统、财产契据、法律应用、金融系统等。公证通根据用户权益来制定政策和奖励机制，在其机制中，只有当用户权益提交至系统时才能获取相应的投票权，而可转移的 Factoid 权益没有投票权，这就有效地避免了 PoS 机制"没有人进行 PoS"和"股份磨损"的问题。公证通的核心技术框架采用 Go 语言进行开发，TPS 约为 27。

瑞波（Ripple）是世界上第一个开放的支付网络，实现了基于区块链的付款等功能，它引入了一种共识机制——RPCA。该共识机制将整个网络分成许多个子网络，然后在子网络上进行共识运算。由于子网络的信任成本很低，所以其交易速度更快更高效，同时为了保证数据一致，子网络必须保持与整个网络节点中的 20% 节点进行连通。瑞波核心技术框架采用 C++ 语言进行开发，公网 TPS 小于 1000。

"未来币"（Nextcoin，NXT）是第二代去中心化"虚拟货币"，是第一个采用 100% 股权证明 PoS 的"电子货币"，改掉了第一代币资源消耗大、易受攻击等缺点。这与未来币提出的透明锻造技术密不可分，该技术可以实现全网节点的自动分工，在明确矿工和无须寻找记账节点的情况下，大大提高了交易速度。同时，对没有活动的节点进行锻造点数清零的操作可以大大降低网络分叉的风险。未来币的核心技术框架所采用的开发语言是 Java，TPS 小于 1000。

Hyperchain 是杭州趣链科技开发的一个满足行业需求的联盟区块链技术基础平台，通过整合并改进区块链开源社区和研究领域的前沿技术，集成了高性能的可靠共识算法 RBFT，兼容开源社区的智能合约开发语言和执行环境，同时强化了记账授权机制和交易数据加密等关键特性，提供了功能强大的可视化 Web 管理控制台，对区块链节点、账簿、交易和智能合约等进行高效管理。Hyperchain 与 Fabric 一样，采用了模块化设计理念，分为共识算法、权限管理、多级加密、智能合约引擎、节点管理、区块池、账本存储、数据存储共 8 个核心模块，旨在服务于票据、存单、股权、债券、登记、供应链管理等数字化资产、金融资产商业应用，并且其系统吞吐量可达到每秒处理上万笔交易，这在当前的区块链平台中是首屈一指的。

表 1.3 中列出了各个平台所使用的共识机制、所属区块链类型、平台开发所采用的语言、是否支持智能合约以及每秒事务处理量（TPS）性能指标，以供读者进行更直观的统计和对比。

表 1.3　区块链平台比较

平　　台	共识机制	类　　型	语　　言	智能合约	TPS
Bitcoin	PoW	公有链	C++	N/A	<7
Ethereum	PoW&PoS	公有链	Go	Yes	约 100
Hyperledger Fabric	PBFT	联盟链	Go	Yes	约 3000
Eos	DPoS	公有链	C++	Yes	约 3600
BitShares	DPoS	公有链	C++	N/A	>500
Factom	PoS	公有链	Go	N/A	约 27
Ripple	RPCA	公有链	C++	N/A	<1000
NXT	PoS	公有链	Java	N/A	<1000
Hyperchain	RBFT	联盟链	Go	Yes	>10 000

从以上平台介绍和对比中可以看出，当前区块链平台使用的共识算法各有不同。对于不同的应用场景，相应的共识机制各有优点和不足。平台类型主要是公有链和联盟链这两种，私有链应用较少。平台设计所使用的编程语言主要是 Go 和 C++，因为区块链网络所处环境是一个分布式网络，需要高并发和高效率的操作。是否支持智能合约与每个平台面向的场景和提供的服务有关，比如以太坊、Hyperledger Fabric、EOS、Hyperchain 等作为底层平台，一般需要提供智能合约功能，而对于其他应用平台，智能合约则不一定是必需的。区块链平台的性能则随着区块链技术的发展在不断提升，在某些应用场合已基本满足商业应用的要求，其中 Hyperchain 平台的 TPS 已达到了 10 000，在区块链性能方面具有显著优势。

1.7　小结

本章对区块链技术进行了全景分析，介绍了区块链的基础知识和发展历程，对其关键技术和特性进行了详细的讲解，并结合时代背景分析了区块链的产业现状，选取了一些典型的应用场景进行阐述，最后对当前的区块链主流平台进行了介绍与对比，使读者对区块链技术有一个初步的了解和认识，为之后的进阶和实战打下基础。

第二部分

开源区块链平台

❑ 第 2 章　以太坊深入解读
❑ 第 3 章　以太坊应用开发基础
❑ 第 4 章　Hyperledger Fabric 深入解读
❑ 第 5 章　Hyperledger Fabric 应用开发基础

以太坊深入解读

以太坊是一个图灵完备的构建去中心化应用的开源平台，目前已经积累了大量的开发者。本章将由浅入深地对以太坊进行讲解，主要内容包括：以太坊的相关概念，如节点、挖矿、账户、gas、消息等；以太坊核心原理，包括共识机制、EVM 以太坊虚拟机、数据存储和加密算法；以太坊智能合约，包括智能合约的语法结构、编译部署与测试；重大事件剖析，The DAO 事件和目前以太坊存在的主要问题，如共识效率问题、隐私保护问题等，以及未来将要推出的以太坊 2.0。

以太坊是一个全新的区块链应用平台，被认为是区块链 2.0。以太坊允许任何人通过智能合约在平台上建立和使用基于区块链技术的去中心化应用 DApp。以太坊的核心理念是内置图灵完备编程语言的区块链，"图灵完备"的意思是指一切可计算的问题都能通过计算解决。建立这种图灵完备的基础就是以太坊虚拟机（Ethereum virtual machine，EVM）。EVM 类似于 Java 虚拟机（JVM），编译后基于字节码运行，开发时则可以使用高级语言实现，编译器会自动转化为字节码。

基于以太坊的应用在进行交易和运行时，需要提供一种事先定义的业务逻辑来满足规范化的运行，这种机制在区块链中称为智能合约。一个合约就像一个自动化的代理，当条件满足时，智能合约就会自动运行一段特定的代码，完成指定的逻辑。关于智能合约，我们将在 2.3 节中进行详细的讲解。

2.1　以太坊基础入门

本节将从以太坊的发展历史、基本概念、客户端种类、账户管理方法和以太坊网络这几个方面对以太坊进行介绍，以帮助读者直观全面地了解以太坊，为基于以太坊的项目开发打下基础。

2.1.1　以太坊发展历史

2013 年年末，以太坊创始人 Vitalik Buterin 发布了以太坊"白皮书"，在全球密码学货币社区召集了一批赞同以太坊理念的开发者，启动了以太坊项目。按照以太坊创始人 Vitalik Buterin 的设想，以太坊将经历 4 个发展阶段，分别为：Frontier（前沿）、Homestead（家园）、Metropolis（大都会）和 Serenity（宁静）。

2014 年 3 月初，以太坊发布了第三版测试网络（POC3）。4 月，Gavin Wood 发布了以太坊"黄皮书"，将以太坊虚拟机等重要技术规范化。6 月，团队发布 POC4，并快速向 POC5 前进。在这期间，团队还决定将以太坊发展为一个非营利性组织。

2015 年 7 月，以太坊发布了 Frontier 版本，最主要的功能就是进行以太坊挖矿。有了挖矿的功能，开发者就可以在以太坊区块链中测试去中心化应用。Frontier 版本的以太坊客户端有多种语言实现，但是只有命令行界面，没有提供图形化界面，所以该阶段的使用者主要是开发者和研究人员。

2016 年 3 月，以太坊发布了 Homestead 版本。在本书编写阶段，以太坊正处于 Homestead 版本。这表明以太坊网络已经平稳运行。在此阶段，以太坊提供了图形界面的以太坊钱包，除开发人员以外的非技术人员也可以进行简单的操作。

2017 年，以太坊计划进入 Metropolis 版本，但是鉴于开发成本与难度，升级到 Metropolis 阶段将会经历两个硬分叉，分别为拜占庭分叉与君士坦丁堡分叉。在 2017 年 10 月 16 日，经过几次推迟后，"拜占庭"成功进行了硬分叉。而官方并没有确切的时间来进行"君士坦丁堡"硬分叉。所谓的硬分叉是指对以太坊的底层协议进行改变，升级整个系统，创造新的规则。

在 Metropolis 版本中，以太坊将增加诸多新特性，而这些新特性将会对以太坊将来的发展造成巨大的影响。例如以太坊将执行 zk-Snarks（简明非交互零知识证明）、PoS 的早期实施、更加灵活稳定的智能合约等。

Serenity 第四阶段版本发布日期尚未确定。在 Serenity 版本中，以太坊将共识机制从 PoW 转换到 PoS。PoW 是对计算能力和电力资源的严重浪费，而 PoS 将大幅提高区块产生效率。转换到 PoS 算法以后，前 3 个阶段所需要的挖矿将被终止，新发行的以太币也将大为降低，甚至不再增发新币，因此被称为"宁静"阶段。

2.1.2 以太坊基本概念

以太坊由大量的节点组成，节点有账户与之对应，两个账户之间通过发送消息进行一笔"交易"。交易里携带的信息和实现特定功能的代码称为智能合约，运行智能合约的环境是以太坊虚拟机。以太坊虚拟机运行在每个节点中，交易需要有节点参与，通过重复哈希运算来产生工作量，这些节点称为矿工，计算的过程称为挖矿。交易的计算是要付出费用的，这些费用就称为 gas。在以太坊中，gas 是由以太币转换生成的。以太币是以太坊上用来支付交易手续费和运算服务的媒介，消耗的 gas 用于奖励矿工。基于以上智能合约代码和以太坊平台的应用叫作去中心化应用。以太坊的基本概念包括以下几个方面。

(1) 节点。通过节点可以进行区块链数据的读写。目前以太坊上的很多应用是基于公有链的，所以每一个节点都拥有相同的地位和权利，没有中央服务器，每个节点都可以加入网络，读写以太坊中的数据。节点之间使用共识机制来确保数据交互的可靠性和正确性。单独的一个节点也可以搭建私有链，几个相互信任的节点可以搭建联盟链。

(2) 矿工。矿工是指通过不断重复哈希运算来产生工作量的网络节点。矿工的任务是计算数学难题，并将计算结果放入新的区块中。矿工之间是竞争关系，最先计算出结果的节点，将向全网络进行广播，当结果被确认后，新生成区块所包含的奖励将会给该节点，存入以太币地址中。该节点所包含的以太币可以作为下次发起交易的资产。

(3) 挖矿。在以太坊中，发行以太币的唯一途径是挖矿。挖矿过程也保证了区块链中交易的验证与可靠性。挖矿是一个需要消耗大量算力和时间的工作，并被限制在一定的时间期限内，同时挖矿难度可以动态调整。简单来说，挖矿的过程就是矿工寻找一个随机数进行 SHA256 计算哈希值，如果计算后的哈希值满足一定的条件，比如前 60 位为 0 或小于等于某个预先的随机数（Nonce），那么这个矿工就赢得了创建区块的权利。

(4) 账户。以太坊中包含两类账户：外部账户和合约账户。外部账户由公私钥对控制。合约账户则在区块链上唯一标识了某个智能合约。两类账户都包含了以太币余额，能发送交易。每个账户的地址长度为 20 字节，有一块持久化内存区域被称为存储区（storage），其形式为键值对，键和值的长度均为 32 字节。重要的是，外部账户的地址是由公钥决定的，合约账户的地址是在部署合约的时候确定的，当合约账户接收到一笔合法的交易后，就会执行里面包含的合约代码。所以两类账户最大的区别是：合约账户存储了代码，外部账户则没有。

(5) gas。以太坊上的每一笔交易都有矿工的参与，且都需要支付一定的费用，这个费用在以太坊中称为 gas。gas 的目的是限制执行交易所需的工作量，同时为执行交易支付费用。合约的代码在 EVM 上运行时，gas 会按照既定的规则逐渐消耗。gas 价格是由交易创建者设置的，交易费用=gas price * gas amount。如果执行结束后还有 gas 剩余，这些 gas 将会返还给发送者账户，而消费的 gas 则被当作奖励，发放到矿工账户。

(6) EVM。以太坊虚拟机是以太坊中智能合约的运行环境，并且是一个沙盒，与外界隔离。智能合约代码在 EVM 内部运行时，是不能进行网络操作、文件 I/O 或执行其他进程的。智能合约之间也只能进行有限的调用，这样保证了合约运行的独立性，并尽可能提高了运行时的安全性。

(7) 智能合约。合约是代码和数据的集合，存在于以太坊区块链的指定地址。合约方法支持回滚操作，如果在执行某个方法时发生异常，如 gas 消耗完，则该方法已经执行的操作都会被回滚。但是如果错误的交易一旦执行完毕，是没有办法篡改的。智能合约的开发细节详见 2.3 节。

(8) DApp。DApp 是 decentralized application 的缩写，译为分散式的应用程序或去中心化的应用程序。DApp 是一个互联网应用程序，与传统应用程序最大的区别在于 DApp 部署在去中心化网络，也即区块链网络（或者以太坊）中工作。网络中没有中心的节点能够完全控制 DApp，一个完整 DApp 是一个完全开源而且能够自治的应用程序。DApps 具有自我容错能力，没有单点故障的问题，并且不会被中心化的组织与个人干扰。DApp 不能删除或修改某些数据，甚至无法关闭。DApp 所有的数据都必须加密并存储在分散的区块链应用程序平台上，用户与机构的数据都是加密存储，因此 DApp 有着极高的数据安全，不会出现用户数据大规模泄露的问题。同时，DApp 难以被修改，只有在大部分用户同意的情况下，才能对 DApp 进行升级维护。

(9) 交易。在以太坊中，交易都是通过状态转移来标记的，状态由被称为"账户"的对象和两个账户之间的转移价值和信息状态转换构成。以太坊账户分为由公私钥控制的外部账户和由合约代码控制的合约账户。外部账户没有代码，用户通过创建和签名一笔交易从一个外部账户发送消息，合约账户收到消息后，合约内部代码会被激活，对内部存储进行读取和写入，或者发送消息，或者调用方法。

确定了账户后，即开始以太坊的交易。在以太坊中，"交易"是指存储从外部账户发出的消息的签名数据包，在交易过程中比较重要的是消息机制。以太坊的消息机制能够确保合约账户和外部账户拥有同等的权利，包括发送消息和创建其他合约。这使得合约可以同时由多个不同角色参与，共同签名来提供服务，而不需要关心合约的每一方到底是什么类型的账户。

每一笔交易的执行过程如下。

(1) 构建交易的初始对象。用户设置交易所需的地址、gas 数目以及交易发送的以太币总量等信息。

(2) 签署交易。用户使用私钥对原始交易对象进行签名。用于证明此次交易确实是由用户本人进行的。

(3) 以太坊节点验证。经过签名之后的交易对象将会被提交至以太坊节点进行验证，已确保交易由交易账户签署过，保证了交易的安全性。

(4) 广播交易。在验证通过之后，节点会将交易信息广播到其他的对等节点中，同时，对等节点将继续进行广播，直到交易被广播到网络之中，并输出交易的 ID。

(5) 矿工节点接收交易，并将交易打包到区块之上。矿工的主要职责是对区块进行维护，交易会先被添加到交易池中，矿工会根据交易的 gasprice 的价格，评估交易进行打包。

(6) 矿工将交易打包，添加到区块中并进行广播。在消耗一定的算力资源后，矿工"挖"到有效的区块，将交易池中的交易打包进区块中，进行全网广播。

(7) 同步更新区块。最终全网接受了这个新区块，更新整个区块链。

2.1.3　以太坊客户端

以太坊在发布之后，有多个语言版本的客户端，并且支持多平台、多语言，如 go-ethereun、cpp-ethereum 等。在以太坊进入 Homestead 阶段后，Go 语言客户端占据了主导地位。同时官方开发的以太坊钱包逐步流行，本节将对主流的以太坊客户端进行介绍。

1. go-ethereum

go-ethereum 是 3 个原始的以太坊协议的实现之一，使用 Go 语言开发，是完全开源的项目。go-ethereum 客户端简称为 geth，是一个完全的命令行界面，同时也是一个以太坊节点。通过安装和运行 geth，可以实现搭建私有链、挖矿、账户管理、部署智能合约、调用以太坊接口等常用功能。go-ethereum 现在托管于 GitHub 上。

go-ethereum 可以连接到其他用户的客户端（也称为以太坊节点）的网络，并更新和同步区块数据，同时客户端可以不断将信息传递给其他节点以保持本地副本数据最新状态。与此同时，go-ethereum 还具有挖掘块、向区块链添加事务以及在区块内验证和执行事务的功能。

下面是 geth 的常用命令行。

```
geth +
account         管理账户
attach          启动交互式 JavaScript 环境（连接到节点）
bug             报告 geth 上的 Bug
console         启动交互式的 JavaScript 环境
copydb          在目标 chaindata 文件夹中创建本地链
dumpconfig      显示配置值
export          将区块信息导出到文件中
import          导入一个区块信息文件
init            初始并创建一个新的创世区块
js              执行特定的 JavaScript 文件
license         显示协议信息
makecache       生成用于测试的 ethash 验证缓存
makedag         生成用于测试的 ethash 挖矿
monitor         监视并显示节点指标信息
removed         删除区块链和状态数据库数据
version         显示版本号
wallet          管理以太坊预售钱包
```

进入 geth 控制台后，有如下常用命令。

> eth.accounts：查询账户列表

> personal.listAccounts：查询账户列表

> personal.newAccount()：创建新账户

> personal.deleteAccount(adrr,passwd)：删除账户

> personal.unlockAccount(adrr,passwd,time)：解锁账户，可进行交易操作

> eth.sendTransaction({})：发送交易

开启 geth 客户端，如图 2.1 所示。

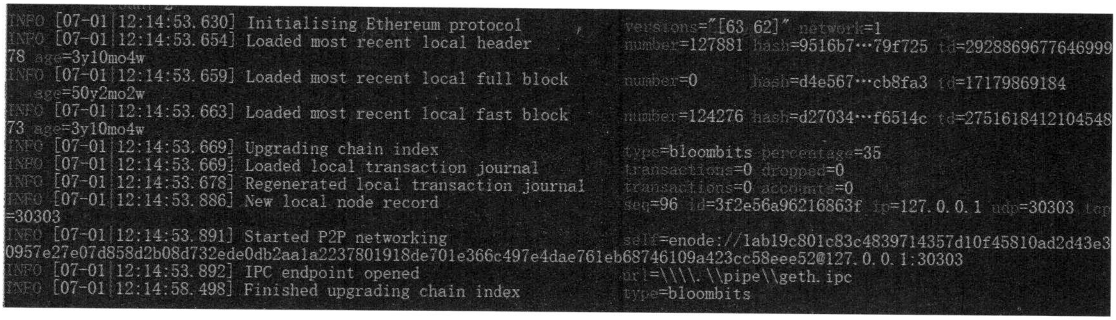

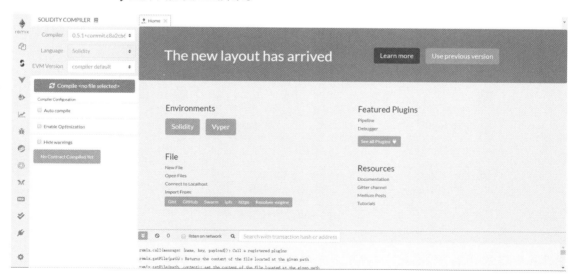

图 2.1 geth 客户端界面

2. browser-solidity（Remix）

browser-solidity 又叫 Remix，是一个在线浏览器编译器。该客户端不需要安装，可以直接在浏览器中开发、调试和编译。它在各个操作系统中的使用方法都一样，适合初学者入门，可以进行合约的编译部署和测试。在智能合约开发中，browser-solidity 是最常用的工具之一。

browser-solidity 主界面如图 2.2 所示。

图 2.2 browser-solidity 主界面

3. Parity

Parity 是一个目前非常活跃的以太坊开源项目，受到了许多开发者的欢迎与喜爱。Parity 可以用浏览器进行访问，而内置于 Parity 中的以太坊钱包和 DApp 开发环境可以帮助开发人员快速轻松地开发智能合约，部署分布式应用程序。使用 Parity 与以太坊区块链进行交互是最快和最安全的方式，而且 Parity 还可以为公共以太坊中的大多数基础架构提供技术支持，方便开发人员进行开发与研究。

4. 以太坊钱包

以太坊钱包（Ethereum Wallet）是一个以太坊账户管理的独立应用，它是开源的，任何人都可以提交代码改进项目，同时可以离线管理账户，包括账户的创建、备份、导入、更新等。它最重要的功能是可以进行交易。图 2.3 所示为以太坊钱包主界面。安装完成以后，以太坊钱包会同步全网的信息，同步完成以后，可以进行创建账户、设置密码、转账等操作。但是该项目由于软件本身存在严重的安全漏洞，已于 2019 年 3 月被以太坊官方停止运营，读者可以进行了解与学习，但不建议使用。

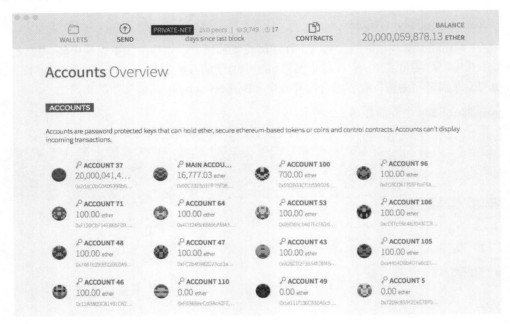

图 2.3   以太坊钱包界面

2.1.4   以太坊账户管理

账户是操作以太坊的一把钥匙。外部账户之间可以进行交易，每个账户由公私钥定义，以地址为索引。地址由公钥的最后 20 字节衍生而来，并把钥匙对编码在 JSON 中成为私钥文件。账户私钥用来对发送的交易进行加密。所有创建的账户信息都存放在以太坊安装目录的 keystore 下。keystore 文件可以进行备份，用户只有同时拥有钥匙文件和密码，才能进行交易。注意，当私钥丢失时，也就意味着这个节点的账户丢失了。下面介绍账户的管理。

1. 使用 geth 命令行

首先查看当前的 3 个账户：

```
$ geth account list
Account #0: {1301639dc5dcade8fe4672faf1acda67bc14a057}
keystore:///Users/zhongweiwei/Library/Ethereum/keystore/UTC--2017-06-09T07-29-12.862968835Z--
1301639dc5dcade8fe4672faf1acda67bc14a057
Account #1: {e3e711a6a3bcd13eb108ec2955c41f9c8995fb59}
keystore:///Users/zhongweiwei/Library/Ethereum/keystore/UTC--2017-06-09T07-30-12.515649743Z--
e3e711a6a3bcd13eb108ec2955c41f9c8995fb59
```

根据提示输入密码，创建账户：

```
$ geth account new
Your new account is locked with a password. Please give a password. Do not forget this password.
Passphrase:
Repeat passphrase:
Address: {d7e01b6aa71d3481f64856a5c013ab2df33c1c86}
```

再次查看账户列表，可以发现账户已经成功创建：d7e01b6aa71d3481f64856a5c013ab2df33c1c86。

```
$ geth account list
Account #0: {1301639dc5dcade8fe4672faf1acda67bc14a057}
keystore:///Users/zhongweiwei/Library/Ethereum/keystore/UTC--2017-06-09T07-29-12.862968835Z--
1301639dc5dcade8fe4672faf1acda67bc14a057
Account #1: {e3e711a6a3bcd13eb108ec2955c41f9c8995fb59}
keystore:///Users/zhongweiwei/Library/Ethereum/keystore/UTC--2017-06-09T07-30-12.515649743Z--
e3e711a6a3bcd13eb108ec2955c41f9c8995fb59
Account #2: {d7e01b6aa71d3481f64856a5c013ab2df33c1c86}
keystore:///Users/zhongweiwei/Library/Ethereum/keysto
```

以上操作完成后，可以去 keystore 文件夹下查看，如图 2.4 所示，里面保存了账户的公私钥文件。如果创建多个账户，就会有多个地址。

```
UTC--2017-06-09T07-29-12.862968835Z--1301639dc5dcade8fe4672faf1acda67bc14a057
UTC--2017-06-09T07-30-12.515649743Z--e3e711a6a3bcd13eb108ec2955c41f9c8995fb59
UTC--2017-06-09T07-33-36.585818367Z--d7e01b6aa71d3481f64856a5c013ab2df33c1c86
```

图 2.4 在 keystore 下查看公私钥文件

2. 使用 geth 控制台

进入 geth 控制台也可以执行和 geth 命令行相同的操作。首先进入 geth 控制台：

```
$ geth console 2>> log_file_output
Welcome to the Geth JavaScript console!

instance: Geth/v1.6.0-stable-facc47cb/darwin-amd64/go1.8.1
coinbase: 0x1301639dc5dcade8fe4672faf1acda67bc14a057
at block: 0 (Thu, 01 Jan 1970 08:00:00 CST)
 datadir: /Users/zhongweiwei/Library/Ethereum
 modules: admin:1.0 debug:1.0 eth:1.0 miner:1.0 net:1.0 personal:1.0 rpc:1.0 txpool:1.0 web3:1.0
```

根据提示输入密码，创建账户：

```
$ personal.newAccount()
Passphrase:
Repeat passphrase:
"0xfbcc605066317fd4f6bdf33d062d85513e3532c6"
```

查看所有账户，可以发现账户已经成功创建：

```
$ eth.accounts
["0x1301639dc5dcade8fe4672faf1acda67bc14a057", "0xe3e711a6a3bcd13eb108ec2955c41f9c8995fb59",
"0xd7e01b6aa71d3481f64856a5c013ab2df33c1c86", "0xfbcc605066317fd4f6bdf33d062d85513e3532c6"]
```

2.1.5   以太坊网络

区块链的网络协议，最主要的是 P2P 协议，即点对点协议。在 P2P 网络中，没有中心服务器，没有中心路由器，每个节点都是对等的，每个节点都充当服务器，为其他节点提供服务，同时也享用其他节点提供的服务，即同时具有信息消费者、信息提供者和信息通信等功能。P2P 网络体系是去中心、去信任和集体协作的网络体系，基于此，以太坊区块链有如下特点。

(1) 去信任化。因为以太坊中没有中心节点，它们之间建立信任关系是通过成熟的密码学来保障交易的可靠性，所以参与整个系统的所有节点之间进行的数据交换是无须信任的。

(2) 去中心化。P2P 网络是分布式的，交易的各方节点之间的信任关系是完全不需要借助第三方节点的，解决了中心节点的强依赖问题。

(3) 数据可靠。在整个以太坊中，每个参与的节点都有一份区块链数据的备份，所以单个节点对数据的修改是无效的，并且这个节点的错误数据会被其他节点共同修正，除非能同时控制51%的节点才能恶意修改数据，因此，参与系统的节点越多，计算能力越强，该系统的数据安全性越高。

(4) 集体协作。系统中的所有区块是整个系统中具有维护功能的节点共同维护的，在公有链中，这些维护功能是任何人都可以参与的，这种集体维护一般需要激励机制促进全网参与，以太坊采用的激励机制是挖矿。

(5) 节点之间相互协议。在以太坊中，当有新的区块入链时，区块之间会根据特定命令来进行信息的交互。与传统区块链不同的是，以太坊中的区块会以对称加密的方法相互握手，提供一些简要信息，通过这种方式来实现链中的区块信息同步，这也是以太坊中最为重要的功能之一。

2.2   以太坊核心原理

以太坊作为一个较为成熟的区块链平台，以其安全可靠和易用性被很多开发者和公司所信任。以太坊的整体架构如图 2.5 所示。

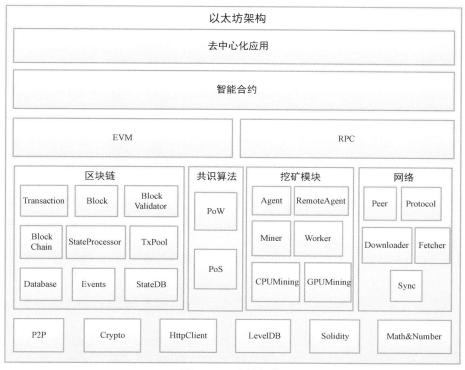

图 2.5 以太坊架构

其中，P2P 在学术界一般统称为对等网络（peer-to-peer networking）或者对等计算（peer-to-peer computing）。在 P2P 网络中，每一个节点（peer）同时承担着信息消费者、信息生产者以及通信媒介这 3 个重要角色。与传统的 C/S 模式不同，P2P 结构具有去中心化、健壮性、可扩展性、负载成本低以及保护节点隐私等特点。以太坊最底层主要包括 P2P 协议，这是一种不存在中心服务器、两个节点之间直接进行网络通信的协议，只有基于 P2P，区块链才能提供去中心化的服务。

共识算法是区块链平台的核心组成部分，是不同节点之间达成一致性的算法和策略，目前以太坊最重要的两种共识算法是 PoW 和 PoS，我们会在 2.2.1 节中介绍。

EVM 即以太坊虚拟机，是去中心化应用运行的容器，智能合约被编译成字节码后可以运行在 EVM 中，关于 EVM 的详细执行流程，将会在 2.2.2 节中进行概述。

LevelDB 是以太坊底层的数据库，是由谷歌实现的非常高效的键值（key-value）数据库，目前很多基于企业级的区块链平台底层也是使用 LevelDB 进行存储的。关于以太坊的数据存储，将在 2.2.3 节进行介绍。

多种不同的非对称加密、哈希算法从密码学角度保证了以太坊平台上的账户安全和交易信息安全，数字签名和验证签名等机制保证了数据的不易篡改，关于以太坊涉及的加密算法，将会在

2.2.4 节中介绍。

　　Solidity 是目前编写智能合约的主要语言，是一种语法类似于 JavaScript 的高级语言，它被设计成以编译的方式生成以太坊虚拟机代码，是以太坊推荐的旗舰语言，也是最流行的智能合约语言之一。关于 Solidity 和智能合约，将会在 2.3 节中进行深入讲解。

　　RPC 远程过程调用是以太坊提供给外界访问的接口，上层应用可以用 JSON-RPC 的方式和以太坊进行交互，来调用合约或者发送以太币，所有的业务逻辑通过智能合约来实现。关于以太坊编程接口，可以参考 3.3 节。

2.2.1　以太坊共识机制

　　共识机制是多个节点之间达成一致性的一种数学算法。在区块链中，共识机制的作用显得尤为重要。由于区块链中每个节点都是相互独立的，且都存有分布式账本的完全备份，如何对这些账本数据进行一致性验证就是共识机制需要考虑的问题。换句话说，共识机制就是在不同节点之间建立信任，获取权益的数学算法。它允许关联机器连接起来进行工作，并在某些成员失效的情况下仍能正常运行。

　　共识算法的工作抽象模型如图 2.6 所示，主要分为 4 个阶段的工作。第一阶段是争权，这是共识算法的核心。如何从所有节点中选出有记账权利的节点，也即所谓的"矿工挖矿"。第二阶段是造块，在这一阶段拥有记账权利的矿工可以将交易信息按照特定的策略打包成区块。第三阶段是验证，打包好的区块将会被广播至全网进行验证，以确保交易的安全性。第四阶段是上链，通过验证的区块将被添加到链上。

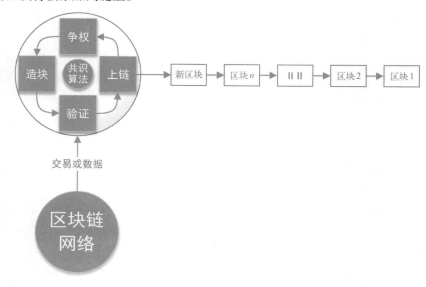

图 2.6　共识算法工作模型

常见的共识机制有工作量证明算法、权益证明、股份授权证明和拜占庭容错等，基于不同的应用场景和共识机制等特性，可以通过以下维度来评价共识机制的优劣。

(1) 合规监管：是否支持超级权限节点对全网节点、数据进行监管。

(2) 性能效率：交易达成共识并且确认的效率。

(3) 容错性：防攻击、防欺诈的能力。

(4) 资源消耗：共识过程中的资源消耗，如 CPU、网络 IO、存储等计算机资源。

下面介绍 6 种常见的共识机制。

(1) PoW：工作量证明。通过机器的数学运算速度来获取记录交易的权利，共识过程需要全网节点共同参与运算，导致资源消耗高、性能效率低、监管薄弱。在容错性上，允许 50%的节点出错。目前以太坊采用此共识机制。

(2) PoS：权益证明。属于 PoW 的升级版本。根据每个节点所占代币的比例和时间，等比例地降低计算难度，从而加快查找随机数的速度。PoS 在一定程度上缩短了共识达成的时间，但是还是需要消耗时间，本质上没有解决商业应用的痛点，在容错性方面与 PoW 类似。以太坊之后将会转为 PoS 算法。

(3) DPoS：股份授权证明。与 PoS 不同之处在于投票选举一定数量的节点，进行代理验证和记账。DPoS 大幅缩减参与验证和记账的节点的数量，可以达到秒级的共识验证，但是整个共识机制还是依赖于代币，而很多商业应用是不需要代币存在的。

(4) Paxos：一种基于选举领导者的共识机制。领导者节点拥有绝对权限，并允许强监管节点参与。性能高，资源消耗低。选举过程中不允许有作恶节点，不具备容错性。

(5) PBFT：实用拜占庭容错。也是一种基于选举领导者的共识机制。领导者的选举采用许可投票、少数服从多数的模式。特点是允许拜占庭容错（即允许 33%的节点作恶，容错性为 33%）、允许强监督节点参与、工作权限分级。

(6) Casper FFG：一种 PoW/PoS 混合机制，详细内容将在 2.4.3 节进行介绍。

与以太坊有关的是 PoW 和 PoS 算法。以太坊的项目分为 Frontier、Homestead、Metropolis 和 Serenity 这 4 个阶段。在前两个阶段，以太坊共识算法采用的是 PoW，在第三阶段以太坊将会由 PoW 向 PoS 进行过渡，在第四阶段会转移到 PoS。

工作量证明是若一个节点付出了足够的算力，那么区块链会认为这个节点发现的区块是有效的。比特币是最先采用 PoW 记账方式的区块链项目，矿工通过计算机算力来争夺比特币的记账权，每当一个比特币区块产生时，系统会为最先成功记账的矿工给予一定数量的奖励。工作量证明的目的是使下一个区块的创建变得困难，从而阻止攻击者恶意生成区块链。PoW 是对每一个区块进行 SHA256 哈希运算，将得到的哈希值看作长度为 256 位的不可预测的数值，要保证该数值小于不断动态调整的目标数值。假如当前目标数值为 2^{192}，就意味着平均需要尝试 2^{64} 次才能生成有效的区块。一般来说，比特币网络每隔 2016 个区块重新设置目标数值，保证平均每 10 分钟生成一个区块。而以太坊产生区块的时间大约为 14 秒。

而 PoS 是一种公有区块链中的共识算法，用来替换工作量证明。可以被描述成一种虚拟挖矿，依赖于区块链自身的代币。在 PoS 中，用户通过购买等价值的代币当作押金放入 PoS 机制中，就有机会产生新区块从而得到奖励。大致过程可以描述为，存在一个持有代币的用户集合，他们把手中的代币放入 PoS 机制中，这些用户就变成了验证者。假设在区块链最新的一个区块中，PoS 算法在这些验证者中根据权重随机挑选，权重依据是验证者投入的代币多少，比如一个用户押金为 1000 代币，另一个投入 100 代币，则前一个用户选中的概率是后一个用户的 10 倍。选中用户后，给他们权利产生下一个区块，如果一定时间内，这个选中的验证者没有产生区块，则选第二个验证者来代替产生区块。

PoW 共识机制已经非常成熟了，但它的实现需要消耗大量的电力成本，PoS 虽然仍处于发展阶段，但在效率和成本方面有诸多优势，不再需要为了安全产生区块而消耗大量电能。在未来一段时间，PoS 将会得到快速发展。

2.2.2   以太坊虚拟机

以太坊虚拟机（EVM）是运行智能合约的环境，运行在每一个节点上，类似于一个独立的沙盒，严格控制了访问权限；也就是说，合约代码在 EVM 中运行时是不能接触网络、文件或者其他进程的。EVM 模块主要分为三大模块：编译合约模块、Ledger 模块和 EVM 执行模块。

编译合约模块主要是对底层 Solc 编译器进行一层封装，提供 RPC 接口给外部服务，对用 Solidity 编写的智能合约进行编译。编译后将会返回二进制码和相应的合约 ABI，ABI 可以理解为合约的手册，通过 ABI 可以知道合约的方法名、参数、返回值等信息。

Ledger 模块主要是对区块链账户系统进行修改和更新，账户一共分为两种，分别是普通账户和智能合约账户，调用方如果知道合约账户地址则可以调用该合约，账户的每一次修改都会被持久化到区块链中。

EVM 执行模块作为核心模块，主要功能是对交易中的智能合约代码进行解析和执行，一般分为创建合约和调用合约两部分。同时为了提高效率，EVM 执行模块除了支持普通的字节码执行外，还支持 JIT 模式的指令执行，普通的字节码执行主要是对编译后的二进制码直接执行其指令，而 JIT 模式会对执行过程中的指令进行优化，如把连续的 push 指令打包成一个切片，方便程序高效执行。EVM 执行交易的流程如图 2.7 所示。

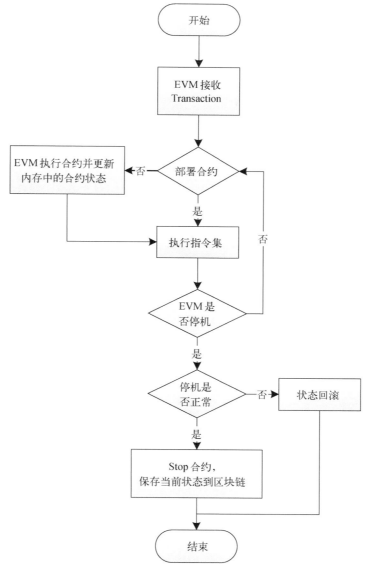

图 2.7 EVM 模块执行流程

(1) EVM 接收到 Transaction 信息，然后判断 Transaction 类型是部署合约还是执行合约。如果是部署合约，执行指令集，来存储合约地址和编译后的代码；如果是执行合约或是调用合约，则使用 EVM 来执行输入指令集。

(2) 执行上一条指令集之后，判断 EVM 是否停机，如果停机则判断是否正常停机，正常停机则更新合约状态到区块链，否则回滚合约状态。如果不停机则回到上一步(1)进行判断。

(3) 执行完的合约会返回一个执行结果，EVM 会将结果存储在 Receipt 回执中，调用者可以通过 Transaction 的哈希来查询结果。

2.2.3　以太坊数据存储

以太坊中存储数据的结构是 Merkle Patricia Tree，即默克尔–帕特里夏树。Merkle 树是由计算机科学家 Ralph Merkle 提出的，在比特币网络中使用了这种数据结构来进行数据的正确性验证。而以太坊结合了 Merkle 树和 Patricia 树并进行了优化。

在比特币网络中，Merkle 树被用来归纳一个区块中的所有交易，同时生成整个交易集合的数字指纹。Merkle 树是自底向上构建的，在图 2.8 中，首先将 L1~L4 这 4 个单元数据哈希化，然后将哈希值存储至相应的叶子节点中，这些节点分别是 Hash 0-0、Hash 0-1、Hash1-0、Hash1-1。

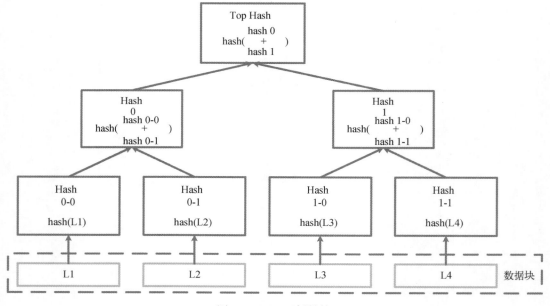

图 2.8　Merkle 树结构

将相邻两个节点的哈希值合并成一个字符串，然后计算这个字符串的哈希，得到的就是这两个节点的父节点的哈希值。(如果最底层的哈希总数是单数，那到最后必然出现一个单身哈希，这种情况就直接对它进行哈希运算，得到的哈希值就是其父节点的哈希值。)

循环重复上述计算过程，计算得到最后一个节点的哈希值，将该节点的哈希值作为整棵树的 Merkle 根。若两棵树的 Merkle 根一致，则这两棵树的结构及每个节点的内容必然相同。

Merkle 树的一个明显优势是验证过程中可以快速定位"不正确"数据的位置。由于原始数据的一点差异就会造成计算所得的哈希都不正确，因此比较两棵 Merkle 树，很容易找到这条路径，从而定位"非正确"节点的位置。

由于 Merkle 树在比特币中的应用比较单一，尽管它可以证明包含的交易，但是它不能进行涉及当前状态的证明（如数字资产的持有、名称注册、金融合约的状态等），且 Merkle 树在以太坊中主要的操作就是构建树，而对于树节点内容的更改、插入等操作十分不便。为了扩展这些操作，以太坊对 Merkle 树进行了修改，并融合了 Patricia 树。

Patricia 树会存储每个账户的状态。这个树的建立是通过从每个节点开始，将节点分成多达 16 个组，然后哈希每个组，再对哈希结果继续哈希，直到整棵树有一个最后的"根哈希"。Patricia 树很容易进行更新、添加或者删除树节点，以及生成新的根哈希。使用 Patricia 树进行更新的示例如图 2.9 所示。

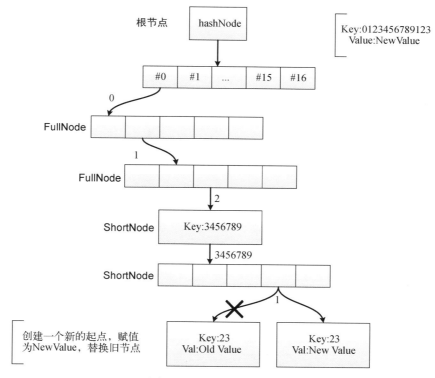

图 2.9 Patricia 树更新示例

(1) 将根节点传入作为当前处理节点，传入目标节点的 Key 作为路径。

(2) 传入新的 Value 值，若 Value 值为空，则找到该节点并删除；反之，创建一个新节点替换旧节点。

2.2.4   以太坊加密算法

以太坊使用了多种加密算法，最主要的是哈希算法和非对称加密算法。

哈希算法又叫散列算法，在以太坊中用来快速验证用户的身份，其原理是将一段信息或文本转化成一个有固定长度的字符串（摘要）。哈希算法的特点是如果某两段信息完全相同，那么，最终加密后的字符串也完全相同；如果两段信息不完全相同，即使只有一个字符不同，那么，最终的字符串会十分杂乱和随机，并且两个字符串之间没有任何关联性。目前主流的哈希算法为安全哈希算法 SHA（Secure Hash Algorithm），这是一个密码哈希函数家族，由美国国家安全局（NSA）设计，美国国家标准与技术研究院（NIST）发布的一系列密码哈希算法，是美国联邦信息标准所验证的安全算法。在 SHA 中包括了一系列的变体函数如 SHA-1、SHA-224、SHA-256 以及 SHA-384 等。目前以太坊区块链主要使用 SHA256 来进行挖矿运算。不同的哈希算法的特点如表 2.1 所示。

表 2.1   不同哈希算法比较

算法类别	安全性	输出大小（bit）	运算速度
SHA1	中	160	中
SHA256	高	256	略低于 SHA1
SM3	高	256	略低于 SHA1
MD5	低	128	快

非对称加密是由一组具有唯一性的密钥对组成的加密方式，密钥对包含公钥和私钥。需要对用户信息进行加密并实现安全信息交互时，只需要用户的公钥，但是解密这些信息需要用户私钥。也就是说，只有知道用户公钥所对应的唯一的用户私钥的人，才能获取这些信息，任何未经授权的用户（包括信息的发送者）都无法将信息解密。在以太坊中，用户发送的每一笔交易都会使用私钥去签名，然后区块链会使用公钥去验证签名。验证通过则表示这笔交易是合法的，然后就可以持久化到区块链中。以太坊中的用户公私钥对使用 ECC 椭圆曲线加密算法来生成。非对称加密算法的特点如表 2.2 所示。

表 2.2   不同非对称加密算法比较

加密算法	安全性	成熟度	运算速度	资源消耗	密钥长度	
					级别	长度（bit）
RSA	低	高	慢	高	80	1024
					112	2048
ECC	高	高	中	中	80	160
					112	224
SM2	高	高	中	中	80	160
					112	224

2.3 以太坊智能合约

本节将详细介绍如何使用 Solidity 编写智能合约，首先会对 Solidity 做一个简要的介绍，然后详细地介绍 Solidity 的基本语法，如数据类型、状态变量、函数调用等，同时 Solidity 作为一门面向对象的语言，也会有相应的面向对象的性质。编写完智能合约后，最重要的是智能合约的测试，本节会用不同的测试框架对合约进行测试，以此来验证合约是否符合预期。最后会对一个较为复杂的智能合约进行实例分析，使读者加深对智能合约的了解。

2.3.1 智能合约与 Solidity 简介

什么是智能合约？

智能合约的概念是 Nick Szabo 于 20 世纪 90 年代提出的。在《智能合约的理念》这篇文章中，Nick Szabo 认为自动贩卖机是最为原始的智能合约的应用。虽然智能合约的概念几乎是与互联网同时诞生的，但是由于缺少可信任的执行环境，智能合约在长时间内并没有大规模的应用于实际产业生产中。直到比特币出现，人们开始意识到比特币的底层技术区块链与智能合约是天作之合。以太坊就是最为典型的例子，简单地说，我们可以将以太坊理解为区块链+智能合约。

合约是代码（逻辑描述）和数据（状态表示）的集合，存储在以太坊区块链的特定地址。合约账户能够在彼此之间传递信息，进行图灵完备的运算，编译成 EVM 字节代码（以太坊特有的二进制格式），并运行在区块链上。换句话说，智能合约是运行在区块链上的模块化、可重用、自动执行的脚本。合约部署的时候将编译器编译得到的字节码存储在区块链上，对应会有一个存储地址。当预定的条件发生时，就会发送一笔交易到该合约地址，全网节点都会执行合约脚本编译生成的操作码，最后将执行结果写入区块链。所以，可以把智能合约理解为在区块链上执行操作的所有业务逻辑代码。

智能合约一个重要的特点是图灵完备。图灵完备是指一个能计算出每个图灵可计算函数的计算系统，图灵完备使脚本系统有能力解决所有的可计算问题。智能合约是图灵完备的，即可以实现图灵机所能做到的所有事情。通俗来讲，一般编程语言可以做到的所有逻辑操作，在智能合约中都可以实现。

智能合约另一个重要的特点是沙盒隔离。对 I/O、网络操作、访问其他进程等进行了限制，实际上是完全隔离的。所以，目前实现的智能合约无法进行文件的读取和写入，也无法实现网络资源的访问或直接提供网络服务。智能合约只能在部署到区块链平台上以后，才能使用区块链平台提供的接口进行合约数据的访问，即访问智能合约中的数据和方法。该特性提高了智能合约执行的安全性。

目前可以使用 Solidity、Serpent、LLL、Mutan 这些语言来编写智能合约，但是使用最广泛、最受欢迎的还是 Solidity。

Solidity 是一门设计用来编写智能合约，面向合约的高级编程语言。Solidity 的语法类似于 JavaScript 这种高级面向对象语言，也是一门静态类型语言，并运行在以太坊虚拟机（EVM）之上。Solidity 支持继承、库以及复杂的自定义类型。文件扩展名为.sol，是一种真正意义上的运行在网络上的去中心化合约。目前 Solidity 有在线的实时编译器，方便开发者使用。此外还支持多种标准的库函数，并具有以下特性。

- 以太坊底层是基于账户的，所以有一个特殊的 Address 类型，用于定位用户，定位合约，以及定位合约的代码（合约本身也是一个账户）。
- 语言内嵌的框架是可以支持支付的，因此可以使用一些关键字，如 Playable，在语言层面上进行直接交易支付。
- 使用网络上的区块链存储，数据的每一个状态都可以永久存储，所以需要确定变量使用内存还是区块链。
- 一旦出现异常，所有的执行都将被回滚，这主要是为了保证合约执行的原子性，以避免中间状态出现数据不一致。
- 因为 Solidity 的运行环境在去中心化的区块链网络上，运行期间的函数调用会转化为网络上中节点的运行，所以强调函数执行执行以及合约的调用方式。

目前使用 Solidity 可以很容易地创建用于投票、众筹、封闭拍卖、多重签名钱包等应用场合的合约。以下是 Solidity 官方介绍的一些开发工具。

(1) Browser-Based Compiler

这是 Solidity 官方强烈推荐的基于浏览器的在线 IDE，也称为 Remix。Browser-Based Compiler 已经集成了编译器和 Solidity 运行环境，并且不需要任何服务端组件。

(2) Visual Studio Extension

一款 Visual Studio 上的 Solidity 插件，提供了 Solidity 编译器。

(3) Package for SublimeText-Solidity language syntax

一款用于 SublimeText 编辑器的 Solidity 语法高亮工具。

(4) Etheratom

Solidity 推荐的 Atom 上的插件。

(5) Emacs Solidity

用于 Emacs 编辑器的插件，用于语法高亮、编译和错误报告。

(6) Vim Solidity

用于 Vim 编辑器上的插件并提供语法高亮。

(7) Mix IDE

一款基于 Qt 的合约集成开发环境，可用于设计、调试、测试 Solidity 写的智能合约，在本书第 3 章有详细的介绍。但是目前已经不再更新维护，开发中使用较少。

(8) IntelliJ IDEA plugin

可用于其他所有的 JetBrains IDE 的 Solidity 插件。

开发者可以根据项目需求和自己的喜好，使用上述的一款或多款工具进行基于 Solidity 的智能合约的开发。

2.3.2 智能合约的编写与部署

本节将从一个简单的 Hello World 智能合约程序入手，学习智能合约的数据类型、方法调用、事件等重要组成部分，以及如何把编写完成的智能合约部署到以太坊环境中，使以太坊自动执行该合约中的逻辑。下面是这个简单的 Solidity-Hello World 案例。

1. Solidity-Hello World

学习每一门语言都是从 Hello World 程序开始的，学习 Solidity 也不例外。Solidity 在以太坊环境内操作，没有明显的"输出"字符串的方式，这里就用日志记录事件来把字符串放进区块链中。Hello World 的合约实现如下。每次合约被创建时，都会调用构造函数，合约都会在区块链创建一个日志入口，打印 Hello World 参数。

```
contract Hello {

    function World() public pure returns(string memory){
        return "Hello World!";
    }

}
```

合约在在线开发工具 Remix 中的运行代码界面如图 2.10 所示，成功通过编译。图 2.11 所示为执行结构，成功从事件中接收到"Hello World!"。

图 2.10　Remix 编译 Hello World

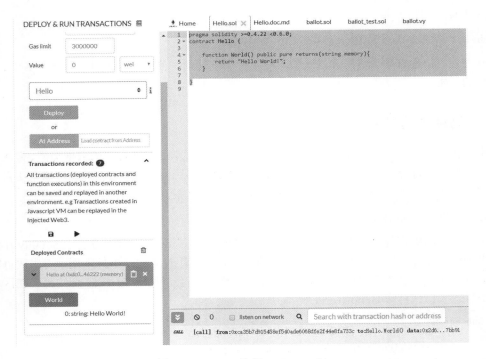

图 2.11   Remix 执行 Hello World

2. 文件布局与合约结构

Solidity 的合约和面向对象语言中的类的定义相似，每个合约包括了状态变量、函数、函数修饰符、事件、结构体类型、枚举类型和注释。另外，合约也可以从其他合约中继承。合约不同组成部分的作用如下。

(1) 编译版本声明

一般在线编译器会要求指定 Solidity 编译器的版本号，否则会给出警告。目前一般要高于 0.4 版本才可以编译，声明语句如下：

```
pragma solidity >=0.4.22 <0.6.0;
```

(2) 状态变量

在合约中用于永久存储变量的值，使用 uint、int、bytes32、string、address 等数据类型来修饰一个状态变量。

(3) 函数

函数是合约中一段可执行的代码块，使用 function 关键字进行修饰，函数可以有零个或多个输入参数，以及零个或多个返回值。

(4) 函数修饰符

可以在声明函数时补充函数的语义，如使用 constant、internal、external、public、private 来修饰一个函数。不同修饰符的函数有不同的访问权限。

(5) 事件

事件是和 EVM 日志的接口，使用 event 进行声明，可以有一个或多个返回值。可以在函数内被调用，并在 JavaScript API 中被捕获。

(6) 结构体

结构体是一组自定义的复合数据类型，可以包含多个不同数据类型的状态变量。一般对一个对象的描述使用结构体。

(7) 枚举

枚举是用来创建一组特定值的集合的类型，使用 enum 声明，Solidity 对枚举的底层处理就是 uint 类型。

3. 数据类型与状态变量

Solidity 是一种静态类型语言，每个变量在编译时都需要被定义（包括全局变量或局部变量）。Solidity 也提供了一些基础数据类型可以组成复杂类型。有一种变量类型叫值类型，其变量总是要被赋值，作为函数参数或者在赋值中，复制出一个全新的值。值类型包括布尔、整型、地址、字节数组、有理数和整型、十六进制字面量、枚举类型、函数。

(1) 布尔类型

布尔类型只有真值或假值两种。操作符包括：!（逻辑非）、&&（逻辑与）、||（逻辑或）、==（相等）、!=（不等）。常规的短路规则同样适用于||操作符和&&操作符：对于表达式 $f(x)||g(y)$，如果 $f(x)$ 为真，则 $g(y)$ 不需要计算，因为结果一定为真；对于表达式 $f(x)\&\&g(y)$，如果 $f(x)$ 为假，则 $g(y)$ 不需要计算，因为结果一定为假。布尔类型的使用基本同其他高级编程语言。

(2) 整型

int 和 uint 分别是有符号和无符号的整数，其中包括 uint8 到 uint256，步长为 8（8~256 位的无符号整数）。uint 和 int 分别是 uint256 和 int256 的别名。

使用到整型的操作符有比较操作符<=、<、==、!=、>=、>；位操作符&（按位与）、|（按位或）、^（按位异或）、~（按位取反）；算术运算符+、−、一元−、一元+、*、/、%（取余数）。整型的使用如下所示。

```solidity
pragma solidity >=0.4.22 <0.6.0;
contract IntExample{
uint value;
// 两个 uint 值相加
    function add(uint x, uint y)  public returns (uint){
```

```
        value = x + y;
        return value;
}
// 两个 uint 值相除, 规则与 C 语言相同
    function divide() public returns (uint){
        uint x = 3;
        uint y = 2;
        value = x / y;
        return value;
    }
}
```

(3) 地址

一个以太坊地址有 20 个字节, 地址变量用 address 修饰。可以使用 address(0)来表示一个空地址, 即 0x0。address 可以修饰一个合约地址或者账户地址。地址也可以用比较操作符操作。地址类型变量默认有两个非常重要的方法: 账户余额 balance()和发送 send()。在使用 send()方法时, 执行有一些注意事项, 例如调用的递归深度不能超过 1024; 如果 gas 不够, 执行会失败, 所以使用 send()方法后需要根据返回值判断是否成功。

Balance 是 address 类型的成员变量的快速索引, 如下述代码所示查询余额。

```
pragma solidity >=0.4.22 <0.6.0;
contract AddressExample{
bool isSuccess;
// 获得账户余额
    function getBlance(address account) public returns (uint){
        return account.balance;
    }
}
```

account 是一个合约地址, 当执行 account.balance 函数时, 合约对应的代码会触发执行, 我们可以查看账户余额, 也可以用 this.balance 来简单地查询余额。

(4) 字节数组

bytes1、bytes2、bytes3、…、bytes32 (bytes1 等同于 byte) 都是定长字节数组。字节数组同样也可以使用比较运算符和位运算符。默认用只读成员变量.length 表示这个字节数组的长度。

bytes 和 string 是两种动态长度的字节数组。bytes 一般用来表示任意长度的字节数据, string 用来表示任意长度的 UTF-8 编码的字符串数据。如果长度可以确定, 尽量使用定长的, 如 bytes1 到 bytes32, 因为这样占用空间更小。

(5) 字符串

字符串字面量是指由单引号或双引号引起来的字符串。Solidity 字符串与 C 语言不同, 不包含结束, "foo"这个字符串的大小仅包含 3 个字节。字符串本身就是一种不定长的字节数组, 可以隐式地转换为 bytes1、…、bytes32。字符串字面量支持转义字符, 如 "\n"。

```
pragma solidity >=0.4.22 <0.6.0;
contract StringExample{
    string name;
    function stringTest() public{
        name = "Jack";
    }
}
```

(6) 数组

数组的大小可以在编译阶段确定（静态数组），也可以是不定长的（动态数组）。对于存储器数组来说，成员类型是任意的（也可以是其他数组、映射或结构体）。在函数内部使用内存数组时，若函数对外可见，则数组元素不能是映射类型，且只能是支持 ABI 的类型。一个定长数组，如果长度是 k，元素类型为 T，那么可以表示为 $T[k]$，而另一个变长的数组为 $T[]$。

类型 bytes 和 string 本质上是一种特殊的数组，bytes 类似于 byte[]；string 比较类似于 bytes，但是暂时不提供长度（length）和按下标（index）方式的访问。相对来说，bytes 更节省空间。

数组有以下成员函数。

length()：长度字段，表示持有元素的数量。动态数组如果是存储器类型的，则可以调整大小。调整的方式是通过 .length 改变对应的值。

push()：动态类型数组和 bytes 都有一个 push() 函数，用于添加新元素，返回结果为新数组或 bytes 的长度。

```
pragma solidity >=0.4.22 <0.6.0;
contract ArrayExample {
    uint[] uintArray;
    bytes b;
    function arrayPush() public returns (uint){
        uint[3] memory a = [uint(1), 2, 3];
        uintArray = a;
        // 添加到数组的最后一个位置
        return uintArray.push(4);
    }
    function bytesPush() public returns (uint){
        b = new bytes(3);
        return b.length;
    }
}
```

(7) 映射/字典

映射（mapping）的定义方式为 _KeyType=>_KeyValue。键的类型不能为 mapping、struct、array 等，值的类型则无限制。映射可以看作一个通过将所有的键初始化得到的哈希表，值为对应到某个类型的默认值。但与哈希表不同的是，键仅存储了它的 Keccak-256 哈希，用来找到其相关的值。因此，映射查找速度特别快，也没有长度或排序的概念。

映射类型只能用于定义状态变量，或者在内部函数中作为存储器类型的引用。当然，映射的值类型也可以为映射，可以提供键值递归访问。以下例子中，使用 `msg.sender` 合约调用者作为键类型、`amount` 作为值类型进行存储。

```
pragma solidity >=0.4.22 <0.6.0;
contract MappingExample{
    mapping(address => uint) public balances;
    uint balance;
    function updateBalance(uint amount) public returns (uint){
    // 设置 mapping 中的值
        balances[msg.sender] = amount;
        // 取出 mapping 中的值
        balance = balances[msg.sender];
        return balance;
    }
}
```

合约中的一个重要组成部分就是状态变量，变量值会永久存储在合约的存储空间中，也就是存储在这些状态变量中。可以使用上面的数据类型来声明不同类型的状态变量，存储不同类型的数据，如下所示。

```
pragma solidity >=0.4.22 <0.6.0;
contract TypeExample{
    uint uintValue;
    bool boolValue;
    address addressValue;
    bytes32 bytes32Value;
    uint[] arrayValue;
    string stringValue;
    enum Direction{Left, Right}
    mapping(address => uint) mappingValue;
}
```

合约中的变量（状态变量或局部变量）或者函数参数，都有一个重要的概念——数据存储位置。一般合约中，变量的默认存储位置是这样设置的：全局的状态变量和局部变量存在存储器（storage）中；函数参数和返回的参数存放在内存（memory）中。也可以使用关键字 `storage` 和 `memory` 来覆盖默认的设置。

数据存储的位置不同，变量赋值产生的结果也不同。在 `memory`、`storage` 和状态变量中相互赋值，总是会创建一个完全不相关的备份。给一个局部存储变量赋值会被赋予一个引用，即使这个值发生了变化，它还是会指向对应的状态变量。

4. 函数调用

函数是编程语言中最重要的部分，可以实现模块化编程，大大提高项目开发的效率和代码的可读性及复用性。Solidity 中的函数类似于 JavaScript 中的函数。

(1) 内部调用

在当前的同一个合约中，函数可以直接进行内部调用，也可以进行递归调用。这些函数在

EVM 中被翻译为简单的跳转 JUMP 指令。

```solidity
pragma solidity >=0.4.22 <0.6.0;
contract FunctionExample {
    function g(uint a) public returns (uint) {
        // 调用同一个合约中的函数
        return f(a);
    }
    function f(uint a) public returns (uint) {
        return a;
    }
}
```

(2) 外部函数调用

对于不同合约的函数则必须使用外部调用的方式，而不是直接通过 JUMP 调用。对于一个外部调用，所有函数的参数必须复制到内存中。

如果被调用的合约不存在，或调用的合约产生了异常，或者 gas 不足，均会造成函数调用发生异常，本次执行过程中对账本造成的影响将会回滚。

```solidity
pragma solidity >=0.4.22 <0.6.0;
contract User {
    function age()  external returns (uint) {
        return 25;
    }
}
contract FunctionExample {
    User user;
    function exfunction() public{
    // 获得合约地址
    address addr = address(new User());
    // 强制类型转换，获得合约对象
    user = User(addr);
    }
    function callUser() public{
        // 使用合约对象调用方法
        user.age();
    }
}
```

(3) 命名参数调用

函数调用的参数，可以通过指定名字的方式调用，以任意的顺序传入参数，方式是使用{}包含。但参数的类型和数量要与定义一致。

```solidity
pragma solidity >=0.4.22 <0.6.0;
contract FunctionExample {
    function add(uint first, uint second) public returns (uint) {
        return first + second;
    }
    function callAdd() public returns (uint){
    // 传入参数的先后可以不一致
```

```
        return add({second: 2, first: 1});
    }
}
```

在某些函数中会遇到异常，需要使用 throw 指令手动抛出一个异常。异常的作用是当前执行的调用被停止和状态的回滚（即所有状态和余额的变化都没有发生）。在 Solidity 中，外部是不能捕获异常的。

（4）函数可见性

函数可以被标记为 external、public、internal、private，其中默认为 public。

❑ external：外部函数是合约接口的一部分，所以可以从其他合约通过交易来发起调用，一个外部函数 f()，不能通过 f() 的方式来直接调用，而要通过 this.f() 外部访问的方式来调用。外部函数在接收大的数组数据时更加有效。

❑ public：公开函数是合约接口的一部分，可以通过内部或者消息来进行调用。public 类型是访问权限最大的修饰符。

❑ internal：内部函数只能通过内部访问（例如在当前合约中）调用，或在继承的合约里调用。需要注意的是，不能加前缀 this。

❑ private：私有函数仅在当前合约中可以访问，在继承的合约内不可访问。private 是访问权限最小的修饰符。

需要注意的是，所有在合约内的东西对外部的观察者来说都是可见的，将某些东西标记为 private，仅仅阻止了其他合约进行访问和修改，但不能阻止其他人看到相关的信息。可见性标识符的定义位置一般在参数列表和返回关键字中间。

```
pragma solidity >=0.4.22 <0.6.0;
contract FunctionExample {
    function func(uint a) private returns (uint b) { return a + 1; }
    function setData(uint a) internal { data = a; }
    uint public data;
}
```

（5）pure/view 函数

函数也可以被声明为 pure/view 函数，这类函数需要保证不改变任何值，即不会导致区块链状态的改变。这类函数不会消耗 gas，可以使用 pure/view 来修饰。在调用该类函数时，会主动调用底层的 call() 函数。pure/view 声明的作用在于告诉编译器，函数不改变也不读取状态变量，在运行时不需要矿工进行确认。与 view 相比，pure 声明有更多的限制，比如不能访问成员变量，不能访问 balance 等。

```
pragma solidity >=0.4.22 <0.6.0;
contract FunctionExample {
    uint a;
    // 一般把状态变量的 get 方法声明为 view
    function getA() view public returns(uint) {
        return a;
```

```
        }
    }
```

5. 事件

事件让使用 EVM 日志内置功能变得容易，它可以调用监听了对应事件的 DApp 的 JavaScript
回调。当事件被调用时，会触发参数存储到交易的日志中，这些日志与合约地址关联，并合并到
区块链中，只要区块可以访问就一直存在。日志和事件在合约内不可直接访问，即使是创建日志
的合约也不行。在开发 DApp 中，事件可能需要经常使用。

事件最多有 3 个参数被设置为索引（indexed），让对应的参数值可以在以太坊虚拟机日志中
被检索到。在用户调用接口时，输入对应的索引即可查找到对应的值。如果数组（包括 string
和 bytes）类型被标记为索引项，则查询到的值是该索引值的 Keccak-256 哈希值。所有未被索引
的参数将被作为日志的一部分保存起来。事件合约代码示例如下：

```
pragma solidity >=0.4.22 <0.6.0;
contract EventExample {
    // 声明事件，可以有多个参数
    event SendBalance(
        address indexed _from,
        bytes32 indexed _id,
        uint _value
    );
    // 实现函数
    function sendBalance(bytes32 _id)  public payable{
    // 任何调用该函数的行为都会触发 SendBalance 事件，并被 JavaScript API 检测到
        emit SendBalance(msg.sender, _id,msg.value);
    }
}
```

使用 JavaScript API 来获取日志：

```
var abi = /* 编译后获取 abi*/;
var EventExample = web3.eth.contract(abi);
var eventExample = EventExample.at(0x123 /* address */);
var event = eventExample. SendBalance ();
// 监听 SendBalance 事件是否被调用
event.watch(function(error, result){
    // result 中会包含多种参数
    if (!error)
        console.log(result);
});
// 调用事件的另一种方式，调用后直接开始监听
var event = eventExample. SendBalance (function(error, result){
    if (!error)
        console.log(result);
});
```

6. 特殊变量

Solidity 中有一些变量和函数是可以在全局范围内使用的，其中包括以太坊"货币单位"、时

间单位、区块和交易属性、数学和加密函数等。

(1) 以太坊"货币单位"

数字后面可以加后缀，表示以太币"货币单位"，如 wei、finney 或 ether，相关单位之间可以转换。若以太币数量后没有加后缀，则默认单位是 wei。"货币单位"也可以进行逻辑运算，如 2 ether == 2000 finney，这个表达式计算结果为 true。

```solidity
pragma solidity >=0.4.22 <0.6.0;
contract EtherExample{
    function isEqual() public returns (bool){
        if (2 ether == 2000 finney){
            return true;
        }
        return false;
    }
}
```

(2) 时间单位

数字后面可以加秒（second）、分（minute）、小时（hour）、天（day）、周（week）、年（year）作为后缀，并相互转换，默认以秒为单位。这些后缀不能用于声明变量，如果要传入变量，需要和常量转换。now 则是当前时间戳。

```solidity
pragma solidity >=0.4.22 <0.6.0;
contract TimeExample{
    function f(uint start, uint daysAfter) public{
        if (now >= start + daysAfter * 1 days) {
        }
    }
}
```

(3) 区块和交易属性

全局范围内有区块和交易属性，可以提供区块链当前的信息。

block.blockhash(bytes32)：指定区块的哈希值；

block.coinbase(address)：当前矿工的地址；

block.difficulty(uint)：当前块的难度；

block.gaslimit(uint)：当前块的 gas 值；

block.number(uint)：当前区块的块号；

block.timestamp(uint)：当前块的时间戳；

msg.data(bytes)：完整的调用数据（calldata）；

msg.gas(uint)：当前剩余 gas 值；

msg.sender(address)：调用发起人的地址；

msg.sig(bytes4)：calldata 的前 4 个字节（即函数标识符）；

msg.value(uint)：所发送的消息中以太币的数量；

now(uint)：当前块时间戳；

tx.gasprice(uint)：交易的汽油价格；

tx.origin(address)：交易发送方。

7. 合约部署

在实际项目开发中，有很多种方式可以实现合约部署。如使用 Console 命令行的方式调用原生 RPC 接口部署，或使用 Console 命令行的方式调用 JavaScript API（web3.js）部署，或者使用 Truffle 框架自动化部署。

这里介绍一种使用 JavaScript 脚本实现合约的编译部署，调用的接口同样是 web3.js。使用该方式需要一点 JavaScript 编程基础。这里使用 Multiply7 合约来测试。合约代码如下：

```solidity
pragma solidity >=0.4.22 <0.6.0;
contract Multiply7 {
    event Print(uint);
    function multiply(uint input)  public returns (uint) {
        emit Print(input * 7);
        return input * 7;
    }
}
```

把合约保存成一个以 sol 为后缀的文件，如 Multiply7.sol，放到脚本文件所在的目录，同时开启以太坊私有链进行挖矿。编写部署脚本 AutoDeploy.js 如下：

```javascript
var Web3 = require('web3');
var fs = require('fs');
// web3 初始化
var web3;
if (typeof web3 !== 'undefined') {
    web3 = new Web3(web3.currentProvider);
}
else {
    web3 = new Web3(new
    Web3.providers.HttpProvider("http://localhost:8545"));
}
// 从文件中读取 Multiply7 合约
// 注意合约文件存放位置为当前目录
fs.readFile("./Multiply7.sol", function (error, result) {
    // 打印读取的合约
    console.log(result.toString());
    // 打印合约编译后的结果
        console.log("合约编译后结果:" + web3.eth.compile.solidity(result.toString()));
    // 编译后获取 abi
    var abiString = web3.eth.compile.solidity(result.toString()).Multiply7.info.abiDefinition;
```

```
// 编译后获取字节码 code
var code = web3.eth.compile.solidity(result.toString()).Multiply7.code;
// new 方法会执行两次，第一次是获得交易哈希，第二次是获得合约地址
// 使用 abi 和字节码可以部署一个合约到以太坊上
web3.eth.contract(abiString).new({
    data: code,
    from: web3.eth.accounts[0],
    gas: 1000000
}, function (error, myContract) {
    if (!myContract.address) {
        // 获得交易哈希
        console.log(myContract.transactionHash);
    } else {
        // 获得合约地址
        // myContract 即为合约实例，用该实例可以调用合约方法
        console.log(myContract.address);
    }
});
});
```

自动化部署脚本完成后，在终端中执行 node AutoDeploy.js 命令就能执行脚本文件，自动把 Multiply7.sol 合约部署到以太坊上。这种部署方式较为简单，相比 Console 控制台效率更高。

2.3.3 智能合约测试与执行

代码的编写完成并不意味着开发的结束，代码的测试也是非常重要的环节。智能合约作为一种特殊的计算机程序，也需要进行完善的测试。本节将会在 Truffle 中使用已经集成的 Mocha 测试框架对智能合约进行测试，测试环境可以是 Ganache 或者 geth。

1. Truffle Suite Ganache

在第 3 章中将会使用以太坊客户端搭建私有链，所有的合约都可以使用该私有链来进行部署，然后调用合约方法完成一个 DApp。但是在开发中发现，调用合约方法非常慢，这是因为以太坊私有链每执行一笔交易都需要挖矿确认，而挖矿是最消耗时间的了。另一种更快的创建测试网络的方法是使用 Ganache。 Ganache 就是原来的 TestRPC，提供了完善、可交互的图形界面和更友好的命令行，目前推荐大家使用。Ganache 作为 Truffle 框架套件的一部分，基于 Node.js 开发，整个区块链的数据驻留在内存，可以模拟一个 geth 客户端的行为，包括所有的 RPC API。发送给 Ganache 的交易会被马上处理而不需要等待挖矿时间，响应及时，使测试开发工作更加方便。Ganache 可以在启动时帮你创建一堆存有资金的测试账户，因此更适合开发和测试。在合约开发初始阶段，可以使用 TestRPC，随着合约不断完善，再部署到正式环境中去。Ganache 提供了 Ganache GUI 和 Ganache-CLI 两种客户端。通过 Ganache GUI，可以用图形化的形式查询交易详情等信息。但是从开发效率上来说，命令行相对更优，使用也更加方便，因此本书详细介绍 Ganache CLI 的使用，当前使用的 Ganache-CLI 版本是 "Ganache CLI v6.5.0 (ganache-core: 2.6.0)"。

Ganache CLI 安装使用命令行:

```
$ npm install -g ganache-cli
```

安装完成后，在命令行中输入 ganache-cli 即可启动:

```
$ ganache-cli
```

Ganache CLI 启动成功后的终端界面如下所示。

```
→   ganache-cli
Ganache CLI v6.5.0 (ganache-core: 2.6.0)

Available Accounts
==================
(0) 0x800a4bbaf5f7051d56246a77b7d94759b25e8fe0 (~100 ETH)
(1) 0x288fd53e882a429cd60c3c603a2b03a99417dc79 (~100 ETH)
(2) 0x547bb254f94a8b8e38359c321ad63295ffe60c66 (~100 ETH)
(3) 0x541dbd9ddcce8d858e10e23534d79e5fb7712696 (~100 ETH)
(4) 0xff4067594feace0673bb06d5d4c75bd68358fe2b (~100 ETH)
(5) 0x79e6fc30fd00121e5951a1a0b71b1dbe4cf36da4 (~100 ETH)
(6) 0xdebc722d4170f43f86c1fd9d270f77a2689f7890 (~100 ETH)
(7) 0xedf6aac43557366218e7c1ba96a94025fd38bb88 (~100 ETH)
(8) 0x5853e4c75aa2a756d2801c0de96bc1885147d65c (~100 ETH)
(9) 0xb117611af8de9b44330b46422ba3da9d201f65d5 (~100 ETH)


Private Keys
==================
(0) 0xe52ce14a29a3386fe7b09aa886fba2868c3b1c8f2b902d58716180a45e22f593
(1) 0xfd78ef9c79ae5b9f446a2fa8584e5bf8ec2a5ce29c992a8779755c14f3dafdc5
(2) 0xa42277f6d06da6725326ddb7c0e60b688f06f100fd80c767a8bbbb8a284fcdcc
(3) 0x3098d956910d80fca67dfb293df50617cab7998dc8cff24276360ce3a5c27b2b
(4) 0x9a9d617f2d84abfa2fe66b5b71abe6dda620ecb9e93678465ce66079fd7986fa
(5) 0x67a595a6ee6419446464fd7c2b6dc2c81d0a205c1794d9d6d7967f33c363c68f
(6) 0x60750ef93ed80b06f5471b99bd85c8a9703ba72718bcaf67c8c79f62d25866c1
(7) 0x13c5014d6e44816dc1d0f7938e0a14b5c21dcc1a011f01b6fea361f1b31d2287
(8) 0xc626ffcecbe0abd989e673b3e908a48be737996864ed62e8dc433a4fb9c0e8be
(9) 0x92330f58eec3eaffc619618a777d047ceee7445ef4b76fed8df01b0f07d11df6


HD Wallet
==================
Mnemonic:      crystal mind team equal scorpion segment addict slot entire slim scissors urban
Base HD Path:  m/44'/60'/0'/0/{account_index}

Gas Price
==================
20000000000

Gas Limit
==================
6721975
Listening on 127.0.0.1:8545
```

可以看到，Ganache CLI 默认会创建 10 个账户，并显示账户的公私钥，默认端口号同 geth 创建的私有链相同，都为 8545。同时 Ganache CLI 也可以在启动时指定参数选项，此时的启动命令如下。

```
$ ganache-cli <options>
```

Options 参数如下。

(1) -a 或 --accounts：指定在启动时需要生成的账户数量；

(2) -b 或 --blocktime：为自动挖矿指定 blockTime（以秒为单位）；

(3) -d 或 --deterministic：基于预定义助记符生成确定账号；

(4) -n 或 --secure：默认锁定账号（对于第三方交易签名较为有用）；

(5) -m 或 --mnemonic：使用指定的钱包助记符来生成初始化地址；

(6) -p 或 --port：监听端口号，默认为 8545；

(7) -h 或 --hostname：监听的主机名，默认为 Node 的 server.listen()；

(8) -s 或 --seed：使用随机数据来生成钱包助记符；

(9) -g 或 --gasPrice：使用的 gas 价格，默认为 20000000000；

(10) -l 或 --gasLimit：使用的 gas 限制，默认为 0x6691b7；

(11) -f 或 --fork：从一个指定区块号已经运行的以太坊客户端 fork，输入应当是 HTTP 地址，端口号是其他的客户端，如 http://localhost:8545，也可以使用@符号指定需要 fork 的区块号，如 http://localhost:8545@12684；

(12) --debug：输出虚拟机调试操作码。

目前 Ganache 实现的 RPC 方法声明如下：

```
eth_accounts
eth_blockNumber
eth_call
eth_coinbase
eth_estimateGas
eth_gasPrice
eth_getBalance
eth_getBlockByNumber
eth_getBlockByHash
eth_getBlockTransactionCountByHash
eth_getBlockTransactionCountByNumber
eth_getCompilers
eth_getFilterChanges
eth_getFilterLogs
eth_getLogs
// ...
```

2. Truffle 测试实例分析

目前区块链数据还很难像数据库一样实现全部数据的可视化,并且不能直接操作修改区块链中的数据,所以对合约的测试存在一定的困难。目前测试合约的主要方法还是通过调用合约函数,根据输入输出结果来进行测试。常用的测试方法有:使用在线编译器 Remix 来可视化的调用方法,非常方便高效;或者通过交互命令行的方式,分别使用 JSON RPC 和 JavaScript API 接口来执行合约方法,根据输出数据的结果判断调用是否成功。以上方式都实现了对智能合约的测试与执行。

Truffle 框架中已经集成了自动化测试框架 Mocha,并且断言使用的是 Chai。使用这两个库可以非常方便地编写合约的自动化测试代码。按照正常规范的开发流程,这些测试代码应该在编写合约的同时完成。

创建完一个 Truffle 项目后,在目录下有一个 test 文件夹,里面存放的就是对合约的测试代码,项目创建完成已经默认有一个测试文件。下面将介绍如何使用 Truffle 测试框架实现对合约的测试。使用的例子是 truffle unbox <box-name> 下的 MetaCoin 项目。测试文件命名为 metacoin.js,测试脚本实现如下。

```
var MetaCoin = artifacts.require("./MetaCoin.sol");
// 每次执行 contract()函数,合约都会在以太坊客户端重新部署,上一次测试的结果不会遗留到下一次
contract('MetaCoin', function(accounts) {
  it("初始化 10000MetaCoin 给以太坊第一个账户", function() {
    // 第一次部署合约
    return MetaCoin.deployed().then(function(instance) {
      // 获取第一个账户的余额
      return instance.getBalance.call(accounts[0]);
    }).then(function(balance) {
      assert.equal(balance.valueOf(), 10000, "第一个账户余额不等于 10000");
    });
  });
  it("调用依赖于链接库的函数", function() {
    var meta;
    var metaCoinBalance;
    var metaCoinEthBalance;
    return MetaCoin.deployed().then(function(instance) {
      meta = instance;
      return meta.getBalance.call(accounts[0]);
    }).then(function(outCoinBalance) {
      metaCoinBalance = outCoinBalance.toNumber();
      return meta.getBalanceInEth.call(accounts[0]);
    }).then(function(outCoinBalanceEth) {
      metaCoinEthBalance = outCoinBalanceEth.toNumber();
    }).then(function() {
      // 判断库函数返回值是否计算正确
      assert.equal(metaCoinEthBalance, 2 * metaCoinBalance, "库函数返回值不符, 链接可能被破坏");
    });
  });
  it("发送 coin", function() {
    var meta;
    var account_one = accounts[0];
```

```
var account_two = accounts[1];
var account_one_starting_balance;
var account_two_starting_balance;
var account_one_ending_balance;
var account_two_ending_balance;
var amount = 10;
return MetaCoin.deployed().then(function(instance) {
  meta = instance;
  // 获取第一个账号初始余额
  return meta.getBalance.call(account_one);
}).then(function(balance) {
  account_one_starting_balance = balance.toNumber();
  // 获取第二个账号初始余额
  return meta.getBalance.call(account_two);
}).then(function(balance) {
  account_two_starting_balance = balance.toNumber();
  // 发送 coin
  return meta.sendCoin(account_two, amount, {from: account_one});
}).then(function() {
  // 获取发送后第一个账号初始余额
  return meta.getBalance.call(account_one);
}).then(function(balance) {
  account_one_ending_balance = balance.toNumber();
  // 获取发送后第二个账号初始余额
  return meta.getBalance.call(account_two);
}).then(function(balance) {
  account_two_ending_balance = balance.toNumber();
  // 比较账号额度是否匹配
  assert.equal(account_one_ending_balance, account_one_starting_balance - amount, "发送账
户余额不匹配");
  assert.equal(account_two_ending_balance, account_two_starting_balance + amount, "接收账
户余额不匹配");
  });
 });
});
```

执行测试脚本同样需要开启以太坊私有链，推荐使用 Ganache CLI，在终端下可以使用以下
命令来执行自动化部署脚本。

```
// 执行 test 文件夹下所有测试脚本
$ truffle test
// 执行某一个测试脚本
$ truffle test metacoin.js
```

上述代码中有 3 个 it()代码块，分别表示 3 个测试用例。执行过程首先是编译部署合约，然
后执行每一个 it()代码块，同时会显示每个代码块执行时间和整个测试过程的执行时间，最终提
示测试通过，显示如下：

```
➜  MetaCoin truffle test
Using network 'test'.

Compiling ./contracts/ConvertLib.sol...
Compiling ./contracts/MetaCoin.sol...
```

```
Compiling ./test/TestMetacoin.sol...
Compiling truffle/Assert.sol...
Compiling truffle/DeployedAddresses.sol...


    TestMetacoin
        ✓ testInitialBalanceUsingDeployedContract (102ms)
        ✓ testInitialBalanceWithNewMetaCoin (104ms)

    Contract: MetaCoin
        ✓ 初始化 10000MetaCoin 给以太坊第一个账户
        ✓ 调用依赖于链接库的函数 (61ms)
        ✓ 发送 coin (135ms)


    5 passing (1s)
```

接下来，我们改变第 3 个测试用例中发送的 MetaCoin 值，将其设置为 1 000 000（超过账户所拥有的 MetaCoin 额度），进行第二次测试。发现第 3 个测试用例没有通过，会得到 AssertionError 信息提示，显示如下：

```
→   MetaCoin truffle test
Using network 'test'.

Compiling ./contracts/ConvertLib.sol...
Compiling ./contracts/MetaCoin.sol...
Compiling ./test/TestMetacoin.sol...
Compiling truffle/Assert.sol...
Compiling truffle/DeployedAddresses.sol...


    TestMetacoin
        ✓ testInitialBalanceUsingDeployedContract (115ms)
        ✓ testInitialBalanceWithNewMetaCoin (93ms)

    Contract: MetaCoin
        ✓ 初始化 10000MetaCoin 给以太坊第一个账户
        ✓ 调用依赖于链接库的函数 (72ms)
        1) 发送 coin
        > No events were emitted


    4 passing (1s)
    1 failing

    1) Contract: MetaCoin
        发送 coin:
        AssertionError: 发送者账户余额不匹配: expected 10000 to equal -990000
        at test/metacoin.js:61:14
        at process._tickCallback (internal/process/next_tick.js:68:7)
```

由于要发送 1 000 000 个 MetaCoin，在断言中第一个账户的结果余额不等于初始余额减去发送的 MetaCoin 值，所以断言失败。从错误提示中看到，接收到合约发出的 event 事件，可以方便地查看到更多的调试信息。所以在一些重要的方法中使用 event 事件将有助于后续的调试。

　　Truffle 官方建议自动化测试在 Truffle 套件 Ganache 客户端下进行，因为这样比使用以太坊私有链更快。而且，Truffle 还可以充分利用 Ganache 中的一些特性在运行时提升速度。所以，作为一个更加通用的工作流，Truffle 建议在开发和测试过程中使用 Ganache，然后再运行测试到 geth 或其他官方以太坊客户端。

2.3.4　智能合约实例分析

　　下面我们挑选一个合约实例来进行详细的分析，这个合约较为复杂，但展示了很多 Solidity 的特性。这个例子是关于银行积分的合约，银行可以发行积分给客户，客户之间可以转让积分，客户可以使用积分到积分商城兑换商品，并能提供基本的查询功能。关于积分合约的详细实现以及与接口的交互，可以参考本书 8.1 节基于以太坊的通用积分系统案例分析。

　　首先把以下合约部署到浏览器编译器或以太坊私有链上，然后进行调用测试。

```
contract Score{
    address owner; // 合约的拥有者，银行
    uint issuedScoreAmount; // 银行已经发行的积分总数
    uint settledScoreAmount; // 银行已经清算的积分总数
    struct Customer {
        address customerAddr; // 客户 address
        bytes32 password; // 客户密码
        uint scoreAmount; // 积分余额
        bytes32[] buyGoods; // 购买的商品数组
    }
    struct Good {
        bytes32 goodId; // 商品 ID
        uint price; // 价格
        address belong; // 商品属于哪个商户 address
    }
    mapping (address=>Customer) customer; // 根据客户的 address 查找某个客户
    mapping (bytes32=>Good) good; // 根据商品 ID 查找该件商品
    address[] customers; // 已注册的客户数组
    bytes32[] goods; // 已经上线的商品数组
    constructor() public {
        owner = msg.sender;
    }
    function newCustomer(address _customerAddr, string memory _password) public {
        // 判断是否已经注册
        if (!isCustomerAlreadyRegister(_customerAddr)) {
            // 还未注册
            customer[_customerAddr].customerAddr = _customerAddr;
            customer[_customerAddr].password = stringToBytes32(_password);
            customers.push(_customerAddr);
            emit NewCustomer(msg.sender, true, _password);
            return;
        }
```

```
        else {
            emit NewCustomer(msg.sender, false, _password);
            return;
        }
    }


    // 判断一个客户是否已经注册
    function isCustomerAlreadyRegister(address _customerAddr) internal view returns (bool)  {
        for (uint i = 0; i < customers.length; i++) {
            if (customers[i] == _customerAddr) {
                return true;
            }
        }
        return false;
    }

    // 判断一个商户是否已经注册
    function isMerchantAlreadyRegister(address _merchantAddr) public view returns (bool) {
        for (uint i = 0; i < merchants.length; i++) {
            if (merchants[i] == _merchantAddr) {
                return true;
            }
        }
        return false;
    }
    // 银行发送积分给客户，只能被银行调用，且只能发送给客户
    event SendScoreToCustomer(address sender, string message);

    function sendScoreToCustomer(address _receiver,
        uint _amount) onlyOwner public {

        if (isCustomerAlreadyRegister(_receiver)) {
            // 已经注册
            issuedScoreAmount += _amount;
            customer[_receiver].scoreAmount += _amount;
            emit SendScoreToCustomer(msg.sender, "发行积分成功");
            return;
        }
        else {
            // 还没注册
            emit SendScoreToCustomer(msg.sender, "该账户未注册，发行积分失败");
            return;
        }
    }
    // 两个账户转让积分，任意两个账户之间都可以转让，客户商户都调用该方法
    event TransferScoreToAnother(address sender, string message);

    function transferScoreToAnother(uint _senderType,
        address _sender,
        address _receiver,
        uint _amount) public {
```

```
        if (!isCustomerAlreadyRegister(_receiver)) {
            // 目的账户不存在
            emit TransferScoreToAnother(msg.sender, "目的账户不存在，请确认后再转移！");
            return;
        }
        if (_senderType == 0) {
            // 客户转移
            if (customer[_sender].scoreAmount >= _amount) {
                customer[_sender].scoreAmount -= _amount;

                if (isCustomerAlreadyRegister(_receiver)) {
                    // 目的地址是客户
                    customer[_receiver].scoreAmount += _amount;
                } else {
                    merchant[_receiver].scoreAmount += _amount;
                }
                emit TransferScoreToAnother(msg.sender, "积分转让成功！");
                return;
            } else {
                emit TransferScoreToAnother(msg.sender, "你的积分余额不足，转让失败！");
                return;
            }
        }
    }
    // 用户用积分购买一件商品
    event BuyGood(address sender, bool isSuccess, string message);

    function buyGood(address _customerAddr, string memory _goodId) public {
        // 首先判断输入的商品 Id 是否存在
        bytes32 tempId = stringToBytes32(_goodId);
        if (isGoodAlreadyAdd(tempId)) {
            // 该件商品已经添加，可以购买
            if (customer[_customerAddr].scoreAmount < good[tempId].price) {
                emit BuyGood(msg.sender, false, "余额不足，购买商品失败");
                return;
            }
            else {
                // 对这里的方法抽取
                customer[_customerAddr].scoreAmount -= good[tempId].price;
                merchant[good[tempId].belong].scoreAmount += good[tempId].price;
                customer[_customerAddr].buyGoods.push(tempId);
                emit BuyGood(msg.sender, true, "购买商品成功");
                return;
            }
        }
        else {
            // 没有这个 Id 的商品
            emit BuyGood(msg.sender, false, "输入商品 Id 不存在，请确定后购买");
            return;
        }
    }

}
```

2.4 以太坊历史、问题与未来发展

随着以太坊的逐渐流行，各国政府和央行开始研究发行自己的"数字货币"，托管在以太坊上的项目越来越多，这期间，以太坊发生过几个重大事件。本节将对这些重要事件进行剖析，从而加深读者对以太坊的理解。

2.4.1 历史事件

1. The DAO 攻击事件

The DAO 是以太坊最大的众筹项目，作为去中心化的自治组织，其目的是为组织规则以及决策机构编写代码，消除书面文件的需要，减少管理人员，从而创建一个去中心化的管理架构。The DAO 项目于 2016 年 4 月 30 日开始，众筹窗口开放了 28 天。截止到项目结束，筹得 1.5 亿美元，共超过 11 000 位成员参与，成为历史上最大的众筹项目。

The DAO 创始人之一 Stephan Tual 于 6 月 12 日宣布，发现了软件中存在的递归调用漏洞问题，但这对 DAO 资金来说不会有影响，所以这个问题很快被压了下来，因为 DAO 正处于测试阶段。在程序员修复这一漏洞及其他问题期间，一个不知名黑客开始利用这一途径收集 The DAO 代币销售中所得的以太币。6 月 18 日，黑客利用 The DAO 智能合约中一个 splitDAO 函数的漏洞，不断从 The DAO 项目资产池中分离 DAO 资产给自己。黑客成功挖到超过 360 万个以太币。当时以太币价格从 20 多美元直接跌破 13 美元。很多人尝试从 The DAO 脱离出来，以防止以太币被盗，但是他们无法在短期内获得所需票数。The DAO 持有近 15% 的以太币总数，因此这次攻击对以太坊产生了重大的负面影响。对于 The DAO 受到攻击的解决方法，主要有两种建议。

(1) 软分叉提议

该提议是在 Vitalik Buterin 发布的"CRITICAL UPDATE Re: DAO Vulnerability"文章中提出的。文章提议进行一次软分叉，从块高度 1 760 000 开始，将之后包含 The DAO 以及子 DAO 的交易全部作废，而其他的交易或者区块会得到保留，不会产生回滚，通过此举来避免攻击者在27 天后提取盗走的以太币。在提议发布之后，6 月 19 日，攻击者通过匿名访谈发话要对抗此次软分叉，并且要奖励那些不支持软分叉的矿工，奖励数量高达 100 万以太币。6 月 22 日，白帽黑客为对抗攻击者，也开展了罗宾汉运动，旨在将 The DAO 资产转移至更安全的子 DAO 中。

(2) 硬分叉提议

该提议是由 Stephan Tual 提出的，要求矿工彻底解除盗窃并且归还 The DAO 所有以太币，这样就能自动归还给代币持有人，从而结束 The DAO 项目。Stephan Tual 对软分叉是反对的，他指出，如果 27 天都用软分叉，那么攻击者就不能索回他放到子 DAO 中的资金了。应该使用硬分叉追回所有以太币，包括 DAO 的"额外余额"以及被盗资金，归还到智能合约上。这个智能合约将包含一个简单函数：withdraw()。这样每个人都可能参与到 DAO，以提取他们的资金。

2. 重放攻击

从技术上讲，重放攻击指的是身份欺诈。但是以太坊上的重放攻击并不属于身份欺诈，而是在硬分叉后，在一条链上的交易在另一条链也是合法的，在一条链上完成的交易能够在另一条链上进行广播。这在本质上并不算"攻击"，但是在习惯上还是将这种行为称为重放攻击。

DAO 事件的发生也间接导致了以太坊遭受了重放攻击。为了解决 DAO 攻击事件，以太坊官方决定通过硬分叉来解决，以太坊在 192 万区块的高度进行了硬分叉，以太坊硬分叉成 ETH 和 ETC 后，由于两条链交易的数据结构一致，只要有人从交易所提取 ETH 币，就有可能得到同等数量的 ETC 币。许多用户不断在交易所充币和提币（ETH），从而获取额外的 ETC。

3. EEA 的诞生

2017 年年初，摩根大通、芝加哥交易所集团、纽约梅隆银行、微软、英特尔等 20 多家全球顶尖金融机构和科技公司成立了企业以太坊联盟（EEA）。EEA 成立的目的在于企业之间通过合作开发技术与标准，来提供企业级以太坊区块链解决方案。

EEA 联盟作为一个非盈利性的机构，管理模式是由下至上的，EEA 的许多提议以及路线规划是由成员提出的，并进行成员之间的投票，而投票的权重则是由成员对联盟在技术或者推广方面的贡献来决定的。

以太坊作为全球使用最为广泛的企业级区块链部署以及开发技术之一，还在不断地发展以满足企业的诉求。通过 EEA 项目，以太坊能够在隐私标准化、企业权限管理以及提供新型的共识算法等方面来对企业级区块链进行改进。

4. Parity 钱包漏洞

按照本章之前提到的知识，智能合约是被存放于以太坊的区块链上的。这也就意味着，一旦智能合约出现了安全漏洞，智能合约所涉及的交易信息也会受到牵连。2017 年 7 月，Parity 多签名电子钱包版本 1.5 的漏洞被发现，攻击者从 3 个高安全的多签名合约中窃取到超过 15 万 ETH（约 3000 万美元）。同年 12 月，Parity 钱包的一名开发者让自己成为函数库合约的 owner，然后调用合约自杀功能，使得合约所有功能失效，930 000 个以太币（价值 2.8 亿美元）被冻结。

但事实上，这些事故是 Parity 钱包本身的安全漏洞，是智能合约代码的漏洞，而与以太坊区块链安全性无关。值得注意的是，本次事故为智能合约的开发者敲响了警钟。精简代码，舍弃智能合约代码的些许图灵完备性来换取安全性，以及严格地执行合约代码的审查工作，都将大幅度地减少此类事故发生的概率。

2.4.2　以太坊现存问题

以太坊作为目前在区块链上较为成功的开源项目，还处于快速发展和探索之中。随着以太坊上构建的项目越来越多，很多问题也逐渐暴露出来，比如共识效率低下的问题、隐私保护缺乏的问题，大规模的数据存储困难问题，以及信息难以监管的问题。这些问题将是之后构建大型 DApp

不得不面对的难题。

1. 共识效率低下

目前以太坊正处于第三个阶段 Metropolis，以太坊的前两个阶段 Frontier、Homestead 都采用 PoW 共识算法，在第三阶段以太坊将慢慢向 PoS 过渡，在第四阶段 Serenity 将会使用 PoS 的共识算法。

PoW 是一种非常有效的共识机制，比特币网络使用的也是 PoW 共识机制。但是在构建大型商业去中心化应用中，这种共识机制在效率方面的弊端非常明显。PoW 共识机制获得货币量的多少取决于挖矿工作的成效，用户所使用的计算机性能越好，挖矿获得的货币就越多，根据工作量分配货币。这样存在的问题主要有 3 个：一是目前比特币已经吸引了全球大部分的算力，使用 PoW 共识机制的区块链应用很难获得相同的算力来保障自身的安全，可能存在一定的风险；二是挖矿会造成大量的资源浪费，尤其是电力资源的浪费，使维护这种共识机制的成本过高；三是共识达成的周期较长，平均要 14 秒打包一个区块，这个时间对于商业化项目来说延迟过长，不能真正符合商业应用的要求。

同时，PoW 还受到一个小概率事件的影响，那就是区块链分叉。当网络上有 2 个或 2 个以上节点同时竞争到记账权力时，在网络中就会产生 2 个或 2 个以上的区块链分支，此时到底哪个分支记录的数据是有效的，则要再等下一个记账周期，最终由最长的区块链分支来决定，因此交易数据有较大延迟。这种情况可能会导致较短区块链上的数据丢失。

2. 隐私保护缺乏

以太坊公有链虽然有一定的匿名性，但是区块上的交易账本是完全公开的，每个节点上都有一份完整的账本。由于区块链计算余额、验证交易有效性等需要追溯每一笔账，因此交易数据都是公开透明的。如果知道某个人的账户，就能知道他的交易记录和余额，没有隐私可言。所以如果金融类应用直接使用以太坊公有链，显然是缺乏隐私性的。同时在联盟链中，多个企业应该相互信任并共享数据，但是万一发生数据泄露，则很难追踪是从哪一个企业泄露的。

目前对于隐私保护已经有多种解决方式：混币、同态加密、零知识证明等。

(1) 混币。在多人参与的大量交易中，分隔输入输出地址之间的关系，使其不能找到一一对应的交易，相当于做一个混淆。多次使用混币，能有效加大隐私保护的力度。

(2) 同态加密。常用在公有链和联盟链中，是一种无须对加密数据进行提前解密就可以执行计算的方法。能够让公有链起到类似私有链的隐私效果，且本身不会对区块链进行任何重大的修改。

(3) 零知识证明。零知识证明是可以在无须泄露数据的情况下证明某些数据运算的一种密码学技术。在双方的交易记录中，证明某些数据是真实的，而无须泄露其他额外的信息，减少了较多数据暴露的风险。

3. 大规模数据存储困难

无论是全球比特币网络还是以太坊，随着交易量的增大，大规模的数据存储问题也慢慢出现。

由于每个节点都有一份完整账本，区块链系统的数据存储存在非常多的冗余，并且有时要追溯每一笔交易，因此，随着时间推进，当交易数据超大的时候，就会有性能问题。如第一次使用需要下载历史上所有交易记录才能正常工作，那么首次交易的执行时间会较长。每次交易时，为了验证你确实拥有足够的钱而需要追溯每一笔历史交易来计算余额，当整条链过长的时候，这个问题是明显存在的。

同时，由于目前去中心化应用的运行依靠的是智能合约，当一个应用中包含的数据过多时，智能合约的升级与应用的数据迁移也会遇到问题。如何保证大规模数据迁移的可靠性也是业内研究的重点。

4. 信息难以监管

与比特币平台类似，以太坊作为一种公有链，任何用户都以一串无意义的数字作为唯一标识而参与交易，以太坊区块中记录的交易信息是匿名化的，资金的流向非常难以监管，导致很多非法交易通过"数字货币"进行支付。这一问题大大限制了以太坊区块链平台商业化应用的发展，特别是涉及政府部门、金融机构、大型企业等的核心业务时，目前的以太坊平台基本无法满足需求。只有加入了权限控制的企业级联盟区块链平台（例如 Hyperchain）才能较好地解决信息难以监管的难题。

2.4.3　以太坊 2.0

随着拜占庭分叉的成功，君士坦丁堡分叉不断推进，以太坊 2.0 也慢慢地浮出水面。什么是以太坊 2.0？按照以太坊官方的计划，以太坊 2.0 将会是以太坊的替代方案，有许多技术团队着力于早期的开发，在 2019 年第一季度，以太坊 2.0 的客户端已经上线测试。由于以太坊 2.0 的范围非常广，所以本书将重点介绍在以太坊 2.0 中更新的新特性、新技术。

1. 信标链

信标链是一种新型的区块链，是以太坊 2.0 中的核心结构。信标链的一个新特性是，原先的验证者将成为链的建造者，可以参与质押系统，并以此替代原来的矿工角色。以太坊 2.0 将计划采用 PoW/PoS 混合机制 Casper FFG（Casper the friendly finality gadget）进行股权证明。用户可以以入股的方式，投注 32 个 BETH（Beacon ETH，新型的以太币）注册成为验证者。验证者会被分配一到两个分片进行验证工作。验证者将他所在的分片上的信息与信标链上的数据相结合，产生新的区块，同时验证者拥有同意或拒绝其他验证者区块的权利。

另一个特性是信标链会存储分片状态的索引。每当某个分片上的状态改变时，就会有一个新的哈希值因为这个改变了的状态而产生，然后这个哈希值就会在信标链上的检查点进行验证。正是因为这种机制，分片之间可以通过信标链来跟踪彼此之间的状态，进行分片之间的通信。

信标链并不会存储账户信息、DApp 状态信息以及合约状态等传统区块链存储的信息，它存储的是存储验证者列表与分片证明信息。因此信标链就像是 GPS，帮助用户在茫茫信息中进行定位，一起打造一个庞大的区块链网络。

2. 分片

分片技术被认为是解决以太坊可扩展性的最佳方案。分片是指区块链上的数据分为很多不同的片段，将这些片段分别存储在不同的节点上。将整个以太坊分散成分布式并行系统，以减少每个节点数据存储量为代价，在保证以太坊数据完整性的同时，达到扩容的目的。

分片验证者将由信标链按照每个时间段随机选择产生，通过交联（crosslinking）的方式验证分片的内容与状态。但是如果验证者想要进行更新，就需要验证者委员会全体委员达成共识，以保证信息的不易篡改性。

3. eWASM

以太坊虚拟机（EVM）的效率目前比其他主流的虚拟机都低。这主要是因为其早期的"灵活性高于性能"的设计目标，在一些场景中存在着非常明显的整体开销。这主要有两个原因：一是 EVM 涉及较多状态改变的操作过程，二是在以太坊虚拟机内使用高级的数学和密码学算法。eWASM 可以被视为虚拟机 EVM 的第二代，将继续支持智能合约、账户以及其他的抽象内容。在可预见的未来，Truffle、Ganache、Solc 编译器等我们熟知的开发工具也将移植到 eWSAM 上。与 EVM 相比，eWASM 速度更快，可扩展性更优，支持更多的高级语言，有更加广阔的社区和更多系统平台的支持。

4. Casper FFG

众所周知，PoW 工作机制会带来巨量的电力和算力消耗。根据数据显示，如果将目前比特币与以太坊用于挖矿的年用电量相加，在国家用电排名中，位列第 34 位，超过巴基斯坦一年的用电量。而且，PoW 机制非常不适合以太坊后续的分片计划，会带来严重的安全性问题。所以 Casper FFG 共识机制就应运而生了。

下面简单介绍一下 Casper FFG 的工作机制。验证节点需要在区块链网络中支付一定数额的以太币作为"保证金"，获取验证权限。当有新的区块需要加入区块链时，验证阶段将押下"赌注"来行使验证权利。如果最后该新区块成功地入链，那么验证区块将获得一定的奖励，而奖励的数量是与其"赌注"的大小成比例的。但是，如果验证节点不遵守规矩，那么该验证节点将会被制裁，损失掉所有"赌注"以及一部分"保证金"。通过严格的奖罚手段，让所有节点的参与者不敢作恶，同时遵守规则的节点会获得丰厚的奖励。我们可以认为，在这种机制下，有利于网络的行为会让节点的利益最大化，既能减少网络开销，又能保障网络的安全性。通过这种方式帮助以太坊平滑地向 PoS 过渡。

2.5　小结

本章对以太坊的发展历史、基本概念、客户端、账户管理及以太坊网络等基础知识进行了介绍，并对以太坊共识机制、虚拟机、数据存储和加密算法等以太坊关键模块的核心原理进行了剖析，详细介绍了以太坊智能合约的编写、部署、测试与执行，最后对以太坊发展过程中的重大事件、目前存在的主要问题以及未来发展进行了分析探讨。

## 第 3 章

以太坊应用开发基础

本章将介绍如何从零开始开发一个以太坊 DApp（去中心化应用）。首先，讲解如何配置以太坊环境、搭建以太坊私有链，私有链可作为 DApp 的运行环境。其次，介绍集成开发环境 Mix 和浏览器实时编译器（real-time compiler），DApp 的大部分开发工作（如智能合约的编写）可以在这些 IDE 中完成。再次，给出以太坊智能合约与前端交互的两种重要接口：JSON RPC 和 JavaScript API，通过这些接口可以调用以太坊中的智能合约。然后，介绍当前比较成熟的快速开发 DApp 的框架（Meteor 和 Truffle），并且给出一套分层可扩展的项目开发流程。最后，实现一个以太坊应用 MetaCoin，方便读者完整地学习使用框架开发 DApp，完成智能合约的编写、部署、调用以及与前端页面的测试交互。

3.1 以太坊开发环境搭建

本节讲述的以太坊环境配置和私有链搭建是在 Mac 下进行的，不同操作系统的配置大同小异，推荐在 Mac 或 Ubuntu 下搭建以太坊私有链。

3.1.1 配置以太坊环境

● **安装 Go 环境**

因为以太坊是用 Go 语言进行开发的，所以要在本机上安装以太坊，首先需要安装 Go 的环境。从 Go 语言官网可以下载对应的 Go 语言安装包。如果是 Mac，则下载 go1.12.7.darwin-arm64.pkg，双击安装即可。默认安装在/usr/local/go 目录下，并自动设置了环境变量。

同时还需要配置一个 GOPATH 环境变量，作为 Go 的工作目录。进入终端编辑.bash_profile 文件：

```
vi ~/.bash_profile
```

加入以下环境变量：

```
#go
export GOROOT=/usr/local/go
```

```
export GOBIN=$GOROOT/bin
export PATH=$PATH:$GOBIN
```

若要配置文件立即生效，在终端执行以下命令：

```
source ~/.bash_profile
```

在终端执行以下命令，可查看是否安装成功：

```
go version
```

若出现如下的命令行，则表示 Go 语言编程环境安装成功：

```
➔  go version
go version go1.12.7 darwin/amd64
```

- **安装 Node.js、npm**

npm 是 Node.js 下的一个包管理工具，可以非常方便地安装一些基于 JavaScript 的软件和包。基于以太坊的很多开发工具是基于 JavaScript 来开发的，可以使用 npm 进行安装。从 Node.js 官网站，可根据操作系统提示下载不同的 Node.js 版本，下载后安装即可。默认会同时安装 Node.js 和 npm。分别在终端执行以下命令，可查看是否安装成功：

```
npm -v
node -v
```

若出现如下的命令行则表示安装成功：

```
➔  npm -v
6.9.0
➔  node -v
10.16.0
```

- **安装 Brew**

Brew 全称为 Homebrew，是使用非常简便的包管理器。拥有安装、卸载、更新等功能，可以通过简单的指令来实现包管理。从 Brew 官网获取命令行，在终端上进行下载安装。

```
➔ /usr/bin/ruby -e "$(curl -fsSL https://raw.githubusercontent.com/Homebrew/install/master
  /install)"
```

- **安装以太坊 Ethereum**

进入终端，执行以下命令即可安装：

```
brew update
brew upgrade
brew tap ethereum/ethereum
brew install ethereum
```

然后，执行以下命令可查看以太坊是否安装成功：

```
geth version
```

若出现如下的命令行则表示安装成功：

```
→  geth version
Geth
Version: 1.8.27-stable
Architecture: amd64
Protocol Versions: [63 62]
Network Id: 1
Go Version: go1.12.4
Operating System: darwin
GOPATH=
GOROOT=/usr/local/go
```

- **安装 solc 编译器**

solc 是智能合约 Solidity 的编译器，在终端执行以下命令即可安装：

```
npm install -g solc solc-cli --save-dev
```

安装 solidity：

```
brew install solidity
```

进行链接并覆盖：

```
brew link --overwrite solidity
```

执行以下命令可查看 solc 是否安装成功：

```
solc --version
```

若出现如下的命令行则表示 solc 安装成功：

```
→  solc --version
solc, the solidity compiler commandline interface
Version: 0.5.10+commit.5a6ea5b1.Darwin.appleclang
```

3.1.2　搭建以太坊私有链

- **创建账户（公钥）**

在终端输入以下命令 3 次，可以创建 3 个以太坊账户，在创建时需要输入该账户的密码（在本章演示中密码为 123456）：

```
geth account new
```

成功创建一个账户的命令行，如下所示：

```
→  geth account new
Your new account is locked with a password. Please give a password. Do not forget this password.
Passphrase:
Repeat passphrase:
Address: {08aac788e0e6146586f61f57419b6e3b0868de22}
```

所有的账户都可以在~/Library/Ethereum 目录的 keystore 下查看。

- **编写创始块文件**

在根目录（~/）下创建 test-genesis.json 文件。可以通过设置 alloc 中账户地址的 balance，给刚刚申请的账户分配足够多的以太币。

```
{
    "config": {
      "chainID": 1024,
      "homesteadBlock": 0,
      "eip155Block": 0,
      "eip158Block": 0
    },
    "alloc": {
        "08aac788e0e6146586f61f57419b6e3b0868de22": {
            "balance": "200000098000000000000000000000"
        },
        "66f148b982869acf19175c6da47f3e1a9d2e90f8": {
            "balance": "200000098000000000000000000000"
        },
        "782a5127ff1ca2995b919e2166f566a61acd09a8": {
            "balance": "200000098000000000000000000000"
        }
    },
    "coinbase": "0x0000000000000000000000000000000000000000",
    "difficulty": "0x400",
    "extraData": "0x00",
    "gasLimit": "0x2fefd8",
    "nonce": "0x0000000000000042",
    "mixhash": "0x0000000000000000000000000000000000000000000000000000000000000000",
    "parentHash": "0x0000000000000000000000000000000000000000000000000000000000000000",
    "timestamp": "0x00"
}
```

- **初始化创始块**

Ethereum 默认安装在 "~/Library/Ethereum" 目录下，使用以下命令来初始化刚刚创建的创始块文件。

```
geth --datadir "~/Library/Ethereum" init ~/test-genesis.json
```

初始化成功的命令行结果如下所示：

```
→  geth --datadir "~/Library/Ethereum" init ~/test-genesis.json
INFO [07-10|15:56:44.419] Maximum peer count                       ETH=25 LES=0 total=25
INFO [07-10|15:56:44.432] Allocated cache and file handles
database=/Users/username/Library/Ethereum/geth/chaindata cache=16 handles=16
INFO [07-10|15:56:44.456] Writing custom genesis block
INFO [07-10|15:56:44.457] Persisted trie from memory database      nodes=4 size=600.00B
time=150.02µs gcnodes=0 gcsize=0.00B gctime=0s livenodes=1 livesize=0.00B
INFO [07-10|15:56:44.457] Successfully wrote genesis state         database=chaindata
hash=d03d49…e3ec3f
INFO [07-10|15:56:44.457] Allocated cache and file handles
```

```
database=/Users/username/Library/Ethereum/geth/lightchaindata cache=16 handles=16
INFO [07-10|15:56:44.480] Writing custom genesis block
INFO [07-10|15:56:44.480] Persisted trie from memory database      nodes=4 size=600.00B
time=78.796µs gcnodes=0 gcsize=0.00B gctime=0s livenodes=1 livesize=0.00B
INFO [07-10|15:56:44.480] Successfully wrote genesis state         database=lightchaindata
hash=d03d49...e3ec3f
```

● **配置自动解锁账户的脚本**

进入 Ethereum 安装目录 "~/Library/Ethereum"，创建 password 文件，并在该文件中输入在 test-genesis.json 中每个账户对应的密码，每个密码一行，只需要输入密码即可。如下所示：

```
123456
123456
123456
```

● **编写以太坊启动脚本**

创建启动脚本文件 private_blockchain.sh，并在文件中配置如下内容：

```
geth --rpc --rpcaddr "127.0.0.1" --rpcport "8545" --rpccorsdomain "*" --unlock 0,1,2 --password
~/Library/Ethereum/password --nodiscover --maxpeers 5 --datadir '~/Library/Ethereum' console
```

以后每次启动 geth 节点时，只需要在终端执行以下命令即可：

```
sh private_blockchain.sh
```

成功启动以太坊私有链的结果如下述命令行所示：

```
➜  sh private_blockchain.sh
INFO [07-10|16:42:14.066] Maximum peer count                       ETH=0 LES=0 total=0
INFO [07-10|16:42:14.078] Starting peer-to-peer node
instance=Geth/v1.8.27-stable/darwin-amd64/go1.12.4
INFO [07-10|16:42:14.078] Allocated cache and file handles
database=/Users/username/Library/Ethereum/geth/chaindata cache=512 handles=5120
INFO [07-10|16:42:14.118] Initialised chain configuration          config="{ChainID: 1024 Homestead:
0 DAO: <nil> DAOSupport: false EIP150: <nil> EIP155: 0 EIP158: 0 Byzantium: <nil> Constantinople:
<nil> ConstantinopleFix: <nil> Engine: unknown}"
INFO [07-10|16:42:14.118] Disk storage enabled for ethash caches
dir=/Users/username/Library/Ethereum/geth/ethash count=3
INFO [07-10|16:42:14.118] Disk storage enabled for ethash DAGs     dir=/Users/username/.ethash
count=2
INFO [07-10|16:42:14.118] Initialising Ethereum protocol           versions="[63 62]" network=1
INFO [07-10|16:42:14.191] Loaded most recent local header          number=0 hash=d03d49...e3ec3f
td=1024 age=50y2mo3w
INFO [07-10|16:42:14.191] Loaded most recent local full block      number=0 hash=d03d49...e3ec3f
td=1024 age=50y2mo3w
INFO [07-10|16:42:14.191] Loaded most recent local fast block      number=0 hash=d03d49...e3ec3f
td=1024 age=50y2mo3w
INFO [07-10|16:42:14.191] Loaded local transaction journal         transactions=0 dropped=0
INFO [07-10|16:42:14.191] Regenerated local transaction journal    transactions=0 accounts=0
INFO [07-10|16:42:14.229] New local node record                    seq=2 id=66ef7caeee07af93
ip=127.0.0.1 udp=30303 tcp=30303
INFO [07-10|16:42:14.229] Started P2P networking
```

```
self=enode://bc9504a48e84e1e7c366310f0c09a6a3331cacc5e558304d9ee9edc87d90df9f0329d95eb72d5340
5ec0c7ba7595cbd9a4287f7d158bb4c687d5dfcc9b1739ea@127.0.0.1:30303
INFO [07-10|16:42:14.231] IPC endpoint opened
url=/Users/username/Library/Ethereum/geth.ipc
Welcome to the Geth JavaScript console!

instance: Geth/v1.8.27-stable/darwin-amd64/go1.12.4
INFO [07-10|16:42:14.295] Etherbase automatically configured
address=0x08aaC788E0E6146586f61f57419b6E3B0868dE22
coinbase: 0x08aac788e0e6146586f61f57419b6e3b0868de22
at block: 0 (Thu, 01 Jan 1970 08:00:00 CST)
 datadir: /Users/username/Library/Ethereum
 modules: admin:1.0 debug:1.0 eth:1.0 ethash:1.0 miner:1.0 net:1.0 personal:1.0 rpc:1.0
txpool:1.0 web3:1.0
```

● **启动挖矿**

以太坊上执行的每一笔交易都需要矿工挖矿后才能被确认。在私有链上同样可以执行挖矿操作，在启动私有链后执行以下命令开始挖矿：

```
miner.start()
```

执行以下命令停止挖矿：

```
miner.stop()
```

挖矿示意如下述命令行所示：

```
> miner.start()
INFO [07-10|16:43:47.456] Generating DAG in progress             epoch=0 percentage=99 elapsed=40.480s
INFO [07-10|16:43:47.458] Generated ethash verification cache    epoch=0 elapsed=40.482s
INFO [07-10|16:43:48.653] Successfully sealed new block          number=1 sealhash=81f936...f0ec4f
hash=16b9b6...cf5e9d elapsed=42.187s
INFO [07-10|16:43:48.654] 🔨 mined potential block                number=1 hash=16b9b6...cf5e9d
INFO [07-10|16:43:48.654] Commit new mining work                 number=2 sealhash=bc00e4...b9f784
uncles=0 txs=0 gas=0 fees=0 elapsed=124.575µs
INFO [07-10|16:43:49.097] Successfully sealed new block          number=2 sealhash=bc00e4...b9f784
hash=fbbe83...321b7f elapsed=443.516ms
INFO [07-10|16:43:49.097] 🔨 mined potential block                number=2 hash=fbbe83...321b7f
INFO [07-10|16:43:49.118] Commit new mining work                 number=3 sealhash=357d41...c18556
uncles=0 txs=0 gas=0 fees=0 elapsed=19.682ms
INFO [07-10|16:43:49.523] Successfully sealed new block          number=3 sealhash=357d41...c18556
hash=10d5f6...3384f6 elapsed=425.227ms
INFO [07-10|16:43:49.545] 🔨 mined potential block                number=3 hash=10d5f6...3384f6
INFO [07-10|16:43:49.565] Commit new mining work                 number=4 sealhash=f68f0c...7ebba6
uncles=0 txs=0 gas=0 fees=0 elapsed=20.053ms
INFO [07-10|16:43:49.609] Generating DAG in progress             epoch=1 percentage=0
elapsed=608.348ms
INFO [07-10|16:43:50.432] Generating DAG in progress             epoch=1 percentage=1 elapsed=1.431s
INFO [07-10|16:43:51.374] Generating DAG in progress             epoch=1 percentage=2 elapsed=2.373s
INFO [07-10|16:43:51.588] Successfully sealed new block          number=4 sealhash=f68f0c...7ebba6
hash=150a53...d1640f elapsed=2.043s
INFO [07-10|16:43:51.588] 🔨 mined potential block                number=4 hash=150a53...d1640f
INFO [07-10|16:43:51.589] Commit new mining work                 number=5 sealhash=4c8f1a...ebeaca
uncles=0 txs=0 gas=0 fees=0 elapsed=179.548µs
> INFO [07-10|16:43:52.281] Generating DAG in progress             epoch=1 percentage=3 elapsed=3.279s
```

```
INFO [07-10|16:43:52.285] Successfully sealed new block        number=5 sealhash=4c8f1a...ebeaca
hash=2dbbc4...a46d1a elapsed=696.180ms
INFO [07-10|16:43:52.295] ☐ mined potential block                number=5 hash=2dbbc4...a46d1a
INFO [07-10|16:43:52.316] Commit new mining work               number=6 sealhash=3c2b0a...a6cb17
uncles=0 txs=0 gas=0 fees=0 elapsed=183.722µs
> INFO [07-10|16:43:52.690] Successfully sealed new block        number=6 sealhash=3c2b0a...a6cb17
hash=62907a...9c2f1b elapsed=374.531ms
INFO [07-10|16:43:52.690] ☐ mined potential block                number=6 hash=62907a...9c2f1b
INFO [07-10|16:43:52.698] Commit new mining work               number=7 sealhash=01514a...fb9834
uncles=0 txs=0 gas=0 fees=0 elapsed=7.452ms
INFO [07-10|16:43:53.212] Generating DAG in progress       epoch=1 percentage=4 elapsed=4.211s
INFO [07-10|16:43:53.322] Successfully sealed new block        number=7 sealhash=01514a...fb9834
hash=808155...d2f019 elapsed=631.685ms
INFO [07-10|16:43:53.327] ☐ mined potential block                number=7 hash=808155...d2f019
INFO [07-10|16:43:53.349] Commit new mining work               number=8 sealhash=528875...a41253
uncles=0 txs=0 gas=0 fees=0 elapsed=183.062µs
INFO [07-10|16:43:53.559] Successfully sealed new block        number=8 sealhash=528875...a41253
hash=0d2813...0d27d9 elapsed=210.476ms
INFO [07-10|16:43:53.560] ☐ block reached canonical chain        number=1 hash=16b9b6...cf5e9d
INFO [07-10|16:43:53.582] ☐ mined potential block                number=8 hash=0d2813...0d27d9
```

3.2 以太坊 Remix IDE

一般软件项目的开发要依赖于集成开发环境（IDE），以太坊去中心化应用的开发也有专用的开发环境：Remix 浏览器实时编译器。目前在实际的项目开发中，Remix 是使用最为广泛的编译器，因为其编译快速，错误提示友好，而且测试方便。

Remix 在线编译器可以非常方便地测试智能合约中的状态和方法，获得合约的字节码文件和 ABI（application binary interface，应用程序二进制接口）文件。如果需要在离线状态下使用 Remix，可以访问 GitHub 相关页面，按照页面说明，下载 zip 文件进行解压安装。

3.2.1 编译智能合约

下面我们使用 Sample 合约在在线编译器中进行编译测试。

```solidity
pragma solidity >=0.4.22 <0.6.0;
contract Sample
{
    uint value;
    function setSample(uint v) public{
        value = v;
    }
    function set(uint v) public{
        value = v;
    }
    function get() public view returns (uint) {
        return value;
    }
}
```

主界面如图 3.1 所示，在线编译器的左侧是代码编辑区域，可以直接进行智能合约的编写，右侧是进行参数输入输出和调试区域。

图 3.1　在线实时编译器编译合约

如果合约中存在语法错误，在线编译器可以实时地在每行头部进行提示，如图 3.2 所示，该错误是表达式缺少右值。

图 3.2　在线编译器提示错误

3.2.2　获得字节码和 ABI 文件

在线编译器自动编译智能合约后，会在右侧生成一些重要的结果数据。bytecode 是合约的字节码文件，也就是能真正被 EVM 运行的文件，Sample 合约的 bytecode 如下所示：

{"linkReferences":{},"object":
"6080604052348015610010576000080fd5b5061014080610020600039600000f3fe60806040526004361061005157600
00357c010000000000000000000000000000000000000000000000000000000009004806360fe47b11461005657806
36d4ce63c14610091578063e221818b146100bc575b600080fd5b34801561006257600080fd5b5061008f60048036
0360208110156100795760008fd5b810190808035906020019092919050505061000f7565b005b34801561009d576
00080fd5b506100a66101015b56040518082815260200191505060405180910390f35b34801561000c857600080fd
5b506100f56004803603602081101561000df57600080fd5b810190808035906020019092919050505061010a565b0
05b8060008190555050565b60008054905090565b8060008190555050565bfea165627a7a723058208be72898628919
db93a8bf00e200e6e311102a923118a475612493c7da2401ca0029",
    "opcodes": "PUSH1 0x80 PUSH1 0x40 MSTORE CALLVALUE DUP1 ISZERO PUSH2 0x10 JUMPI PUSH1 0x0 DUP1
REVERT JUMPDEST POP PUSH2 0x140 DUP1 PUSH2 0x20 PUSH1 0x0 CODECOPY PUSH1 0x0 RETURN INVALID PUSH1
0x80 PUSH1 0x40 MSTORE PUSH1 0x4 CALLDATASIZE LT PUSH2 0x51 JUMPI PUSH1 0x0 CALLDATALOAD PUSH29
0x100000000000000000000000000000000000000000000000000000000 SWAP1 DIV DUP1 PUSH4 0x60FE47B1 EQ
PUSH2 0x56 JUMPI DUP1 PUSH4 0x6D4CE63C EQ PUSH2 0x91 JUMPI DUP1 PUSH4 0xE221818B EQ PUSH2 0xBC
JUMPI JUMPDEST PUSH1 0x0 DUP1 REVERT JUMPDEST CALLVALUE DUP1 ISZERO PUSH2 0x62 JUMPI PUSH1 0x0
DUP1 REVERT JUMPDEST POP PUSH2 0x8F PUSH1 0x4 DUP1 CALLDATASIZE SUB PUSH1 0x20 DUP2 LT ISZERO PUSH2
0x79 JUMPI PUSH1 0x0 DUP1 REVERT JUMPDEST DUP2 ADD SWAP1 DUP1 DUP1 CALLDATALOAD SWAP1 PUSH1 0x20
ADD SWAP1 SWAP3 SWAP2 SWAP1 POP POP POP PUSH2 0xF7 JUMP JUMPDEST STOP JUMPDEST CALLVALUE DUP1 ISZERO
PUSH2 0x9D JUMPI PUSH1 0x0 DUP1 REVERT JUMPDEST POP PUSH2 0xA6 PUSH2 0x101 JUMP JUMPDEST PUSH1
0x40 MLOAD DUP1 DUP3 DUP2 MSTORE PUSH1 0x20 ADD SWAP2 POP POP PUSH1 0x40 MLOAD DUP1 SWAP2 SUB SWAP1
RETURN JUMPDEST CALLVALUE DUP1 ISZERO PUSH2 0xC8 JUMPI PUSH1 0x0 DUP1 REVERT JUMPDEST POP PUSH2
0xF5 PUSH1 0x4 DUP1 CALLDATASIZE SUB PUSH1 0x20 DUP2 LT ISZERO PUSH2 0xDF JUMPI PUSH1 0x0 DUP1
REVERT JUMPDEST DUP2 ADD SWAP1 DUP1 DUP1 CALLDATALOAD SWAP1 PUSH1 0x20 ADD SWAP1 SWAP3 SWAP2 SWAP1
POP POP POP PUSH2 0x10A JUMP JUMPDEST STOP JUMPDEST DUP1 PUSH1 0x0 DUP2 SWAP1 SSTORE POP POP JUMP
JUMPDEST PUSH1 0x0 DUP1 SLOAD SWAP1 POP SWAP1 JUMP JUMPDEST DUP1 PUSH1 0x0 DUP2 SWAP1 SSTORE POP
POP JUMP INVALID LOG1 PUSH6 0x627A7A723058 KECCAK256 DUP12 0xe7 0x28 SWAP9 PUSH3 0x8919DB SWAP4
0xa8 0xbf STOP 0xe2 STOP 0xe6 0xe3 GT LT 0x2a SWAP3 BALANCE XOR LOG4 PUSH22
0x612493C7DA2401CA0029000000000000000000000000000 ",
    "sourceMap": "34:245:0:-;;;;8:9:-1;5:2;;;30:1;27;20:12;5:2;34:245:0;;;;;;;"
}

Interface 中的字符串是合约的 ABI，也就是提供给外界访问的接口。合约中的每一个方法（除 internal 修饰的方法外）都会在 ABI 中被描述：constant 字段表示该方法是否是一个用 constant 修饰的方法，constant 方法不会改变合约状态；inputs 表示方法的输入参数和类型；name 是方法名；outputs 表示方法的输出参数和类型，也即返回值；type 是该接口的类型；function 表示普通的方法；constructor 是构造方法。Sample 的 ABI 如下所示：

```
[
    {
    "constant": false,
    "inputs": [
        {
            "name": "v",
            "type": "uint256"
        }
    ],
```

```
            "name": "set",
            "outputs": [],
            "payable": false,
            "stateMutability": "nonpayable",
            "type": "function"
        },
        {
            "constant": true,
            "inputs": [],
            "name": "get",
            "outputs": [
                {
                    "name": "",
                    "type": "uint256"
                }
            ],
            "payable": false,
            "stateMutability": "view",
            "type": "function"
        },
        {
            "constant": false,
            "inputs": [
                {
                    "name": "v",
                    "type": "uint256"
                }
            ],
            "name": "setSample",
            "outputs": [],
            "payable": false,
            "stateMutability": "nonpayable",
            "type": "function"
        }
]
```

　　web3 deploy 中是 JavaScript 代码，使用 web3.js 接口来创建一个合约实例。传入参数包括上面生成的字节码和 ABI 文件。返回参数包括合约实例、合约地址、交易哈希等。可以使用该合约实例来调用合约中的方法，实现与合约的交互。

```
Var sampleContract =
web3.eth.contract([{"constant":false,"inputs":[{"name":"v","type":"uint256"}],"name":"set","o
utputs":[],"payable":false,"stateMutability":"nonpayable","type":"function"},{"constant":true
,"inputs":[],"name":"get","outputs":[{"name":"","type":"uint256"}],"payable":false,"stateMuta
bility":"view","type":"function"},{"constant":false,"inputs":[{"name":"v","type":"uint256"}],
"name":"setSample","outputs":[],"payable":false,"stateMutability":"nonpayable","type":"functi
on"}]);
var sample = sampleContract.new(
    {
        from: web3.eth.accounts[0],
        data: '0x60806040523480156100105760008fd5b50610140806100206000396000f3fe60806040526
0043610610051576000357c0100000000000000000000000000000000000000000000000000000009004806360fe
47b1146100565780636d4ce63c14610091578063e221818b146100bc575b600080fd5b34801561006257600080fd5
```

b5061008f600480360360208110156100795760008 0fd5b81019080803590602001909291905050506100f7565b00
5b34801561009d57600080fd5b506100a6610101565b60405180828152602001915050 6040518091 0390f35b34801
56100c857600080fd5b506100f560048036036020 8110156100df57600080fd5b81019 08080359060200190929190
50505061010a565b005b8060008190555050565b6000 8054905090565b80600081 9055505056fea165627a7a72305
8208be72898628919db93a8bf00e200e6e311102a923118a475612493c7da2401ca0029',

```
        gas: '4700000'
    }, function (e, contract){
        console.log(e, contract);
        if (typeof contract.address !== 'undefined') {
            console.log('Contract mined! address: ' + contract.address + ' transactionHash: ' +
                contract.transactionHash);
        }
    }
})
```

uDApp 中是编译完成后返回的 JSON 值，JSON 中包含了合约名、字节码和 ABI。如果使用 web3.js 接口编译 Sample 合约，返回的就是该 JSON 值。

```
{
    "timestamp": 1562724220093,
    "record": {
        "value": "0",
        "parameters": [],
        "abi": "0x99ff0d9125e1fc9531a11262e15aeb2c60509a078c4cc4c64cefdfb06ff68647",
        "contractName": "Sample",
        "bytecode": "6080604052348015610010576000 80fd5b506101408061002060003 96000f3fe6080604 0
5260043610610051576000003 57c0100000000000000000000000000000 0000000000000000000000 0900480636
0fe47b1146100565780636d4ce63c14610091578063e221818b146100bc575b6000 80fd5b348015610 06257600080
fd5b5061008f60048036036020811 0156100795760008 0fd5b81019080803590602001909291905 0505061 00f7565
b005b3480 1561009d57600080fd5b506100a6610101565b60405180828152 6020 0191505060405180910390f35b34
80156100c857600080fd5b506100f5600480360360208110156100df57600080fd5b8101908080359 060200190929
190505050610 10a565b005b8060008190555050565b60008054 905090565b806000819055505 056fea165627a7a72
3058208be72898628919db93a8bf00e200e6e311102a923118a475612493c7da2401ca0029",
        "linkReferences": {},
        "name": "",
        "inputs": "()",
        "type": "constructor",
        "from": "account{0}"
    }
},
```

3.2.3　合约方法测试

如图 3.3 所示，调用 set() 方法时，在输入框中填入 value 值，然后点击 "set" 按钮设置 value。点击 "get" 方法按钮就可以返回 value 值。在线编译器可以非常方便地可视化测试智能合约中的方法。其数据存储在内存中，不需要开启以太坊私有链。

图 3.3　合约方法测试

3.3　以太坊编程接口

以太坊区块链平台作为独立的底层平台，需要与外界交互，则必须为外界提供接口，目前 RPC 接口是以太坊原生支持的，不限语言，跨平台；JavaScript API（web3.js）则是 JavaScript 对 RPC 的封装，使用较为简单方便，但是仅限于 JavaScript 语言调用。

3.3.1　JSON RPC

JSON 是一种轻量级的数据交换格式，可以用来表示数字、字符串、值的有序序列和键值对集合。JSON-RPC 是一种无状态的、轻量级的远程过程访问协议，并使用 JSON（RFC 4627）作为数据格式。JSON-RPC 主要是在处理过程中定义了一些数据结构和规则，可以在不同的消息传递环境（如 Sockets、HTTP）中传递信息。

这里使用 JSON RPC 接口在以太坊私有链中部署调用合约。

- **智能合约**

下面我们以一个非常简单的合约 Multiply7 为例进行讲解，该合约有一个 multiply()方法，传入一个 uint 类型数据，乘以 7 后返回结果。

```
pragma solidity >=0.4.22 <0.6.0;
contract Multiply7 {
    event Print(uint);
    function multiply(uint input)  public returns (uint) {
        emit Print(input * 7);
        return input * 7;
    }
}
```

- **编译合约**

首先需要在一个终端（A 终端）中开启以太坊私有链（参考 3.1.2 节）；然后再开启另一个终端（B 终端）并输入命令来调用以太坊中的 JSON-RPC 接口。

由于 go-ethereum 在 1.6 版本中放弃使用 eth_compileSolidity 方法，当企图用 curl 方式调用时会返回 "The method eth_compileSolidity does not exist/is not available" 的提示，因此使用 3.2 节中提到的 Remix 进行在线编译合约，得到最重要的数据字节码和 abiDefinition 数据。

字节码：

```
"60806040523480156100105760008 0fd5b5060fc8061001f6000396000f3fe60806040526004361060395760003 57c010000000000000000000000000000000000000000000000000000000000 900480863c6888fa114603e575b600080f d5b348015604957600080fd5b5060736004803603602081101560 5e57600080fd5b81019080803590602001909291 905050506089565b60405180828152602001915050 60405180910390f35b60007f24abdbb5865df5079dcc5ac590ff 6f01d5c16edbc5fab4e195d9febd1114503da60078302604051808281526020 01915050 60405180910390a16007820 2905091905056fea165627a7a723058205cfb8ba182658158a76b83c6ae1695a36cd2853022dfc1d4ad9d63ba5e2 7cf370029"
```

abiDefinition:

```
[
    {
        "constant": false,
        "inputs": [
            {
                "name": "input",
                "type": "uint256"
            }
        ],
        "name": "multiply",
        "outputs": [
            {
                "name": "",
                "type": "uint256"
            }
        ],
        "payable": false,
        "stateMutability": "nonpayable",
        "type": "function"
    },
    {
        "anonymous": false,
        "inputs": [
            {
                "indexed": false,
                "name": "",
                "type": "uint256"
            }
        ],
        "name": "Print",
        "type": "event"
    }
]
```

● **获得调用账户**

首先需要在一个终端（A 终端）中开启以太坊私有链（参考 3.1.2 节）；然后再开启另一个终

端（B 终端）并输入命令来调用以太坊中的 JSON-RPC 接口。

当前以太坊私有链中可能有多个账户，需要选定一个账户作为调用部署合约以及调用合约方法的发起者，并且该账户中要包含足够的以太币。这里使用挖矿基地址作为交易的发起者，该地址就是默认当前账户中的第一个账户。在 B 终端中执行以下命令：

```
curl -H "Content-Type: application/json" -X POST --data
'{"jsonrpc":"2.0","method":"eth_coinbase","id":1}' localhost:8545
```

返回结果如下，其中 "0x29f9ceac9ad80fd672ddb3f9ea4bedd89c3360f5" 就是要使用的发起交易的账户。

```
{"jsonrpc":"2.0","id":1,"result":" 0x29f9ceac9ad80fd672ddb3f9ea4bedd89c3360f5"}
```

- **查看当前账户的以太币**

以太坊中发起交易者要有足够的以太币才能让交易被确认，然后加入区块链中。在私有链中进行挖矿会把以太币发到 coinbase，也就是当前以太坊账户中默认的第一个账户。当然，coinbase 可以根据需要进行更改。在 B 终端中执行以下命令来查看是否有足够的以太币。

```
curl -H "Content-Type: application/json" -X POST --data '{"jsonrpc": "2.0" , "method":
"eth_getBalance" , "params": ["0x29f9ceac9ad80fd672ddb3f9ea4bedd89c3360f5" , "latest"] , "id" :
2 }' localhost: 8545
```

返回结果如下，result 就是当前账户以太币的数量。

```
{"jsonrpc":"2.0","id":2,"result":"0x6765cb1e5eacbd41b340000"}
```

- **部署合约**

在 B 终端中执行以下命令，params 参数中的 from 就是发起该笔交易的账户，data 参数中就是该合约的字节码。

```
curl -H "Content-Type: application/json" -X POST --data
'{"jsonrpc":"2.0","method":"eth_sendTransaction",
"params": [{
    "from": "0x29f9ceac9ad80fd672ddb3f9ea4bedd89c3360f5",
    "gas": "0x1d5b7",
    "gasPrice": "0x4a817c800",
    "data": "0x60806040523480156100105760008060fd5b5060fc8061001f6000396000f3fe6080604052600436
106039576000357c0100000000000000000000000000000000000000000000000000000090048063c6888fa11460
03e575b600080fd5b348015604957600080fd5b50607360048036036020811015605e57600080fd5b810190808035
90602001909291905050506089565b6040518082815260200191505060405180910390f35b60007f24abdb5865df5
079dcc5ac590ff6f01d5c16edbc5fab4e195d9febd1114503da6007830260405180828152602001915050604051809
10390a1600782029050091905056fea165627a7a723058205cfb8ba182658158a76b83c6ae1695a36cd2853022dfc
1d4ad9d63ba5e27cf370029"
}],"id":6}' localhost:8545
```

在 B 终端执行上述命令后，交易需要被挖矿才能确认，所以在 A 终端中执行以下命令启动挖矿。

```
miner.start()
```

A 端返回数据：

```
Submitted contract creation
fullhash=0x21cbe81107f6ab833730416f144cb26ea5da61cc93df0952f49f7d39bd6a3109
contract=0xc3A0E837c060445D8F27CE1541f3e58335B6ff43
```

B 端返回结果，其中 result 是本次交易（部署合约）的交易哈希：

```
{"jsonrpc":"2.0","id":6,"result":"0x21cbe81107f6ab833730416f144cb26ea5da61cc93df0952f49f7d39b
d6a3109"}
```

- 调用合约方法

调用合约方法如下，其中 to 参数中就是合约地址，data 就是调用合约需要传入的参数。data
参数中包括了调用合约中的方法和具体参数值，可以简称为 payload。同时确认该交易也需要在
A 终端挖矿。

```
curl -H "Content-Type: application/json" -X POST --data
'{"jsonrpc":"2.0","method":"eth_sendTransaction",
"params": [{
    "from": "0x29f9ceac9ad80fd672ddb3f9ea4bedd89c3360f5",
    "to": "0xc3A0E837c060445D8F27CE1541f3e58335B6ff43",
    "data": "0xc6888fa10000000000000000000000000000000000000000000000000000000000000006"
}],"id":8}' localhost:8545
```

在 A 终端计算 payload 中的方法选择符对应的字节，选取 Keccak 哈希表的前 4 个字节，并
进行十六进制编码。

```
> web3.sha3("multiply(uint256)").substring(0, 10)
"0xc6888fa1"
```

假设要传入的值为 6，是一个 uint256 类型，将会被编码成：

```
0000000000000000000000000000000000000000000000000000000000000006
```

将方法选择符和编码参数结合起来，就生成了上述 data 中的数据。

B 终端返回结果如下，通过返回 result 中的交易哈希可以查询本次交易的详情。

```
{"jsonrpc":"2.0","id":8,"result":"0xd39545b3e2217608f019816c09e04ff348f5e67c6d4dfaecc12831cc8
310a0f3"}
```

- 根据交易哈希查找交易详情

一笔交易发生后，真正的返回结果只是交易哈希。可以利用该交易哈希获得本次交易的真正
详情以及一些方法的返回值。在 B 终端中执行以下命令获取交易的结果和返回值。

```
curl -H "Content-Type : application/json" -X POST --data '{ "jsonrpc" : "2.0" , "method":
"eth_getTransactionReceipt","params":["0xd39545b3e2217608f019816c09e04ff348f5e67c6d4dfaecc128
31cc8310a0f3"],"id":7}' localhost:8545B
```

终端返回结果如下，其中 logs.data 字段就是方法真正的返回值。把十六进制的 2a 转换成十
进制就是 42，符合预期，合约方法调用通过。

```
{
    "jsonrpc": "2.0",
    "id": 7,
    "result": {
        "blockHash": "0x7ef4455f33be440c873aedad238e1db71f2711770c3c76648100e07719b35bb7",
        "blockNumber": "0x2c",
        "contractAddress": null,
        "cumulativeGasUsed": "0x5928",
        "from": "0x29f9ceac9ad80fd672ddb3f9ea4bedd89c3360f5",
        "gasUsed": "0x5928",
        "logs": [{
            "address": "0xc3a0e837c060445d8f27ce1541f3e58335b6ff43",
            "topics": ["0x24abdb5865df5079dcc5ac590ff6f01d5c16edbc5fab4e195d9febd1114503da"],
            "data": "0x000000000000000000000000000000000000000000000000000000000000002a",
            "blockNumber": "0x2c",
            "transactionHash": "0xd39545b3e2217608f019816c09e04ff348f5e67c6d4dfaecc12831cc8310a0f3",
            "transactionIndex": "0x0",
            "blockHash": "0x7ef4455f33be440c873aedad238e1db71f2711770c3c76648100e07719b35bb7",
            "logIndex": "0x0",
            "removed": false
        }],
        "logsBloom": "0x000000000000000000000000000000000000000000000000000000000000000000
0000000000000000000000000000000010000000000000000000000000000000000000000000000000000000000
0000000000000000000000000000000000000000000000000000040000000000000000000000000200000000
0000000000000000000000000000000000020000000000000000000000000000000000000000000000000200000
00000000200000000000000000000000000000000000000000000000000000000000000000000000000000000000
0000000000000000000000000000000000000000000000000000000000",
        "root": "0xcfc1e22877f37b97ffe24360250ba9c63ad957e669b0482fdd6b9f52e70a9be2",
        "to": "0xc3a0e837c060445d8f27ce1541f3e58335b6ff43",
        "transactionHash": "0xd39545b3e2217608f019816c09e04ff348f5e67c6d4dfaecc12831cc8310a0f3",
        "transactionIndex": "0x0"
    }
}
```

3.3.2 JavaScript API

使用上述 JSON-RPC 来调用合约的过程比较烦琐，会涉及复杂的编码解码以及进制转换。目前以太坊官方提供了使用 JavaScript 实现的 web3.js 模块，对 RPC 的方式进行了封装，对外提供了简洁的接口。在开启以太坊私有链的终端中输入 web3 命令，就可以查看 web3 支持的所有调用方法。这里同样使用 3.3.1 节中的 Multiply7 合约来演示如何使用 web3.js 的接口编译部署合约和调用合约的方法。

- **编译合约**

由于 go-ethereum 在 1.6.0 版本中放弃使用 eth_compileSolidity 方法，所以不能使用 web3.js 模块中的 web3.eth.compile.solidity 方法，于是编译合约仍采用 3.3.1 节中的方法。

- **部署合约**

首先分别把字节码和 ABI 赋值给两个变量，方便后续使用：

```
> var code = '0x6080604052348015610010576000080fd5b5060fc8061001f6000396000f3fe608060405260043
6106039576000357c01000000000000000000000000000000000000000000000000000000090048063c6888fa114
603e575b600080fd5b348015604957600080fd5b50607360048036036020811015605e57600080fd5b81019080803
59060200190929190505050506089565b6040518082815260200191505060405180910390f35b60007f24abdb5865df
5079dcc5ac590ff6f01d5c16edbc5fab4e195d9febd1114503da6007830260405180828152602001915050604051 80
910390a16007820290509190505056fea165627a7a723058205cfb8ba182658158a76b83c6ae1695a36cd2853022df
c1d4ad9d63ba5e27cf370029';
undefined

> var abi = [{"constant":false,"inputs":[{"name":"input","type":"uint256"}],"name":"multiply",
"outputs":[{"name":"","type":"uint256"}],"payable":false,"stateMutability":"nonpayable","type
":"function"},{"anonymous":false,"inputs":[{"indexed":false,"name":"","type":"uint256"}],"nam
e":"Print","type":"event"}];
Undefined
```

然后, 查看 code 和 ABI 变量:

```
> code
"0x6080604052348015610010576000080fd5b5060fc8061001f6000396000f3fe60806040526004361060395760 00
357c01000000000000000000000000000000000000000000000000000000090048063c6888fa114603e575b60008
0fd5b348015604957600080fd5b50607360048036036020811015605e57600080fd5b8101908080359060200190 92
9190505050506089565b6040518082815260200191505060405180910390f35b60007f24abdb5865df5079dcc5ac590
ff6f01d5c16edbc5fab4e195d9febd1114503da6007830260405180828152602001915050604051 80910390a16007
8202905091905056fea165627a7a723058205cfb8ba182658158a76b83c6ae1695a36cd2853022dfc1d4ad9d63ba5
e27cf370029"
> abi
[{
    constant: false,
    inputs: [{
        name: "input",
        type: "uint256"
    }],
    name: "multiply",
    outputs: [{
        name: "",
        type: "uint256"
    }],
    payable: false,
    stateMutability: "nonpayable",
    type: "function"
}, {
    anonymous: false,
    inputs: [{
        indexed: false,
        name: "",
        type: "uint256"
    }],
    name: "Print",
    type: "event"
}]
```

使用上述生成的 code 和 ABI 把合约部署到以太坊上, 同时需要挖矿来确认该笔交易。可以看到合约已经部署, 合约地址为 0x9305133e1d259a7bf4A61dcD4995b0DC29d2c3eB。

```
> var contractInstance = web3.eth.contract(abi).new({from:"0x29f9ceac9ad80fd672ddb3f9ea4bedd89
c3360f5","gas": "0x1d5b7","gasPrice": "0x4a817c800",data:code})
```

在合约部署完毕后，可以获得返回值：

```
Submitted contract creation
fullhash=0x3e59133313cccdb31ca069ed54bb79b8dc2df751970758201309e3d579c2114b
contract=0x9305133e1d259a7bf4A61dcD4995b0DC29d2c3eB
```

然后启动挖矿，在终端中输入 contractInstance 查看其内容如下：

```
{
    abi: [{
        constant: false,
        inputs: [{...}],
        name: "multiply",
        outputs: [{...}],
        payable: false,
        stateMutability: "nonpayable",
        type: "function"
    }, {
        anonymous: false,
        inputs: [{...}],
        name: "Print",
        type: "event"
    }],
    address: "0x9305133e1d259a7bf4a61dcd4995b0dc29d2c3eb",
    transactionHash: "0x58617ac3917f014b1623cfe0d7fd8cb84756bc5f781c144c64dd8858d1aaa4f4",
    Print: function(),
    allEvents: function(),
    multiply: function()
}
```

- **调用合约方法**

合约成功部署后可以获得合约地址，使用该合约的 ABI 和合约地址可以创建一个合约实例，使用创建的合约实例可以调用合约中的方法，返回的 var multi 就是合约实例：

```
> var multi =
web3.eth.contract(abi).at("0x9305133e1d259a7bf4A61dcD4995b0DC29d2c3eB ")
```

然后使用这个合约实例 multi 来调用合约中的 multiply() 方法，传入的参数为 6。这一步同样需要挖矿进行确认：

```
> multi.multiply.sendTransaction(6,{from:"0x29f9ceac9ad80fd672ddb3f9ea4bedd89c3360f5"});
```

返回值为：

```
Submitted transaction
fullhash=0x357eb2b2519687ce8339a2a5a6db9df84da9eb0b12dc61f4829db7929aaed7d5
recipient=0x9305133e1d259a7bf4A61dcD4995b0DC29d2c3eB
"0x357eb2b2519687ce8339a2a5a6db9df84da9eb0b12dc61f4829db7929aaed7d5"
```

"0x357eb2b2519687ce8339a2a5a6db9df84da9eb0b12dc61f4829db7929aaed7d5"为交易地址。

由于使用 web3 调用合约中的方法无法返回真正的计算值，返回的只是交易哈希，所以可以通过合约中定义的 Print 事件来获得本次交易的详情：

```
> multi.Print(function(err, data) {console.log(JSON.stringify(data))})
```

返回交易详情如下所示，args 中的 42 就是通过合约方法计算后需要返回的真正的值，符合预期。

```
{
    "address":"0x9305133e1d259a7bf4a61dcd4995b0dc29d2c3eb",
    "args":{
        "":"42"
    },
    "blockHash":"0xa5c0c6a8ca0b761e9775ff8f79d9f3a06d2578744869b8935728733dcdc728ad",
    "blockNumber":118,
    "event":"Print",
    "logIndex":0,
    "removed":false,
    "transactionHash":"0x2d88d4669eb530826f33236ce90ffe92638dcd8e2c221759258ec0a4229ad267",
    "transactionIndex":0
}
```

3.4　DApp 开发框架与流程

基于现有的开发框架来开发实际项目可大大加快项目开发进度，在以太坊去中心化应用的开发中，目前比较常用的开发框架有 Meteor 和 Truffle。本节介绍了一种分层可扩展的开发流程。开发者可根据项目的类型、规模、难度等选择合适的开发框架与流程。

3.4.1　Meteor

Meteor 是一套通用的 WebApp 前端开发框架，可以非常方便地集成以太坊的 web3.js 接口。Meteor 被认为是一个全栈式的框架，完全使用 JavaScript 实现，并提供了重新加载、CSS 注入和支持预编译（Less、CoffeeScript 等）。Meteor 可以非常方便地构建一个单页面应用（single page App，SPA），把所有的前端代码都写入 index.html 中，并使用一个 js 文件和 css 文件加入在资源中。Meteor 支持响应式的开发，类似于 AngualrJS，可以非常简单地构建界面。

目前有很多 DApp 应用是基于 Meteor 框架开发的，下面介绍如何安装 Meteor、加载以太坊 web3 模块、调用 web3.js 接口以及部署 DApp 应用。

● **安装 Meteor**

Meteor 从官方网站即可下载。不同的操作系统有不同的下载方式，Windows 需要下载安装包，macOS 和 Linux 可以直接使用如下命令行在终端中下载：

```
curl https://install.meteor.com/ | sh
```

安装过程较为缓慢, 安装完成后, 在终端中输入以下命令:

```
meteor --version
```

如果可以成功显示 Meteor 版本号, 则表示 Meteor 成功安装。

● **加载以太坊 web3 模块**

Meteor 安装成功后就可以用来开发 DApp 了。首先在命令行执行以下命令创建一个 Meteor 项目:

```
meteor create 项目名
```

该过程可能较慢, 因为需要加载多个初始模块。然后执行以下命令进入项目目录:

```
cd 项目名
```

执行以下命令加载 web3:

```
meteor add ethereum:web3
```

如果由于版本原因导致上述加载失败, 可以使用下面的命令代替:

```
meteor npm install web3 --save
```

因为以太坊的 web3.js 接口使用更为简单方便, 也已经较为成熟, 所以推荐在 Meteor 中集成 web3.js 接口来开发 DApp。

● **调用以太坊 web3.js 接口**

Meteor 项目创建完成后, 默认会有两个文件夹 client 和 server, 分别对应的是客户端程序和服务端程序。根据实际需要, 可以分别在客户端和服务端使用 web3.js。

在 client 文件夹中新建 lib 文件夹, 在 lib 文件夹中新建 init.js, 在 init.js 中实现如下初始化 web3 代码:

```
var Web3 = require('web3');
if (typeof web3 !== 'undefined') {
    web3 = new Web3(web3.currentProvider);
}
else {
    // 连接以太坊客户端, 如在本机上运行的以太坊私有链, 默认端口 8545
    web3 = new Web3(new
    Web3.providers.HttpProvider("http://localhost:8545"));
}
console.log("client:" + web3.eth.accounts[0]);
```

在客户端初始化 web3 实例后, 就可以调用 web3.js 接口中所有的方法了, 一个 DApp 框架即可搭建起来了。当客户端在浏览器中被加载后, 就会在 Console 面板中打印出当前以太坊的第一个账号。

同样可以在 server/main.js 中实现以上代码, 这样就能在服务端调用 web3.js 中的所有接口,进而实现与智能合约的交互。

- **部署 DApp 应用**

在部署 DApp 应用之前，首先需要在另一个终端中开启以太坊私有链。然后在项目目录中执行 meteor 命令即可自动化部署应用。成功部署 DApp 的命令行如下所示，其中打印出的 server:0x90c2323cdeff75fd82e65ac496fc45eafadf4563 为在 server/main.js 中实现的代码，打印的地址为当前以太坊私有链中的第一个账户。

```
→  meteor
[[[[[ ~/Desktop/myapp ]]]]]

=> Started proxy.
=> Started MongoDB.
I20170608-23:54:53.293(8)? server:0x90c2323cdeff75fd82e65ac496fc45eafadf4563
=> Started your app.
=> App running at: http://localhost:3000/
```

用 Meteor 开发的 DApp 默认使用的端口为 3000 端口，可以在浏览器中输入 http://localhost:3000 来访问 DApp 应用，如图 3.4 所示。

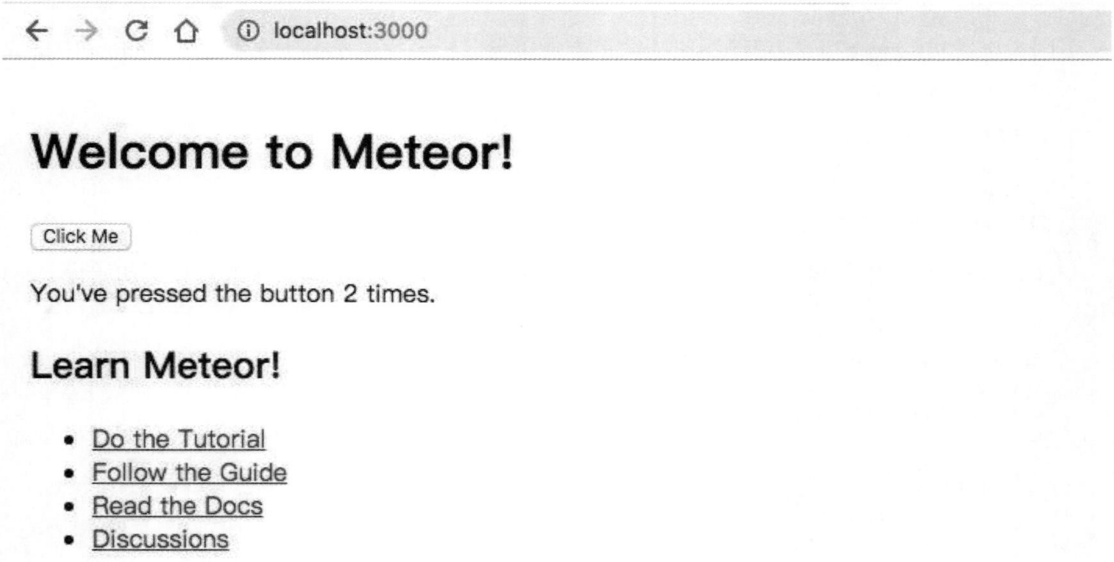

Welcome to Meteor!

Click Me

You've pressed the button 2 times.

Learn Meteor!

- Do the Tutorial
- Follow the Guide
- Read the Docs
- Discussions

图 3.4　启动 Meteor 应用

打开浏览器的开发者选项，切换到 Console 控制台页面，可以看到打印出的信息，该打印信息就是在 client/lib/init.js 中实现的代码，获得当前以太坊中的第一个账户，如图 3.5 所示。在命令行中也可以交互式地调用 web3.js。这样就能使用 Meteor 来开发一个简单的 DApp 了。

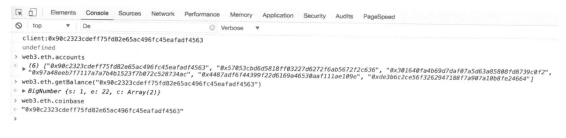

图 3.5　Meteor 中使用 web3.js 接口

3.4.2　Truffle

Truffle 是一款非常优秀的开发 DApp 的框架。在 Truffle 中可以方便地使用 JavaScript 进行应用的开发，并使用 JavaScript 中几乎所有的机制，如 Promise、异步调用等。Truffle 使用了包装 web3.js 的一个 Promise 框架 Pudding，所以不需要手动加载 web3.js 库，可以有效提升开发效率。同时 Truffle 内置了智能合约编译器，只要使用脚本命令就可以完成合约的编译、动态库链接、部署、测试等工作，大大简化了合约的开发生命周期。

下面介绍 Truffle 的安装、项目创建及客户端应用的运行，并使用 Truffle 的一个默认合约 MetaCoin 来演示智能合约的编译和部署。

1. Truffle 安装

在终端中执行以下命令即可安装 Truffle，`-g` 参数表示全局安装：

```
npm install -g truffle
```

安装后在终端中输入"truffle - version"，出现 Truffle 版本号表示安装成功。本书使用的 Truffle 版本为 "Truffle v5.0.27 (core: 5.0.27)"。

```
➜  truffle version
Truffle v5.0.27 (core: 5.0.27)
Solidity v0.5.0 (solc-js)
Node v10.16.0
Web3.js v1.0.0-beta.37
```

2. Truffle 项目创建

进入一个空文件夹，使用 `truffle unbox webpack` 命令即可创建一个 Truffle 的项目目录，创建完成后，目录结构如图 3.6 所示。注意，在不同的网络环境下，该命令可能会执行失败，建议在不同的网络环境下进行尝试。

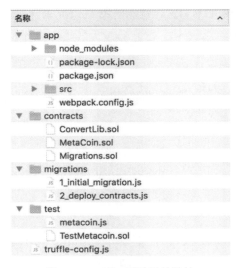

图 3.6　Truffle 项目目录结构

❑ app/目录包含了 index.html 前端主页面，有关交互的设计可以在 index.html 中实现；javascripts 中包括了 index.js，所有的逻辑操作都可以使用 JavaScript 代码实现；stylesheets 中是项目的 CSS 样式文件；

❑ contracts/目录包含了所有的智能合约，默认已经创建了 3 个合约；

❑ migrations/目录是有关合约部署的配置文件，如果新增加合约，需要进入 2_deploy_contract 进行配置；

❑ test/目录是合约测试代码，可以实现对合约的单元测试；

❑ truffle.js 是整个 DApp 项目的配置文件，包括 host、端口号的配置；

❑ webpack.config.js 用于配置前端工程相关的 js 文件和 html 文件。

3. 智能合约的编译部署

Truffle 可以自动化实现合约的编译部署，屏蔽了合约编译过程中产生的字节码和 ABI 文件。在部署合约之前，首先需要将 truffle-config.js 文件中 develop 属性中的 port 字项改成 9545，在终端中，使用 truffle develop 命令进入开发模式控制台。会得到如下返回结果：

```
➜ truffle develop
Accounts:
(0) 0x7852c9d2dea82b942cefd0837b6754b96e0e482c
(1) 0x7605d8b0017e25177a54db5fed4f5d5b42f150b9
(2) 0x8c3838e4fbe590314c2f6532945a2ebdeb6977f8
(3) 0x766d82ec6dacd7aeecb30dbfbe5644be59a3c7f6
(4) 0xbe6fd1e070af2d96f2cfede47a220f6868e807ca
(5) 0xa65a4d2dd90dab0f6204e7d1f5bff738d7bd1967
(6) 0x7e22b9fe37993d7675e94594cd7ed805cb3a8389
(7) 0x65f1f85a5141cd7aef362acd096c2bb094bcc9a6
```

```
(8) 0x381c2a1844de4a6520443b6774b69b53278a099d
(9) 0xffa6b400ac181fe3f1a83426233b9a5ee97e39ae

Private Keys:
(0) 98f457f5d635c36c80488eebf995a97f01e5ce52f9697cb46174733c52608a57
(1) 72c8e654c5ec7583cb298d189829b16c00bdd057ec8bec22d1bf6517a25db465
(2) f50bb8eeed05f00b65cf444f43a7ee5919dfc8c3d96e3d6d501cc6cbe9614670
(3) 88735657137f47fb8c249417fa15fe5b64819c514d039702a8870fe6a8aac8d6
(4) c4143cb66a03c824867e3521ef3c6505421c5b462b5d438bd76922fbd4e04b4b
(5) 85d5dca87a41948de64615eabb1442dd181e697abeddb22e271212f75e25b6dd
(6) 471811b922b74140f62046470f7d3a9ec43155527d590638d34d728f7f176bb7
(7) 56919458d0544c6237890f0a2835ab60289ae1fe662ad85822e922a664732bce
(8) 1c071643e22923ec39e147785dc32bad6fae8ba9fc614675e065573e05ee308c
(9) 61d85f5c4d4eff8c631795238430772e5e2ed874fa7197735bf6d5044b213331
```

然后输入以下命令，实现编译部署，注意，在该控制台中不需要在命令前面加上 truffle。

```
truffle(develop)> compile

Compiling your contracts...
===========================
> Compiling ./contracts/ConvertLib.sol
> Compiling ./contracts/MetaCoin.sol
> Compiling ./contracts/Migrations.sol
> Artifacts written to /Users/yqsh/WorkHistory/2019/July/truffle_webpack/build/contracts
> Compiled successfully using:
   - solc: 0.5.8+commit.23d335f2.Emscripten.clang

truffle(develop)> migrate
Starting migrations...
======================
> Network name:    'develop'
> Network id:       5777
> Block gas limit: 0x6691b7


1_initial_migration.js
======================

   Deploying 'Migrations'
   ---------------------
   > transaction hash:   0x108d10fc64d26097bdf8dbd2d8ed1bd513706479819607dfd4bc8e7a1a280515
   > Blocks: 0          Seconds: 0
   > contract address:   0x724C128eF70320A43478601037D407C8acB4ae8F
   > block number:       1
   > block timestamp:    1563069054
   > account:            0x7852c9D2DeA82B942cEfD0837B6754B96E0E482C
   > balance:            99.99477214
   > gas used:           261393
   > gas price:          20 gwei
   > value sent:         0 ETH
   > total cost:         0.00522786 ETH
```

```
> Saving migration to chain.
> Saving artifacts
-------------------------------------
> Total cost:            0.00522786 ETH


2_deploy_contracts.js
=====================

  Deploying 'ConvertLib'
  ----------------------
  > transaction hash:    0x8e866cf1bbe2cd5377adb05fba61d3f8d5eb7225beafcf1bf7d408fc5c3d4f9d
  > Blocks: 0            Seconds: 0
  > contract address:    0xF348c11Dc62CD2D40f942213B963B0Ea25D13aC8
  > block number:        3
  > block timestamp:     1563069054
  > account:             0x7852c9D2DeA82B942cEfD0837B6754B96E0E482C
  > balance:             99.99185922
  > gas used:            103623
  > gas price:           20 gwei
  > value sent:          0 ETH
  > total cost:          0.00207246 ETH


  Linking
  -------
  * Contract: MetaCoin <--> Library: ConvertLib (at address:
0xF348c11Dc62CD2D40f942213B963B0Ea25D13aC8)

  Deploying 'MetaCoin'
  --------------------
  > transaction hash:    0xbc126160fc28e7dc1de4e275153d48d0c6b8ddec9f53abfca33d5905b7c0cec8
  > Blocks: 0            Seconds: 0
  > contract address:    0xE5f425B77863e9Ea3A911e3e3B6cc5B0B41ff22E
  > block number:        4
  > block timestamp:     1563069054
  > account:             0x7852c9D2DeA82B942cEfD0837B6754B96E0E482C
  > balance:             99.98509224
  > gas used:            338349
  > gas price:           20 gwei
  > value sent:          0 ETH
  > total cost:          0.00676698 ETH


  > Saving migration to chain.
  > Saving artifacts
  -------------------------------------
  > Total cost:          0.00883944 ETH


Summary
=======
> Total deployments:   3
> Final cost:          0.0140673 ETH
```

在返回结果中，contract adress 就是 Migrations、ConvertLib、MetaCoin 这 3 个合约的合约地址。每次开启 Truffle 控制台之后，需要输入 migrate 进行部署，才能继续运行项目。

4. 客户端应用运行

合约成功部署后，在运行服务前，需在 app/scripts/index.js 中做一个小修改，将 web3 的 HttpProvider 配置的端口由 9545 修改为 8545，之后在命令行中使用 npm run dev 就可以开启服务。在开启服务过程中，webpack 会有一些警告信息，但并不影响程序的正常运行，忽略即可。

➜ cd app
➜ npm run dev

此时可以打开浏览器，输入 http://localhost:8080 即可看到 Truffle 应用了，如图 3.7 所示。

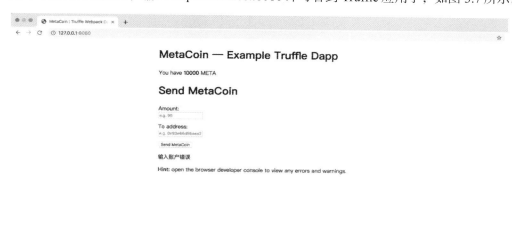

图 3.7　启动 Truffle 应用

示例中的 MetaCoin 模拟了一个可以向其他以太坊账户发送代币的功能。我们将在 3.5 节详细讲解 MetaCoin 应用并进行优化。本书第 8 章中的通用积分系统采用的就是 Truffle 框架开发的去中心化应用。

3.4.3　分层可扩展开发流程

使用 Meteor 和 Truffle 框架来开发有网页的去中心化应用非常方便，架构相对比较简单，同时可以快速部署到服务器上。但是 Truffle 等框架的使用有较大的局限性，最大的一个问题就是开发的系统很难实现跨平台。如果在实际的去中心化商业项目中,要求客户端同时运行在浏览器、移动客户端和其他终端上, 则 Truffle 就明显不能满足需求。为了解决这个问题,需要设计一套分层可扩展的项目开发流程,这种模式在现在的行业开发过程中已得到普遍应用。

可扩展项目开发流程的大致架构如图 3.8 所示。

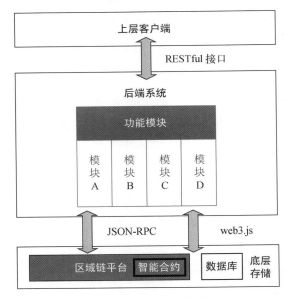

图 3.8 分层可扩展架构

该架构主要分为 3 层,下面我们分别进行介绍。

(1) 底层存储。底层使用区块链保证交易的安全性和不易篡改性。平台可以是以太坊 Ethereum、超级账本 Hyperledger、趣链 Hyperchain 等主流的区块链平台。核心的业务逻辑全部使用智能合约实现,并把智能合约部署到区块链上运行。在底层存储中使用数据库是为了对区块链数据做一个完整的备份,实现灾备。同时因为目前行业内还没有很好的区块数据可视化的解决方案,所以加入数据库可以间接查看区块链的数据。在实际开发中,可以进行区块链和数据库的双写,以实现数据的同步。

(2) 后端系统。中间层作为上层应用和底层区块链的桥接。后端系统可以使用多种不同的接口和区块链进行交互,常见的有 JSON-RPC 接口和 web3.js 接口。如果使用 Java 作为后端,则可以选择 JSON-RPC;如果使用 Node.js 作为后端,则可以选择 web3.js。关于接口的选型,可以参考 3.3 节。由于关键的合约逻辑已经在智能合约中实现,所以后台实现的主要功能就是数据的编码、解码和转发,以及为上层提供 RESTful 接口调用。

(3) 上层客户端。客户端直接面向用户提供服务。客户端可以广义地理解为浏览器网页、PC 客户端、移动客户端等。这些客户端都可以使用中间层提供的 RESTful 接口来和区块链实现交互。

中间层服务和底层区块链对用户是透明的，并且是一种轻客户端的设计，不需要把太多和区块链相关的加密解密、解码编码等复杂操作放在客户端来实现，客户端一般只需要处理 RESTful 返回的 JSON 数据。

使用这种分层的可扩展项目开发流程符合软件工程的思想，不同的层次可以让不同的开发人员进行设计实现。重要的是，这也是高内聚、低耦合的设计方法。内聚是指一个模块内各个元素彼此结合的紧密程度，意味着重用和独立；耦合是指该软件系统内不同模块之间的互联程度。设计原则符合高内聚、低耦合可以让更多的独立模块复用，方便代码优化和扩展。采用分层可扩展的模式，不同平台仅使用接口进行调用，使耦合程度降到最低。同时系统在开发中可以进行多人并行开发，对接容易，提高了开发速度。

本书第 8 章中的电子优惠券系统和第 10 章中的应收账款管理系统都是采用分层可扩展的开发流程开发的。

3.5 第一个以太坊应用

本节把 Truffle 默认生成的 MetaCoin 项目作为第一个以太坊应用，但是 MetaCoin 还有不完善的地方，需要优化，比如，验证输入的账户地址有效性，以及 MetaCoin 不足时的反馈提示。

3.5.1 优化 MetaCoin 应用

1. 验证账户地址有效性

在原有的 MetaCoin 项目中，可以在输入地址栏中输入任何字符，然后向这些非法地址发送 MetaCoin。这些地址不是正确的以太坊账户，不符合实际的需要。在发送 MetaCoin 时，需要对目的账户进行验证，检测其是否是当前以太坊客户端中已经存在的账户地址，验证通过才能执行调用合约方法，否则给出提示消息。

在 app/src/index.js 文件中判断账户是否存在的方法是 isAccountCorrect()。

```
const App = {
    ...
    isAccountCorrect: function(receiver) {
        const accounts = await web3.eth.getAccounts();
        for(let i = 0; i < accounts.length; i++) {
            if(receiver == accounts[i]) {
                return true;
            }
        }
        return false;
    },
    ...
}
```

同时在 sendCoin()方法中做如下判断：

```
const App = {
    ...
    sendCoin: async function() {
        const amount = parseInt(document.getElementById("amount").value);
        const receiver = document.getElementById("receiver").value;
        // 判断账户有效性
        if(await this.isAccountCorrect(receiver)) {
            ...
            await sendCoin(receiver, amount).send({ from: this.account, gas: 1000000})
            this.refreshBalance();
        } else {
            this.setStatus("输入账户错误");
        }
    },
    ...
}
```

2. MetaCoin 不足时反馈提示

在原有的应用中，如果 MetaCoin 余额不足，继续执行发送操作，只会提示 "Transaction complete!"，没有明确提示余额不足，所以需要进行优化。

在合约中，当 MetaCoin 余额不足时，返回 "MetaCoin 不足，发送失败" 的消息，否则返回 "MetaCoin 发送成功" 的消息。在智能合约的 sendCoin()方法中使用 Transfer()事件返回消息。

```
event Transfer(address indexed _from, string message);
function sendCoin(address receiver, uint amount) public returns(bool sufficient) {
    if (balances[msg.sender] < amount) {
        // 发送失败
        ...
        return false;
    } else {
        // 发送失败
        ...
        emit Transfer(msg.sender, "MetaCoin 发送成功");
        return true;
    }
}
```

在 app/src/index.js 文件中，当合约实例调用合约事件 Transfer()时，获得从合约返回的数据：

```
const App = {
    ...
    sendCoin: async function() {
        ...
        this.meta.events.Transfer()
        .on("data", function(event) {
            // event 内包含了从合约返回的所有数据，通过 event.returnValue 即可获得
            // 发送成功或失败的消息
            ...
        }).on("error", function(error){
            ...
        });
```

```
    await sendCoin(receiver, amount).send({ from: this.account });
    ...
  },
  ...
}
```

3.5.2 MetaCoin 代码详解

下面对 MetaCoin 应用的代码结构和代码实现进行进一步介绍，主要包括合约代码、前端 HTML、JavaScript 接口调用以及开发中的注意点。

1. index.html 实现

index.html 是整个应用的主界面，由于目前是单页面应用，所有的界面元素都实现在 index.html 中。index.html 需要加载 JavaScript 代码，也就是应用中的 index.js，所以需要在 index.html 进行如下实现：

```html
<!DOCTYPE html>
<html>
  <head>
    <title>第一个以太坊应用 MetaCoin</title>
  </head>
  <style>
    input {
      display: block;
      margin-bottom: 12px;
    }
  </style>
  <body>
  <div style="width:800px;margin: 0 auto;">
    <h1>MetaCoin — Example Truffle Dapp</h1>
    <p>You have <strong class="balance">loading...</strong> META</p>

    <h1>Send MetaCoin</h1>

    <label for="amount">Amount:</label>
    <input type="text" id="amount" placeholder="e.g. 95" />

    <label for="receiver">To address:</label>
    <input
      type="text"
      id="receiver"
      placeholder="e.g. 0x93e66d9baea28c17d9fc393b53e3fbdd76899dae"
    />

    <button onclick="App.sendCoin()">Send MetaCoin</button>

    <p id="status"></p>
    <p>
      <strong>Hint:</strong> open the browser developer console to view any
```

```
            errors and warnings.
        </p>
    </div>

        <script src="index.js"></script>
    </body>
</html>
```

<title>标签是浏览器中显示的该页面的标题，<style>标签是定义 CSS 信息，<script>标签是加载 JavaScript 脚本文件即 index.js。

2. 合约代码实现

由于 MetaCoin 合约较为简单，这里仅做初步的介绍。MetaCoin 合约完整的实现如下。

mapping 类似于哈希，是一种键值对的数据结构，"=>"左侧为输入的键的类型，右侧为查找的值的类型。这里使用 address 类型的账户地址去查找 uint 类型的 MetaCoin 余额。

constructor()为构造方法，在构造方法中初始化交易发起者的初始余额为 10 000。较新版本的 Solidity 编译器推荐使用 constructor()这种方式来声明构造方法，而不是使用传统的 function 的方式。

sendCoin()为发送 MetaCoin 的方法，当余额不足时将发送失败。本合约中有两种类型的方法：交易方法和 view 方法。交易方法是会改变以太坊状态的方法，也就是会修改状态变量的方法，执行这种方法也称为执行一笔交易，需要消耗 gas，这里的 sendCoin()方法就是一个交易方法。当使用 web3 来调用交易方法时，是无法获得该方法真正的返回值的。例如，sendCoin()方法返回的 bool 值在 web3 接口调用中其实是无法获取的，真正返回的值是一个储存交易信息的对象。但是在合约内部方法调用时，是可以获取交易方法的返回值的，所以这里可以使用 event 事件向 web3 返回数据，比如"发送失败"的字符串。

getBalance()方法就是一个 view 方法，只用来获取以太坊数据和变量的值，不会导致以太坊状态的改变。可以手动修饰一个方法为 view，如果方法没有 view 修饰，以太坊也会自动识别哪些方法是 view 方法。对于 view 方法，可以使用 web3 接口成功接收返回值，如 getBalance()方法返回的 uint 类型的余额，可以在 index.js 中接收到。

```
contract MetaCoin {
    // 根据账户地址查找账户余额
    mapping (address => uint) balances;
    // 初始账户余额为 10000
    constructor() public {
        balances[msg.sender] = 10000;
    }
    // event 事件向 web3 返回数据
    event Transfer(address indexed _from, string message);
    function sendCoin(address receiver, uint amount) public returns(bool sufficient) {
        if (balances[msg.sender] < amount) {
            // 发送失败
            emit Transfer(msg.sender, "MetaCoin 不足，发送失败");
```

```
                    return false;
                } else {
                    // 发送失败
                    balances[msg.sender] -= amount;
                    balances[receiver] += amount;
                    emit Transfer(msg.sender, "MetaCoin 发送成功");
                    return true;
                }
        }
        // 获取账户 MetaCoin 数量乘以 2
        function getBalanceInEth(address addr) public view returns(uint) {
            return ConvertLib.convert(getBalance(addr),2);
        }
        // 获取账户 MetaCoin
        function getBalance(address addr) public view returns(uint) {
            return balances[addr];
        }
}
```

3. index.js 实现

index.js 中处理所有的业务逻辑，所有的 web3 接口方法在这里调用。index.js 相当于一个中间层，接收前端页面的输入，并调用合约方法处理，然后接收合约方法的处理结果，并显示在页面上。

在页面被加载时，JavaScript 会执行 window.onload()方法，由于这里是私有链，且 Web3.providers.HttpProvider 不支持订阅 Transfer 事件，所以会启用 Web3.providers.WebsocketProvider 服务。

```
const App = {
    web3: null,
    account: null,
    meta: null,
    start: function() {...},
    refreshBalance: function() {...},
    sendCoin: function() {...},
    setStatus: function() {...},
    isAccountCorrect: function() {...}
}
window.App = App;
window.addEventListener("load", function() {
  if (window.ethereum) {
    App.web3 = new Web3(window.ethereum);
    window.ethereum.enable();
  } else {
    App.web3 = new Web3(
        // new Web3.providers.HttpProvider("http://127.0.0.1:9545"),
        new Web3.providers.WebsocketProvider('ws://localhost:9545'),
    );
  }
  App.start();
});
```

App 对象是前端业务中负责交易逻辑的对象，其中有 3 个属性（web3、account 和 meta）和 5 个方法。其中，web3 是 Web3 的一个实例对象，account 是当前账户，meta 是一个合约实例。

start()方法用来获取当前账户、合约实例以及余额信息。从编译好的 Meta.json 文件中获得构建合约需要的 ABI 以及部署网络地址，通过 web3.enth.Contract()实例化一个合约对象，并通过 web3.eth.getAccounts()方法获取当前以太坊客户端（私链）中的所有账户。这里设置 account 属性为账户数据中的第一个账户，也是后续发起合约方法的默认账户。

```
App = {
    ...
    start: async function() {
        const { web3 } = this;
        try {
            // 获取合约实例
            const networkId = await web3.eth.net.getId();
            const deployedNetwork = metaCoinArtifact.networks[networkId];
            this.meta = new web3.eth.Contract(
                metaCoinArtifact.abi,
                deployedNetwork.address,
            );
            // 获取账户
            try{
                const accounts = await web3.eth.getAccounts();
                if(accounts.length == 0) {
                alert("以太坊账户为空");
                return;
                }
                console.log("accounts", accounts);
                this.account = accounts[0];
                this.refreshBalance();
            } catch(err) {
                console.error("获取以太坊账户失败");
            }
        } catch (error) {
            console.error("不能连接到合约或区块");
        }
    },
    ...
}
```

refreshBalance()是用来刷新界面上显示的余额值的方法。getBalance 获取给定账户的余额数据。因为需要向合约发送账户信息，所以需要使用 call()方法调用，this.account 为发起交易的账户，该笔交易会使用该账户的私钥进行加密，balance 为接收到的账户余额数据。当出现发送信息错误时会捕捉到错误信息，并显示"获取余额失败"消息。在函数返回值中可以接收到 view 方法的返回值。

```
const App = {
    ...
    refreshBalance: async function() {
        const { getBalance } = this.meta.methods;
```

```
            try{
                const balance = await getBalance(this.account).call();
                const balanceElement = document.getElementsByClassName("balance")[0];
                balanceElement.innerHTML = balance;
            } catch(err) {
                console.log(err);
                this.setStatus("获取余额失败");
            }
        },
        ...
    }
```

sendCoin 函数用来发送 MetaCoin，当调用的是交易方法时，from 参数不能省略，必须显式地声明是由哪一个账户发起的。同时还需要一个 gas 参数，交易方法在以太坊上执行需要消耗一定量的 gas，当 gas 参数不指定时，会发送一个默认的 gas 值，一般情况下方法可以成功执行。但是当一个合约方法代码量较多时，可能会造成 OOG（out of gas）的报错，导致方法调用失败。解决方法就是显式地发送一个较大的 gas 值。在 meta.events.Transfer() 返回的 EventEmitter 对象用来获取本次交易的各种数据，同时，这里使用 alert 弹出对话框的方式显示出 event 事件返回值，方便观察。

```
const App = {
    ...
    sendCoin: async function() {
        const amount = parseInt(document.getElementById("amount").value);
        const receiver = document.getElementById("receiver").value;
        // 判断账户有效性
        if(await this.isAccountCorrect(receiver)) {
            this.setStatus("发送进行中，请等待……");
            const { sendCoin } = this.meta.methods;
            let self = this;
            this.meta.events.Transfer()
            .on("data", function(event) {
                // event 内包含了从交易返回的所有数据，event.returnValue 即可获得
                // 发送成功或失败的消息
                const _from = event.returnValues[0];
                const message = event.returnValues[1];
                alert("Transfer()事件返回: " + JSON.stringify(event));
                self.setStatus(message);
            }).on("error", function(error){
                console.log(error);
                self.setStatus("发送交易失败");
            });
            await sendCoin(receiver, amount).send({ from: this.account, gas: 1000000})
            this.refreshBalance();
        } else {
            this.setStatus("输入账户错误");
        }
    },
    ...
}
```

3.5.3   MetaCoin 应用运行

进行优化后，第一个以太坊应用的运行结果如图 3.9 到图 3.13 所示。

图 3.9   输入的以太坊账户错误

图 3.10   发送 MetaCoin

图 3.11 成功发送 MetaCoin

图 3.12 发送 MetaCoin

图 3.13 发送 MetaCoin 失败

3.6 部署至以太坊公有链（Mainnet）

本节将介绍如何将 3.5 节的应用部署到公有链上。以太坊中有几个测试链和一个主链，可以在 etherscan 网站查看这些区块链，其中 Ethereum Mainnet 就是以太坊的主链。在部署之前，首先要确认你的账户有足够多的以太币，毕竟部署的时候需要消耗以太币，那么我们就可以先在测试链（如 Ropsten、Rinkeby 或 Kovan 等）进行部署测试，看需要消耗多少以太币，然后再部署到主链上。

3.6.1 Infura

在部署以太坊智能合约前，你需要搭建自己的以太坊节点，而由于以太坊的区块数太多，成为全节点或轻节点的同步过程太过烦琐，所以推荐使用 Infura 提供的节点作为部署的目标，这样就无须搭建自己的以太坊节点了。不仅如此，Infura 不会管理你的私钥，这样就不会出现因为托管而导致的安全问题。同时，Infura 使用 HDWalletProvider 来签署交易，npm 上有关于此的依赖包。

Infura 的注册界面如图 3.14 所示。访问官方网站，填写表格信息注册账号，然后就可以选择必要的套餐。

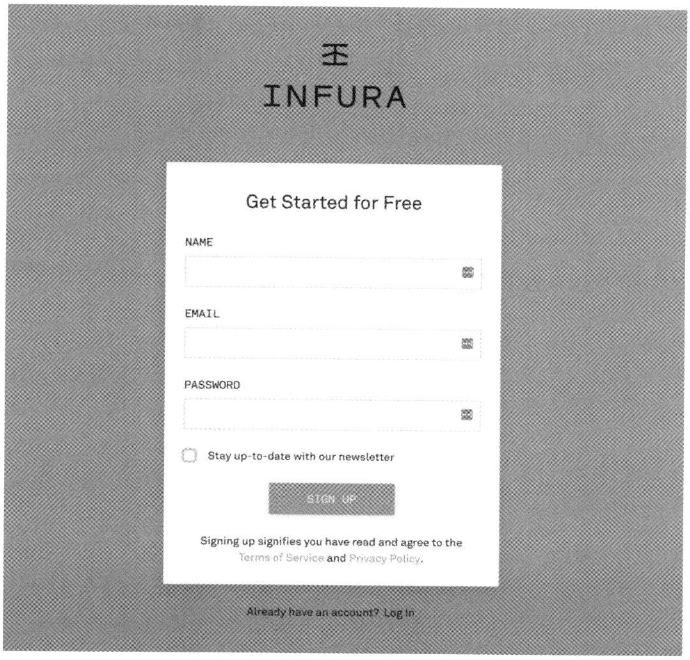

图 3.14　Infura 注册界面

通过 CREATE NEW PROJECT 就可以创建你的应用，点击 VIEW PROJECT 获得相应的信息，如图 3.15 所示。

图 3.15　Infura 创建项目

在 Project 页面中需要注意的相关信息有 PROJECT ID 和 PROJECT SECRET，如图 3.16 所示，这些会用到 truffle-config.js 文件中。

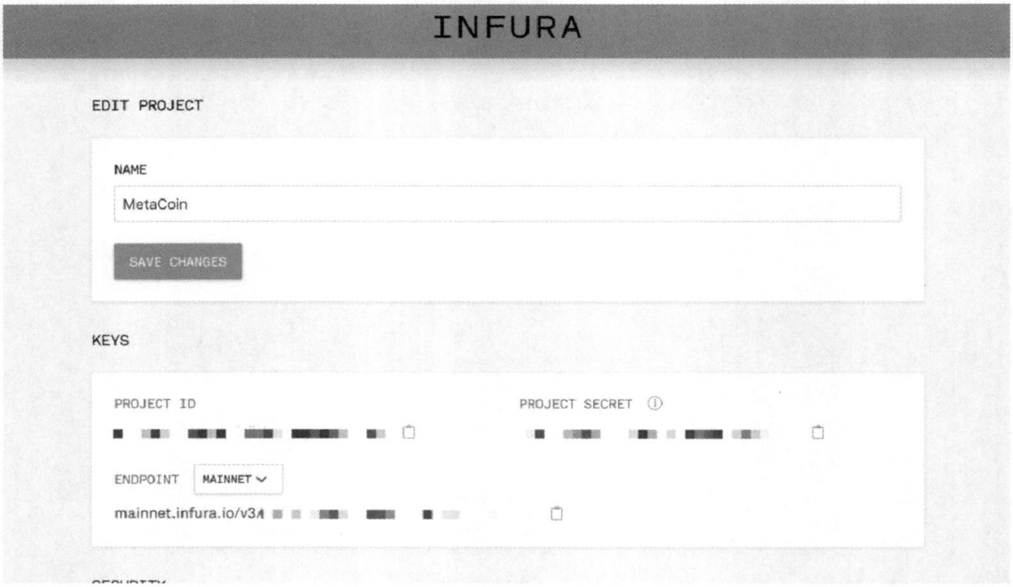

图 3.16　Project 相关信息

3.6.2　项目配置

首先通过以下命令安装 HDWalletProvider 依赖包：

```
npm install truffle-hdwallet-provider
```

然后在 MetaCoin 项目中找到 truffle-config.js，并添加以下信息：

```
const HDWalletProvider = require('truffle-hdwallet-provider');
const fs = require('fs');
const mnemonic = fs.readFileSync(".secret").toString().trim();
const projectID = fs.readFileSync(".projectID").toString().trim();
```

.secret 文件和.projectID 文件分别存储之前在 Infura 上的 PROJECT SECRET 和 PROJECT ID 数据。

最后在 networks 中添加关于 mainnet 的网络配置信息：

```
module.exports = {
    networks: {
    ...
    mainnet: {
        provider: () => new HDWalletProvider(mnemonic,
```

```
                `https://mainnet.infura.io/v3/${projectID}`),
            from: "0xb6109Df2ACBE91d5660bdecf28D960f0A5F07463",
            gas: 8500000,
            gasPrice: 20000000000,
            confirmations: 2,
            network_id: 1,
            websockets: true
        }
        ...
    }
}
```

注意一定要确保 from 中的地址是有以太币的，不然就会出现部署失败。

3.6.3　部署 MetaCoin

打开终端进入 MetaCoin 项目，输入以下命令即可部署至以太坊公链：

```
truffle migrate --network mainnet
```

在部署完成的最后会出现如下总结信息，即部署完成：

```
Summary
=======
> Total deployments:    3
> Final cost:           0.01486752 ETH
```

最后，另外开启一个终端，进入 App，输入 "npm run dev" 开启项目，在浏览器中输入 "localhost:8080"，会看到类似 3.5 节中的页面展示，但是 3.5 节中的交易数据是在私有链上的，而该项目中的任何交易都会写入以太坊的公有链中，因此相应的响应操作也需要几秒钟的等待。

如果你在页面中成功地进行了一些操作，那么说明你在以太坊公有链上已经成功搭建了一个完整的应用程序。

3.7　小结

本章首先介绍了如何搭建以太坊的开发环境，包括 Go 语言环境、Node.js 和 npm 的配置、solc 编译器的安装，以及如何使用以太坊 geth 客户端搭建私有链；接着讲解了以太坊智能合约开发的集成开发环境，包括 Mix IDE 和在线实时编译器；然后讲述了 JSON RPC 和 JavaScript API 两种以太坊编程接口，通过这两种接口可以实现和以太坊底层的交互，并实现合约方法的调用；随后讲述了目前主流的以太坊开发框架与流程，包括 Metero、Truffle 和商业化开发中的分层可扩展开发流程。最后介绍了一个较为完整的以太坊应用开发实例，并且将其搭建到了以太坊公有链上。

第 4 章

Hyperledger Fabric 深入解读

4

比特币被认为是区块链技术 1.0 时代的代表平台，随着以智能合约为主要特征的以太坊平台的诞生，区块链技术进入了 2.0 时代，而开源项目 Hyperledger Fabric 平台则标志着区块链技术 3.0 时代的到来。最新发布的 Fabric v1.4.1（LTS）提出了很多新的设计概念，添加了诸多新的特性，提供了高度模块化和可配置的架构，支持通用编程语言（如 Java、Go 和 Node.js）编写智能合约，支持可拔插的共识协议，使得基于该平台开发企业级应用得以变为现实，平台的关注度也越来越高。本章将带领读者走进 Hyperledger Fabric 的世界，探究基本的运行原理，从而加深对该平台的了解，为后续学习基于 Fabric 的应用开发技术打下基础。

4.1 项目介绍

Hyperledger 项目是致力于推进区块链数字技术和交易验证的开源项目，目标是让开源社区成员共同合作，建设开放平台，满足不同行业的用户需求，并简化业务流程。该项目通过创建分布式账本的公开标准，以实现虚拟和数字形式的价值交换。

4.1.1 项目背景

在区块链技术的支撑下，比特币等“数字加密货币”成为热点，它们的活跃用户数量及交易量与日俱增，发展速度远远超出人们的估计。许多创业者、公司和金融机构渐渐意识到了区块链技术的价值，普遍认为它可以有更大的应用前景，而不仅仅局限于“数字加密货币”领域。

为此，Vitalik 创立了 Ethereum 项目，希冀打造一个图灵完备的智能合约编程平台，让区块链爱好者可以更好更简单地构建开发区块链应用。继而，市场中涌现出了很多新型区块链应用，比如资产登记、预测市场、身份认证等各类应用。但是，当时的区块链技术自身仍存在着一些无法克服的问题。比如，首先交易效率低下，比特币整个网络只能支持每秒 7 笔左右的交易；其次，对于交易的确定性还无法得到很好的保证；最后，达成共识所采用的挖矿机制会造成很大的资源浪费。这些问题导致了当时的区块链技术无法满足大多数商业应用的需求。

因此，设计并实现一个满足商业需求的区块链平台成为当时区块链发展的一个关键。在社会各界的强烈呼声中，Linux 基金会开源组织于 2015 年 12 月启动了名为 Hyperledger 的开源项目，意在通过各方合作，共同打造区块链技术的企业级应用平台，以此来促进跨行业区块链的发展。

Hyperledger 在成立之初，就吸引了很多著名企业加入，如 IBM、思科、Intel 等科技互联网巨头，同时富国银行、摩根大通这类金融行业大鳄也成为第一批加入的成员。它的开发社区目前已经发展到超过 270 个组织。值得一提的是，项目成员中超过 1/4 的成员来自于中国的公司，比如趣链科技、小蚁、布比等新创区块链公司，同时也有万达、华为、招商银行等知名企业的参与。从成员阵容来看，Hyperledger 开源项目声势异常浩大，汇集了众多的各行各业企业精英，集体进行合作探讨解决方案，推进企业级区块链平台的发展。

Hyperledger 项目首次提出和实现完备的成员权限管理、创新的共识算法和可插拔的框架，对区块链相关技术和产业的发展都将产生深远的影响。实际上这已经说明区块链技术不单纯是一个开源技术了，它已经被其他行业的主流机构及市场正式认可。

4.1.2　项目简介

Hyperledger 项目是一个大型的开源项目，希望通过各方合作，共同促进和推进区块链技术在商业应用方面的发展。在组成结构上，包含了很多相关的具体子项目。这些子项目可以是一个独立的项目，也可以是与其他项目关联的项目，比如构建工具、区块链浏览器等。Hyperledger 对于子项目的形式并没有给出太大的约束，只要是有与之相关的好的想法，都可以向 Hyperledger 委员会发出申请提案。

项目官方地址托管在 Linux 基金会网站，代码托管在 Gerrit 上，并通过 GitHub 提供代码镜像。为了更好地管理子项目和发展项目，Hyperledger 项目成立了一个称为技术指导委员会（Technical Steering Committee，TSC）的机构，这也是 Hyperledger 项目的最高权力机构，子项目的管理以及整个项目生态的发展等重要决定都将由它执行。Hyperledger 项目在管理所属子项目时采用了一种生命周期的形式，赋予每个项目一个生命周期，方便项目的运行和管理。整个生命周期分为 5 个阶段，分别是提案（proposal）阶段、孵化（incubation）阶段、活跃（active）阶段、弃用（deprecated）阶段以及最后终止（end of Life）阶段。每个项目在开发运行过程中，一个时间点只会对应着一个阶段。当然，项目不一定会按照以上阶段顺序发展，项目可能会一直处于某个阶段，也可能会因为一些特殊原因在多个阶段之间进行变换。所有的项目需要重视包括交易、合同、一致性、身份、存储的技术场景在内的模块化设计，还需实现代码可读性以保障新功能和模块都可以很容易添加和扩展，并且需要不断增加和演化新的项目来满足日益深入的商业化需求和逐渐丰富的应用场景。

截止到本书编写时，Hyperledger 项目下共有 14 个子项目在运行中，详细信息如表 4.1 所示。

表 4.1　Hyperledger 子项目信息表

项　目　名	状　态	依　赖	描　述
Hyperledger Aries	孵化	Fabric	区块链点对点互动的基础设施
Hyperledger Burrow	孵化		许可的以太坊智能合约区块链
Hyperledger Caliper	孵化		区块链基准框架
Hyperledger Cello	孵化	Fabric (Sawtooth, Iroha)	区块链管理/运营
Hyperledger Composer	孵化	Fabric (Sawtooth, Iroha)	用于构建区块链业务网络的开发框架/工具
Hyperledger Explorer	孵化	Fabric (Sawtooth, Iroha)	区块链 Web UI
Hyperledger Fabric	活跃		Golang 中的分布式账本
Hyperledger Grid	孵化	Fabric	用于构建包含分布式账本组件的供应链解决方案的平台
Hyperledger Indy	活跃		用于分散身份的分布式账本
Hyperledger Iroha	活跃		C++中的分布式账本
Hyperledger Quilt	孵化		区块链、DLT 和其他类型账本的互操作性解决方案
Hyperledger Sawtooth	活跃		具有多语言支持的分布式账本
Hyperledger Transact Home	孵化		事务执行平台
Hyperledger Ursa	孵化		一个共享的加密库

接下来针对其中几个重要子项目进行进一步的介绍。

1. Fabric

Fabric 是一种区块链技术的实现，也是一种基于交易调用和数字事件的分布式共享账本技术。比起其他的区块链技术实现，它采用了模块化的架构设计，支持可插拔组件的开发与使用。其总账上的数据由多方参与节点共同维护，并且一旦被记录，账本上的交易信息永远无法被篡改，并支持通过时间戳进行溯源查询。对于其他公有链而言，Fabric 引入了成员管理服务，因此每个参与者均需要提供对应的证书证明身份才允许访问 Fabric 系统，同时引入多通道多账本的设计来增强系统的安全性和私密性。与以太坊相比，Fabric 采用了强大的 Docker 容器技术来运行服务，支持比以太坊更便捷、更强大的智能合约服务，以太坊只能通过提供的 Solidity 语言进行合约编写，而 Fabric 支持多语言的合约编写，例如 Go、Java 和 Node.js。除此之外，Fabric 还提供了多语言的 SDK 开发接口，让开发者可以自由、便捷地使用其所提供的区块链服务。本章后面将会深入分析 Fabric 的架构和运行。

2. Iroha

Iroha 是一个受 Fabric 架构启发而提出的分布式账本项目，该项目在 2016 年 10 月 13 日通过技术指导委员会的批准，进入孵化阶段，2017 年 5 月 18 日搬出孵化区。它旨在为 C++和移动应用开发人员提供 Hyperledger 项目的开发环境。该项目希望用 C++实现 Fabric、Sawtooth Lake 和其他潜在区块链项目的可重复使用组件，并且这些组件可以用 Go 语言进行调用。也就是说，Iroha 是对现有项目的一个补充，其长期的目标是实现一个健全的可重用组件库，使 Hyperledger 技术项目在运行分布式账本时，能自由地选择并使用这些可重复使用的元素。

3. Sawtooth Lake

Sawtooth Lake 于 2016 年 4 月 14 日通过 TSC 批准，2017 年 5 月 18 日搬出孵化区，是一个由 Intel 发起的模块化分布式账本平台实验项目，它专为多功能性和可扩展性而设计。Sawtooth Lake 提供了一个构建、部署和运行分布式账本的模块化平台，同时支持许可链和非许可链的部署。它包含了一个新的共识算法 PoET。PoET 与比特币采用的工作量证明算法一样，都是按照一定规则随机选取出一个节点，由该节点来作为区块的记账者，而其他节点则负责验证该区块和执行结果。不同的是，PoET 不需要消耗大量的算力和能耗，但是需要 CPU 硬件支持 SGX（software guard extensions）特性。由于 PoET 算法的硬件限制，因此目前暂时仅适合在生产环境中使用 PoET 算法。

4. Blockchain Explorer

Blockchain Explorer 项目旨在为 Hyperledger 创建一个用户友好的 Web 应用程序，用于查询 Hyperledger 区块链上的信息，包括区块信息、交易相关数据信息、网络信息、合约代码以及分布式账本中存储的相关信息。项目于 2016 年 8 月 11 日通过 TSC 批准，之后项目启动进入孵化阶段。

5. Cello

Cello 项目于 2017 年 1 月 5 日通过 TSC 的批准，进入孵化状态。Cello 项目致力于提供一种区块链即服务（blockchain as a service，BasS），以此减少手动操纵（创建和销毁）区块链的工作量。通过 Cello，操作者可以使用仪表盘（dashboard）来简单地创建和管理区块链，同时用户（合约代码开发者）可以通过单个请求立即获取区块链信息。也就是说，为操作者提供了一个简易便捷的区块链操作平台。

4.2　Fabric 简介

Hyperledger Fabric 是分布式账本技术（DLT）的独特实现，它可在模块化的区块链架构基础上提供企业级的网络安全性、可扩展性、机密性以及高性能。当前 Fabric 的最新版本为 v1.4.1（LTS），相比先前的 v0.6 版本，v1.4 版本针对安全、保密、部署、维护、实际业务场景需求等方面进行了很多改进，例如架构设计上的 Peer 节点的功能分离、多通道的隐私隔离、共识的可插拔实现等，功能上引入了 Raft 崩溃容错共识服务，改进可维护性和可操作性，加入私有数据支持等，都为 Fabric 提供了更好的服务支持。因此，本书后面关于 Fabric 的内容均将基于 v1.4 版本进行描述。

Hyperledger Fabric v1.4 具有以下特性。

❑ 身份管理（identity management）。Fabric 区块链是一个许可链网络，因此 Fabric 提供了一个成员服务（member service），用于管理用户 ID 并对网络上所有的参与者进行认证。在 Hyperledger Fabric 区块链网络中，成员之间可以通过身份信息互相识别，但是他们并不知道彼此在做什么，这就是 Fabric 提供的机密性和隐私性。

❑ 隐私和保密（privacy and confidentiality）。Hyperledger Fabric 允许竞争的商业组织机构和其他任意对交易信息有隐私和机密需求的团体在相同的许可链网络中共存。其通过通道来限制消息的传播路径，为网络成员提供了交易的隐私性和机密性保护。在通道中的所有数据，包括交易、成员以及通道信息都是不可见的，并且未订阅该通道的网络实体都是无法访问的。

❑ 高效的性能（efficient processing）。Hyperledger Fabric 按照节点类型分配网络角色。为了提供更好的网络并发性和并行性，Fabric 对事务执行、事务排序、事务提交进行了有效的分离。于排序之前执行事务可以使得每个 Peer 节点同时处理多个事务，这种并发执行极大地提高了 Peer 节点的处理效率，加速了交易到共识服务的交付过程。

❑ 函数式合约代码编程（chaincode functionality）。合约代码是通道中交易调用的编码逻辑，定义了用于更改资产所有权的参数，确保数字资产所有权转让的所有交易都遵守相同的规则和要求。

❑ 模块化设计（modular design）。Hyperledger Fabric 实现的模块化架构可以为网络设计者提供功能选择。例如，特定的身份识别、共识和加密算法可以作为可插拔组件插入 Fabric 网络中，基于此，任何行业或公共领域都可以采用通用的区块链架构，并确保其网络可跨市场、监管和地理边界进行互操作。

❑ 可维护性和可操作性（serviceability and operations）。日志记录的改进以及健康检查机制和运营指标的加入，使得 v1.4 版本在可维护行和可操作性上实现了巨大飞跃。新的 RESTful 运营服务为生产运营商提供三种服务来监控和管理对等节点和共识服务节点运营。第一种服务使用日志记录/logspec 端点，允许操作员动态获取和设置对等节点和共识服务节点的日志记录级别；第二种服务使用健康检查/healthz 端点，允许运营商和业务流程容器检查对等节点和共识服务节点的活跃度和健康情况；第三种服务使用运营指标/metrics 端点，允许运营商利用 Prometheus 记录来自对等节点和共识服务节点的运用指标。

4.3　核心概念

本节介绍 Hyperledger Fabric 所使用的核心概念。

- **锚节点**

Gossip 协议使用锚节点确保不同组织中的对等节点彼此了解。当提交包含锚节点更新的配置块时，对等节点能探测到锚节点并能获知锚节点已知的所有对等节点。由于组织间通过 Gossip 通信，因此通道配置中必须定义至少一个锚节点。每个组织都提供一组锚节点则可实现高可用性和减少冗余。

- **访问控制列表**

访问控制列表（ACL）将对特定对等节点资源（如系统合约代码 APIs 或事务服务）的访问与策略（指定所需的组织或角色的数量和类型）相关联。ACL 是通道配置的一部分，可使用标准配置更新机制更新。

- **区块**

区块包含一组有序的交易，由共识系统创建，由对等节点验证。在通道中以加密的方式先与前序区块链接，然后连接到后序区块。第一个区块被称为创世区块。

- **区块链**

区块链是一个交易日志，由交易区块经过哈希连接结构化得到。对等节点从共识服务收到交易区块后，基于背书策略和并发冲突，标注区块的交易为有效或者无效，并将区块追加到对等节点文件系统的哈希链中。

- **智能合约**

智能合约是由区块链网络外部客户端调用的代码，可以用于管理世界状态中键值对的访问和修改，安装在对等节点上，并在通道上实例化。智能合约也被称为合约代码。

- **通道**

通道是构建在 Fabric 网络上的私有区块链，由配置块定义，保障数据的隔离及隐私性。所有对等节点共享通道中特定的账本，交易方与账本的交互必须通过通道的正确性验证。

- **提交**

一个通道中的每个对等节点都会验证交易区块的有序性，然后将区块提交（写或附加）至该通道上账本的各个副本。对等节点也会标记交易是否有效。

- **并发控制版本检查**

并发控制版本检查（CCVC）可以保持通道中的对等节点状态同步。对等节点并行地执行交易，在交易提交至账本之前，对等节点会检查交易在执行期间读取的数据是否被修改。如若被修改，则引发 CCVC 冲突，该交易就会在账本中被标记为无效，其值不会更新到状态数据库中。

- **配置区块**

包含系统链（共识服务）或通道定义成员和策略的配置数据。对某个通道或整个网络的配置修改（比如，成员离开或加入）将导致生成一个新的配置区块并追加到适当的链上。这个配置区块会包含创始区块的内容加上增量。

- **共识**

共识用于确认交易的排序以及交易集本身的正确性。

- **同意集**

在 Raft 共识服务中，同意集是通道上积极参与共识机制的排序节点。如果系统通道上存在其他排序节点，但是不属于通道的一部分，则这些排序节点不属于通道的排序集。

- **联合体**

联合体是区块链网络上无序组织的集合。这些集合组建并加入通道，且拥有自己的对等节点，虽然区块链网络可以拥有多个联合体，但大多数网络只有一个联合体。在通道创建时，所有加入通道的组织必须是联合体的一部分。未在联合体中定义的组织可能会被添加到现有通道中。

- **世界状态**

世界状态也被称为账本的当前状态，表示区块链交易日志中所有 key 的最新值。对等节点将最近处理过的每笔交易对应修改的 value 值更新到账本的世界状态。由于世界状态可以直接访问 key 的最新值，而不是通过遍历整个交易日志，所以合约代码必须先知道 key-value 的世界状态，然后针对这个世界状态执行交易提案。

- **动态成员管理**

Fabric 支持在不影响整个网络操作性的情况下，动态添加/移除成员、对等节点和共识服务节点。动态成员管理在业务关系调整或因各种原因需添加/移除实体时至关重要。

- **创世区块**

创世区块是初始化区块链网络或通道的配置区块，也是区块链上的第一个区块。

- **Gossip 协议**

Gossip 数据传输协议有 3 项功能：管理对等节点，发现通道上的成员；通道上的所有对等节点间广播账本数据；通道上的所有对等节点间同步账本数据。

- **账本**

账本由区块链和世界状态组成。区块链不可变，一旦将一个区块添加到链中，它就无法更改。而世界状态是一个数据库，包含已由区块链中验证和提交事务集添加、修改或删除的键值集合的当前值。网络中每个通道都有一个逻辑账本，实际上，通道中每个对等节点都维护着属于自己的账本副本，这些副本通过共识过程与其他对等节点的副本保持一致，逻辑上是单一的，但在一组网络节点（对等节点和共识服务）中分布着许多相同的副本。术语分布式账本技术（DLT）通常与这种账本相关联。

- **追随者**

在基于领导者的共识协议（如 Raft）中，追随者复制由领导者生成的日志条目的节点。在 Raft 中，追随者也会收到领导者的"心跳"信息，如果领导者在可配置的时间内停止发送这些信息，追随者将发起领导者选举，其中一名追随者会被选为领导者。

- **领导者**

在基于领导者的共识协议（如 Raft）中，领导者负责提取新的日志记录，将其复制到追随者共识节点，并且管理记录何时被认为是已提交。

- **主要对等节点**

每个组织可以在它们订阅的通道上拥有多个对等节点，它们中至少有一个作为主要对等节点，以便代表该组织与网络共识服务通信。共识服务向通道上主要对等节点提供块，然后将其分发给同一组织内的其他对等节点。

- **日志记录**

日志记录是 Raft 共识服务中的主要工作单元，从领导者分发给追随者。这些记录的完整序列称为"日志"。如果所有成员就记录及其排序达成一致，则该日志被认为是一致的。

- **成员服务提供组件**

成员服务提供组件（MSP）是指为客户端节点和对等节点提供证书的系统抽象组件。客户端节点用证书来认证他们的交易；对等节点用证书认证其交易（背书）。该接口与系统的交易处理组件密切相关，旨在使已定义的成员身份服务组件以这种方式顺利插入，而不会修改系统的交易处理组件的核心。

- **成员管理服务**

成员管理服务在许可区块链上认证、授权和管理身份。在对等节点和排序服务节点中运行成员管理服务的代理。

- **排序服务或共识服务**

将交易排序放入区块的节点的集合。排序服务独立于对等节点流程之外，并以先到先得的方式为网络上所有的通道做交易排序。排序服务支持可插拔实现，目前默认实现了 Solo 和 Kafka。

- **组织**

组织也称为"成员"，由区块链服务提供商邀请加入区块链网络。组织通过将其 MSP 添加到网络加入网络。组织的交易端点是对等节点，一群组织形成一个联合体。虽然网络上的所有组织都是成员，但并非每个组织都会成为联盟的一部分。

- **节点**

维护账本并运行合约容器来对账本执行读写操作的网络实体。节点由成员拥有和维护。

- **策略**

策略是由数字标识（digital identity）的属性组成的表达式，如 Org.Peer 和 Org2.Peer，用于限制对区块链网络上资源的访问。策略可以在引导共识服务或创建通道之前定义，也可以在实例化通道上的合约代码时指定。

- **私有数据**

私有数据是存储在每一个授权对等节点的私有数据库中的机密数据，在逻辑上与通道账本数据分开。对私有数据的访问仅限于私有数据集上定义的组织。未经授权的组织只能在通道账本上拥有私有数据的哈希值，作为交易数据的证据。此外，为了进一步保护隐私，私有数据的哈希值通过共识服务而不是私有数据本身传递，从而使得私有数据对共识服务节点保密。

- **私有数据集**

私有数据集用于管理通道上两个或多个希望与该通道上其他组织保密的组织，描述了通道上有权存储私有数据的组织子集，只有这些组织能与私有数据交易。

- **Raft**

Raft 是 v1.4.1 新增的功能，基于 Raft 协议 etcd 库的崩溃容错（CFT）共识服务实现。Raft遵循"领导者和追随者"模型。与基于 Kafka 的共识服务相比，Raft 共识服务更容易设置和管理，并且允许组织为分布式共识服务贡献节点。

4.4　架构详解

Hyperledger 是当前业界较为认可的联盟链实现，作为其最重要的子项目，Fabric 备受关注。从孵化到发展至今，Fabric 的架构设计也在演进过程中逐渐地改进与完善。前面已经对 Fabric 做了基本内容与功能的介绍，接下来将开始深入探索 Fabric，对 Fabric 最新的总体架构进行分析，并通过与过往架构对比的方式探讨 Fabric 新架构的特点和优势。

4.4.1　架构解读

Fabric 在架构设计上采用了模块化的设计理念，从图 4.1 所示的整体逻辑架构来看，Fabric主要由 3 个服务模块部组成，分别是成员服务（membership service）、区块链服务（Blockchain service）和合约代码服务（Chaincode service）。其中，成员服务提供会员注册、身份管理和认证服务，使平台访问更加安全，且有利于权限管理；区块链服务负责节点之间的共识管理、账本的分布式计算、P2P 网络协议的实现以及账本存储，作为区块链的核心组成部分，为区块链的主体功能提供底层服务支撑；合约代码服务则提供一个智能合约的执行引擎，为 Fabric 的合约代码（智能合约）程序提供部署运行环境。同时在逻辑架构图中，还能看到事件流（event stream）贯穿三大服务组件间，它的功能是为各个组件的异步通信提供技术支持。在 Fabric 的接口部分，提供了API、SDK 和 CLI 这 3 种接口，用户可以用来对 Fabric 进行操作管理。

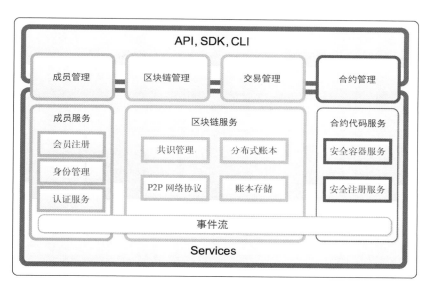

图 4.1 逻辑架构图

图 4.2 和图 4.3 分别展示了 Fabric 运行架构。v0.6 版本的结构非常简单，应用–成员管理–Peer 呈现三角形关系，系统所有的业务功能均由 Peer 节点完成。但是 Peer 节点承担了太多的业务功能，暴露出了扩展性、可维护性、安全性、业务隔离等方面的诸多问题。因此，在 v1.4 版本中，官方对架构进行了改进和重构，将共识服务部分从 Peer 节点中完全分离出来，独立形成一个新的节点，提供共识服务和广播服务。v1.4 版本还引入了通道的概念，实现多通道结构和多链网络，带来了更为灵活的业务适应性。同时还支持更强的配置功能和策略管理功能，进一步增强系统的灵活性。

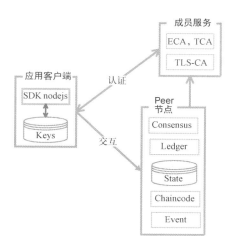

图 4.2 运行时架构（v0.6）

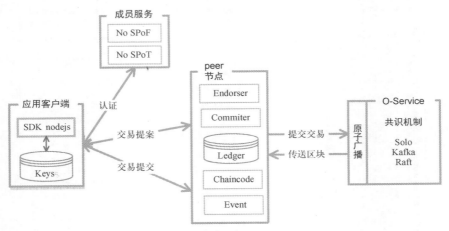

图 4.3   运行时架构（v1.4）

相比 v0.6 版本，新的架构使得系统在很多方面有很大的提升，主要有以下几大优势。

❑ 合约代码信任的灵活性（chaincode trust flexibility）。v1.4 版本从架构上，将合约代码的信任假设（trust assumptions）与共识服务（ordering service）的信任假设进行了分离。新版本的共识服务可以由一组单独的节点（orderer）来提供，甚至允许出现一些失效节点或恶意节点。而对于合约代码程序而言，它可以指定不同的背书节点，这极大地增强了合约代码的灵活性。

❑ 可扩展性（scalability）。在新的架构下，负责为指定合约代码背书的背书节点与共识节点是一种正交的关系，所以相比 v0.6 架构的所有业务功能都在 Peer 节点上执行，v1.4 版本架构的扩展性有了很大的提升。尤其是当不同的合约代码所指定的背书节点不存在交集时，系统可以同时进行多个合约代码程序的背书操作，这很好地提高了系统处理的效率。

❑ 机密性（confidentiality）。Mutichannel 的设计使得对内容和执行状态更新有机密性需求的合约代码的部署变得容易了。同时增加了对私有数据的支持，并且正在开发的零知识证明（ZKP）将在未来可用。

❑ 共识模块性（consensus modularity）。v1.4 架构将共识服务从 Peer 节点分离出来独自成为共识节点，共识服务被设计为可插拔的模块化组件，允许不同共识算法的实现来应用于复杂多样的商业场景。

4.4.2   成员服务

成员服务可以为 Fabric 的参与者提供网络上的身份管理、隐私性、保密性和认证服务。下面重点介绍 PKI 体系的相关内容及用户的注册过程。

1. PKI 体系

PKI（public key infrastructure，公钥基础设施）的目标就是实现不同成员在不见面的情况下进行安全通信，Fabric 当前采用的模型是基于可信的第三方机构，也就是证书颁发机构（certification authority，CA）签发的证书。CA 会在确认申请者的身份后签发证书，同时会在线提供其所签发证书的最新吊销信息，这样使用者就可以验证证书是否仍然有效。证书是一个包含公钥、申请者相关信息以及数字签名的文件。数字签名保证了证书中的内容不能被任何攻击者篡改，而且验证算法可以发现任何伪造的数字签名。这样公钥和身份被捆绑在一起，不能篡改，也不能伪造，就可以实现成员管理。

成员服务将 PKI 体系和去中心化共识协议结合在一起，将非许可区块链转变为了一个许可区块链。在非许可区块链中，实体不需要经过授权，网络中的所有节点并不存在角色区别，都是统一的对等实体，都拥有平等提交交易及记账的权利。而在许可区块链中，实体需要注册来获取长期的身份证书（例如注册证书），这个身份证书可以根据实体类型来进行区分。对于用户而言，在注册时，交易证书颁发机构（transaction certificate authority，TCA）会给注册的用户颁发一个匿名的证书；而对于交易来说，需要提交的交易需通过交易证书的认证，并且交易证书会一直存储在区块链上以供认证服务追溯交易使用。实际上，成员服务是一个认证中心，负责为用户提供证书认证和权限管理的功能，对区块链网络中的节点和交易进行管理和认证。

在 Fabric 的系统实现中，成员服务由几个基本实体组成，它们互相协作来管理网络上用户的身份和隐私。这些实体有的负责验证用户的身份，有的负责在系统中为用户注册身份，有的为用户在进入网络或者调用交易时提供所需的证书凭据。PKI 是一个基于公钥加密的框架体系，它不仅可以确保网络上的数据安全交换，而且还可以用来确认管理对方的身份。同时在 Fabric 系统中，PKI 还被运用于管理密钥和数字证书的生成、分发以及撤销。

通常情况下，PKI 体系包含证书颁布机构（CA）、注册机构（RA）、证书数据库和证书存储实体。其中，RA 是一个信任实体，它负责对用户进行身份验证以及对数据、证书或者其他用于支持用户请求的材料进行合法性审查，同时还负责创建注册所需的注册凭证。CA 则会根据 RA 的建议，给指定用户颁发数字证书，这些证书由根 CA 直接或分层进行认证。成员服务的详细实体如图 4.4 所示。

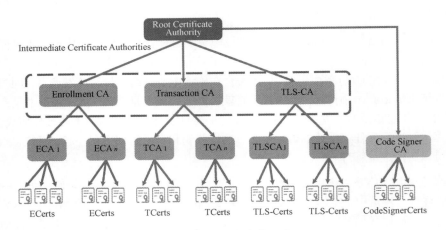

图 4.4　成员服务实体组成

下面针对图中的实体进行进一步介绍说明。

- □ Root Certificate Authority：根 CA，代表 PKI 体系中信任的实体，同时也是 PKI 体系结构中的最顶层认证机构。
- □ Enrollment CA（ECA）：在验证用户提供的注册凭证后，ECA 负责发出注册证书（ECerts）。
- □ Transaction CA（TCA）：在验证用户提供的注册凭证后，TCA 负责发出交易证书（TCerts）。
- □ TLS CA：负责颁发 TLS（transport layer security，传输层安全协议）证书和凭据，以允许用户使用其网路。
- □ ECerts（enrollment certificates）：ECerts 是长期证书，针对所有角色颁发。
- □ TCerts（transaction certificates）：TCerts 是每个交易的短期证书，由 TCA 根据授权的用户请求颁发。用户可以配置 TCerts 为不携带用户身份的信息从而匿名地参与系统，还可以防止事务的可链接性。
- □ TLS-Certs（TLS-Certificates）：TLS-Certs 携带其所有者的身份，用于系统和组件之间进行通信以及维护网络级安全。
- □ CodeSignerCerts（Code Signer Certificates）：负责对软件代码进行数字签名，标识软件来源及软件开发者的真实身份，以此保证代码在签名之后不被恶意篡改。

　　金融 IC 卡系统中也使用了 PKI 体系，它的架构如图 4.5 所示。与 Fabric 的 PKI 体系相比，它没有 TCert，每次交易都是使用 ECert 完成的，所以这个系统中的交易是没有匿名的。

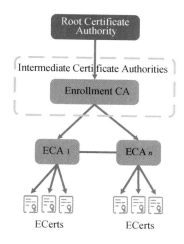

图 4.5 金融 IC 卡 PKI 架构

2. 用户/客户端注册过程

前面介绍了成员服务的 PKI 体系的实体及其基本功能，接下来针对具体的用户注册流程做一个简单的介绍。图 4.6 展示了一个用户登记流程的高层描述，它分为两个阶段：离线过程与在线过程。

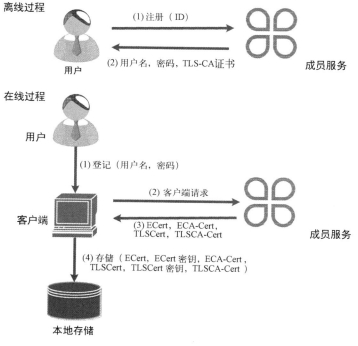

图 4.6 用户注册过程

- **离线过程**

(1) 每个用户或者 Peer 节点必须向 RA 注册机构提供身份证件（ID 证明），同时这个流程必须通过带外数据（out-of-band，OOB）进行传输，以提供 RA 为用户创建（和存储）账户所需的证据。

(2) RA 注册机构返回用户有关的用户名和密码，以及信任锚（包含 TLS-CA Cert）。如果用户可以访问本地客户端，那么客户端可以将 TLS-CA 证书作为信任锚的一种方式。

- **在线过程**

(1) 用户连接客户端以请求登录系统，在这一过程中，用户将用户名和密码发送给客户端。

(2) 用户端代表用户向成员服务发送请求，成员服务接受请求。

(3) 成员服务将包含几个证书的包发送给客户端。

(4) 一旦客户端验证完成所有的加密材料是正确有效的，它就会将证书存储于本地数据库中并通知用户，至此，用户注册完成。

4.4.3 区块链服务

区块链服务包含 4 个模块：共识管理、分布式账本、账本存储以及 P2P 网络协议。共识管理用于在多个节点的分布式复杂网络中使消息达成共识，分布式账本与账本存储负责区块链系统中所有的数据存储，比如交易信息、世界状态、私有数据等。而 P2P 网络协议则是网络中节点的通信方式，负责 Fabric 中各节点间的通信与交互。

1. P2P 网络

P2P 网络这种分布式应用架构是对等计算模型在应用层形成的一种组网或网络形式，用于对等实体间分配任务和工作负载。彼此连接的多台计算机在 P2P 网络环境中处于对等地位，有相同的功能，不分主从。一台计算机可作为服务器，设定供网络中其他计算机使用的共享资源，又可以作为工作站来请求服务。一般来说，整个网络不依赖专用的集中服务器，也没有专用的工作站。而区块链所处的分布式环境中，各个节点间本应该是平等的，天然适合 P2P 网络协议。

在 Fabric 的网络环境中，节点是区块链的通信实体。存在 3 类不同的节点，分别是客户端节点（Client）、Peer 节点（Peer）以及共识服务节点（Ordering Service Node 或者 Orderer）。

客户端节点代表着终端用户实体，它必须连接到 Peer 节点后才可以与区块链进行通信交互。同时客户端节点可以根据它自己的选择连接到任意的 Peer 节点上，创建交易和调用交易。在实际系统运行环境中，客户端负责与 Peer 节点通信提交实际交易调用，与共识服务通信请求广播交易的任务。

Peer 节点负责与共识服务节点通信来进行世界状态的维护和更新。它们会收到共识服务广播的消息，以区块的形式接收排序好的交易信息，然后更新和维护本地的世界状态与账本。与此同时，Peer 节点可以额外地担当背书节点的角色，负责为交易背书。背书节点的特殊功能是针对特定的交易设置的，在它提交前对其进行背书操作。每个合约代码程序都可以指定一个包含多个背书节点集合的背书策略。这个策略将定义一个有效的交易背书（通常情况下是背书节点签名的集合）的充要条件。需要注意的是，存在一个特殊情况，在安装新的合约代码的部署交易中，（部署）背书策略是由一个系统合约代码的背书策略指定的，而不能自己指定。

共识服务节点 Orderer 是共识服务的组成部分。共识服务可以看作一个提供交付保证的通信组织。共识服务节点的职责就是对交易进行排序，确保最后所有的交易以同样的序列输出，并提供送达保证服务的广播通信服务。关于共识服务，之后我们还将详细介绍。

谈完节点的类型，再来看看网络的拓扑结构。在 v0.6 版本中，整个网络由两类节点构成：VP（validating Peer）验证节点和 NVP 非验证节点。如图 4.7 所示，网络中包含了 4 个验证节点，并且每个节点还连接着 2 个非验证节点，整个网络的共识则由 4 个验证节点构成。在 v1.4 版本中，网络拓扑结构随着网络节点类型的变化也发生了很大的改变，其中共识服务节点一起组成共识服务，将共识服务抽离出来，而 Peer 节点中可以分为背书节点或者提交 Peer 节点，并且它们还可以进行分组，然后整个共识服务与 Peer 节点所构成的组一起形成新的完成网络。

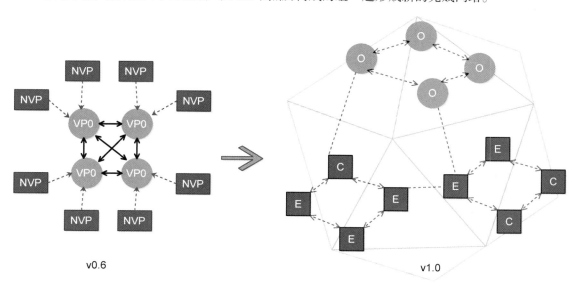

图 4.7 网络拓扑结构

同时，在 v1.0 之后的版本中，Fabric 引入了新的通道概念，共识服务上的消息传递支持多通道，使得 Peer 节点可以基于应用访问控制策略来订阅任意数量的通道。Peer 节点的子集可以被应用程序指定架设相关通道，指定相同通道的 Peer 节点组成集合，提交该通道的交易，而且只有这些 Peer 节点可以接收相关交易区块，与其他交易完全隔离。Fabric 支持多链与多通道，即系统中可以存在多个通道以及多条链，如图 4.8 所示。应用根据业务逻辑决定将每个交易发送到指定的一个或多个通道，不同通道上的交易不会存在任何联系。

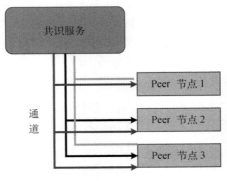

图 4.8　多通道结构

从 v1.2 开始，Fabric 能够在账本中创建私有数据集，允许通道上组织的子集能够认可、提交或查询私有数据，不用创建单独的通道就能实现通道上的一组组织的数据向其他组织保密的功能。实际的私有数据存储在授权组织的对等节点上的私有状态数据库中（有时候被称为 side 数据库或 SideDB），能被授权节点上的合约代码通过 Gossip 协议访问。共识服务不涉及其中也无法看到私有数据。由于 Gossip 协议在授权组织中对等分发私有数据，这需要在通道中建立锚节点，并在每个节点上配置 CORE_PEER_GOSSIP_EXTERNALENDPOINT，以便引导跨组织通信。私有数据的哈希值能够被认可、排序并写入通道上每个对等方的账本中，可作为交易的证据，用于状态验证，还可用于审计。

总的来说，Fabric 在节点和网络方面的一些重构和新特性使得 Fabric 的交易处理能力有了增强，而且很好地实现了隐私隔离。

2. 共识服务

网络中的 Orderer 节点聚集在一起形成了共识服务。它可以看作一个提供交付保证的通信组织。共识服务为客户端和 Peer 节点提供了一个共享的通信通道，还为包含交易的消息提供了广播服务的功能。客户端连接到通道后，可以通过共识服务广播消息将消息发送给所有的 Peer 节点。共识服务可以为所有消息提供原子交付保证，也就是说，在 Fabric 中共识服务保证了消息通信是序列化和可靠的。换句话说，共识服务输出给所有连接在通道上的 Peer 节点相同的消息，并且输出的逻辑顺序也是相同的。

共识服务可以有不同的实现方式，在 v1.4 版本中，Fabric 将共识服务设计成了可插拔模块，可以根据不同的应用场景配置不同的共识选项。目前，Fabric 提供了 3 种模式实现：Solo、Kafka 和 Raft。

Solo 是一种部署在单个节点上的简单时序服务，主要用于开发测试，它只支持单链和单通道。

Kafka 是一种支持多通道分区的集群共识服务，可以支持 CFT（crash faluts tolerance）。它容忍部分节点宕机失效，但是不能容忍恶意节点。其基本实现基于 Zookeeper 服务，使用的分布式环境中要求总节点数与失效节点数满足 $n \geq 2f+1$。Raft 遵循"领导者和追随者"模型，每个通道都选举一个"领导者"，它的决定将被复制给"追随者"，支持 CFT。只要总节点数与失效节点数满足 $n \geq 2f+1$，它就允许包括领导者在内的部分节点宕机失效。与基于 Kafka 的共识服务相比，Raft 应该更容易设置和管理，并且它们的设计允许组织为分散的共识服务贡献节点。

3. 分布式账本

区块链技术从其底层构造上分析，可以视为一种共享账本技术。账本是区块链的核心组成部分，在区块链的账本中存储了所有的历史交易和状态改变记录。在 Fabric 中，每个通道都对应着一个共享账本，而每个连接在共享账本上的 Peer 节点，都能参与网络和查看账本信息，即它允许网络中的所有节点参与和查看账本信息。账本上的信息是公开共享的，并且在每个 Peer 节点上都维持着一份账本的副本。图 4.9 展示了 Fabric 账本的结构。

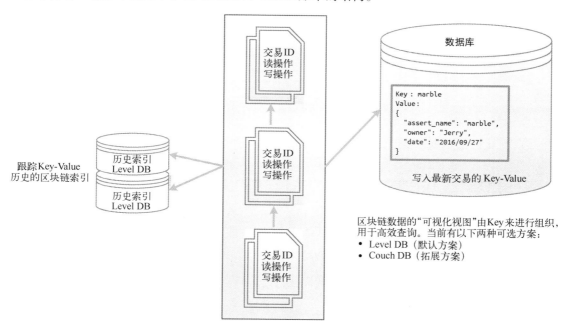

图 4.9　共享账本结构

从图中可以看出，共享账本以文件系统的形式存储于本地。共享账本由两部分组成：图中链式结构的 Chain 部分和图中右边存储状态数据的 State 部分。其中，Chain 部分存储着所有交易的信息，只可添加查询，不可删改。State 部分存储着交易日志中所有变量的最新值，因为它表示的是通道中所有变量键值对的最新值，所以有时称为"世界状态"。

合约代码调用执行交易来更改目前的状态数据，为了使这些合约代码高效交互，设计将最新的键值对数据存储于状态数据库中。默认的状态数据库采用的是 Level DB，但是可以通过配置切换到 Couch DB 或者其他数据库。

4.4.4 合约代码服务

合约代码服务提供了一种安全且轻量级的方式，沙箱验证节点上的合约代码执行，提供安全容器服务以及安全的合约代码注册服务。其运行环境是一个"锁定"和安全的容器，合约代码首先会被编译成一个独立的应用程序，运行于隔离的 Docker 容器中。在合约代码部署时，将会自动生成一组带有签名的智能合约的 Docker 基础镜像。在 Docker 容器中，合约代码与 Peer 节点的交互过程如图 4.10 所示。

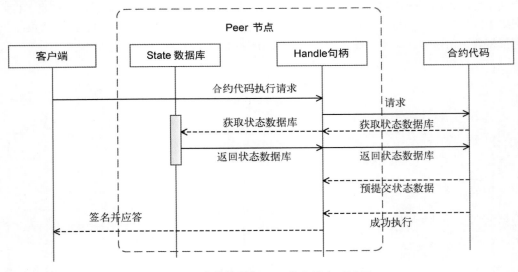

图 4.10   合约代码与 Peer 节点的交互过程

步骤如下。

(1) Peer 节点收到客户端发来的合约代码执行请求后，通过 gRPC 与合约代码交互，发送一个合约代码消息对象给对应的合约代码。

(2) 合约代码通过调用 Invoke()方法，执行 GetState()操作和 PutState()操作，向 Peer 节点获取账本状态数据库和发送账本预提交状态数。若要读取和写入私有数据，则通过 GetPrivateDate()和 PutPrivateDate()方法。

(3) 合约代码执行成功后，将输出结果发送给 Peer 节点，背书节点对输入和输出信息进行背书签名，完成后应答给客户端。

关于具体的合约代码分析与编写，我们将在下一节进行详细介绍。

4.5　合约代码分析

通过前述的架构解读，可以得知合约代码服务是 Fabric 架构中的核心组成部分，本节将进一步研究合约代码服务中所运行的合约代码，介绍如何编写、部署及调用具体的合约代码。

4.5.1　合约代码概述

合约代码是区块链上运行的一段代码，是 Fabric 中智能合约的实现方式。同时在 Fabric 中，合约代码还是交易生成的唯一来源。共享总账是由区块连接而成的一条不断增长的哈希链，而区块中包含了以 Merkle 树的数据结构表示的所有的交易信息，可以说交易是区块链上最基础的实体单元。那么交易又是怎样产生的呢？交易只能通过合约代码调用操作而产生，所以合约代码是 Fabric 的核心组件，也是与共享账本交互的唯一渠道。

目前，Fabric 支持使用 Java、Go 和 Node.js 语言通过实现接口的方式来编写合约代码。按照 Fabric 的设计，位于/core/chaincode 目录下的 shim 包是提供合约代码开发的 SDK，理论上可以独立使用，但目前或许因为需要调用某些其他依赖模块，还不能很好地独立出来。

Fabric 中的合约代码运行在 Peer 节点上，并且与合约代码相关的操作诸如部署、安装、调用等也都是在 Peer 节点上进行的。合约代码通过 SDK 或者 CLI 在 Fabric 网络的 Peer 节点上进行安装和初始化，使用户与 Fabric 网络的共享账本之间的交互成为可能。目前，合约代码的节点运行模式有两种：一般模式和开发模式。一般模式是系统默认模式，合约代码运行于 Docker 容器中。运用 Docker 容器来运行 Fabric 系统，这样就给 Fabric 系统和合约代码的运行提供了一个隔离的环境，可以提高整个系统的安全性。但是在这种模式下，对于开发人员而言，开发调试过程非常复杂和麻烦，因为每次修改代码之后都需要重新启动 Docker 容器，这会极大地降低程序开发的效率。因此，考虑到开发人员的效率问题，Fabric 提供了另外一种运行模式，即开发模式。在开发模式下，合约代码不再运行于 Docker 容器中，而是直接在本地部署、运行、调试，极大地简化了开发过程。

4.5.2　合约代码结构

合约代码是 Fabric 开发中最主要的部分之一，通过合约代码可以实现对账本和交易等实体的交互与操作，同时实现各种业务逻辑。目前，合约代码支持使用 Go、Java 和 Node.js 语言进行编写，通过实现合约代码接口的方式来编写合约代码程序。下面以 Go 语言为例进行介绍。

合约代码的结构主要包括以下 3 个方面。

1. 合约代码接口

在 Fabric v1.4 版本中，合约代码接口包含两个方法：Init()方法和 Invoke()方法。Init()方法会在第一次部署合约代码时进行调用，有点类似于类中的构造方法。就如同其方法名所表达的，

Init()方法中一般执行一些合约代码需要的初始化操作。Invoke()方法则是在调用合约代码方法进行一些实际操作时调用，每次调用会被视为一次交易执行。详细的交易流程将在 4.6 节进行介绍。Go 语言中的合约代码接口代码如下所示：

```
Type Chaincode interface {
    // 初始化工作，一般情况下仅被调用一次
    Init(stub ChaincodeStubInterface) pb.Response
    // 查询或更新 world state，可被多次调用
    Invoke(stub ChaincodeStubInterface) pb.Response
}
```

2. API 方法

当合约的 Init 或者 Invoke 接口被调用时，Fabric 传递给合约 shim.ChaincodeStubInterface 参数并返回 pb.Response 结果，这些参数可以通过调用 API 方法去操作账本服务，产生交易信息或者调用其他的合约代码。

目前 API 方法定义在/core/chaincode 目录下的 shim 包中，并且可以由以下命令生成：

godoc github.com/hyperledger/fabric/core/chaincode/shim

主要的 API 方法可以分为 6 类，分别是 State 读写操作、Args 读写操作、Transaction 读写操作、PrivateData 读写操作、合约代码相互调用以及 Event 设置。表 4.2 展示了这些方法及其对应的功能。

表 4.2　API 方法及功能

API 方法	功 能
GetState(key string)	获取最新 state
PutState(key string, value []byte)	新增 state
DelState(key string)	删除 state
GetStateByRange(startKey, endKey string)	获取 state
GetStateByPartialCompositeKey(objectType string, keys []string)	获取 state
GetStateValidationParameter(key string)	获取 state 验证参数
GetStateByRangeWithPagination(startKey,endKey string, pageSize int32,bookmark string)	分页获取 state
GetStateByPartialCompositeKeyWithPagination(objectType string, keys []string,pageSize int32, bookmark string)	分页获取 state
GetQueryResult (query string)	查询结果
GetHistoryForKey(key string)	查询历史
CreateCompositeKey(objectType string, attributes []string)	创建复合键
SplitCompositeKey(compositeKey string)	切割复合键
GetArgs()	读取参数
GetStringArgs()	读取参数字符串

（续）

API 方法	功　　能
GetFuncGonAndParameters()	读取函数和参数
GetArgsSlice()	读取参数切片
GetCreator()	读取创建者
GetTransient()	读取交易信息
GetBinding()	读取 Bind
GetTxTimestamp()	读取时间戳
GetTxID()	读取交易 ID
InvokeChaincode	调用合约代码
(chaincodeName string, args [][]byte, channel string)	
SetEvent(name string, payload []byte)	设置事件流
GetChannelID()	获取通道 ID
SetStateValidationParameter(key string, ep []byte)	设置状态验证参数
GetQueryResultWithPagination(query string, pageSize int32, bookmark string)	分页获取查询结果
GetPrivateData(collection, key string)	获取私有数据
PutPrivateData(collection string, key string, value []byte)	新增私有数据
DelPrivateData(collection, key string)	删除私有数据
SetPrivateDataValidationParameter(collection, key string, ep []byte)	设置私有数据验证参数
GetPrivateDataValidationParameter(collection, key string)	获取私有数据验证参数
GetPrivateDataByRange(collection, startKey, endKey string)	获取私有数据
GetPrivateDataByPartialCompositeKey(collection, objectType string, keys []string)	获取私有数据
GetPrivateDataQueryResult(collection, query string)	私有数据查询结果
GetDecorations()	获取附加数据
GetSignedProposal()	获取签名身份信息
NewLogger(name string) *ChaincodeLogger	新建日志
Start(cc Chaincode)	启动合约代码
SetLoggingLevel(level LoggingLevel)	设置日志级别

3. 合约代码返回信息

合约代码是以 protobuffer 的形式返回的，定义如下所示：

```
message Response {
// 状态码
    int32 status = 1;
    // 响应码信息
    string message = 2;
    // 响应内容
    bytes payload = 3;
}
```

合约代码还会返回事件信息，包括 Message events 和 Chaincode events，定义如下所示：

```
messageEvent {
    oneof Event {
        Register register = 1;
        Block block = 2;
        ChaincodeEvent chaincodeEvent = 3;
        Rejection rejection = 4;
        Unregister unregister = 5;
    }
}
messageChaincodeEvent {
    string chaincodeID = 1;
    string txID = 2;
    string eventName = 3;
    bytes payload = 4;
}
```

一旦完成了合约代码的开发，有两种方式可以与合约代码交互：通过 SDK 或者通过 CLI 命令行。通过 CLI 命令行的交互将在下一节进行介绍，SDK 的交互可以参考第 5 章的案例。

4.5.3　CLI 命令行调用

编写完合约代码之后，就要了解如何部署合约代码以及如何调用合约代码。要想进行部署合约代码等相关操作，必然需要启动 Fabric 系统。Fabric 提供了 CLI 接口，支持以命令行的形式完成与 Peer 节点相关的操作。通过 CLI 接口，Fabric 支持 Peer 节点的启动停止操作、合约代码的各种相关操作以及通道的相关操作。

当前 Fabric 所支持的 CLI 命令如表 4.3 所示。

表 4.3　CLI 命令

命令行参数	功　能	命令行参数	功　能
Version	查看版本信息	chaincode package	合约代码打包
node start	启动节点	chaincode query	合约代码查询
node status	查看节点状态	chaincode signpackage	合约代码签名
logging getlevel	获取日志级别	chaincode upgrade	合约代码更新
logging setlevel	获取日志级别	chaincode list	合约代码列表
logging getlogspec	获取日志规范	channel create	创建通道
logging setlogspec	设置日志规范	channel fetch	获取通道
logging revertlevels	恢复级别	channel join	加入通道
help	帮助	channel list	通道列表
chaincode install	合约代码安装	channel update	通道更新
chaincode instantiate	合约代码实例化	channel signconfigtx	签署通道配置
chaincode invoke	合约代码调用	channel getinfo	获取通道信息

其中 logging getlevel、logging setlevel 及 logging revertlevels 不推荐使用，将在后续的版本中删除。

同时通过以下命令，可查看更多与 peer 命令相关的信息。

```
# 此命令需要
cd /opt/gopath/src/github.com/hyperledger/fabric
build /bin/peer

# 或者进入启动网络后进入 cli 容器
docker exec -it cli bash
# 进入 cli 容器后运行 peer 命令
peer
```

在运行以上命令之后，将看到如图 4.11 所示的信息。

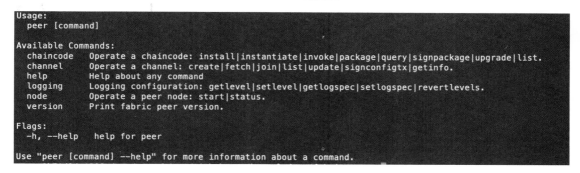

图 4.11　peer 命令行参数

可以按照图中所示，运行 peer [command] -help 命令查看更详细的命令介绍信息。

4.5.4　合约代码执行泳道图

合约代码执行过程如图 4.12 所示，具体介绍如下。

- 客户端（SDK/CLI）创建交易提案，包含合约代码函数和调用参数，并以 proto 消息格式发送到背书节点。
- 背书节点调用 shim 包的方法创建合约代码仿真交易执行内容。
- 背书节点初始化合约、调用参数，基于读取和写入的 key 生成读写操作集。
- 背书集群节点模拟提案执行：执行读操作，向账本发送查询状态数据库的请求；模拟写操作，获取 key 的 value 值版本号，模拟更新状态数据。
- 若返回执行成功，则执行背书操作；若返回失败，则推送错误码 500。
- 背书节点对交易结果执行签名，将提案结果返回给客户端（SDK/CLI），提案结果包括执行返回值、交易结果、背书节点的签名和背书结果（同意或拒绝）。

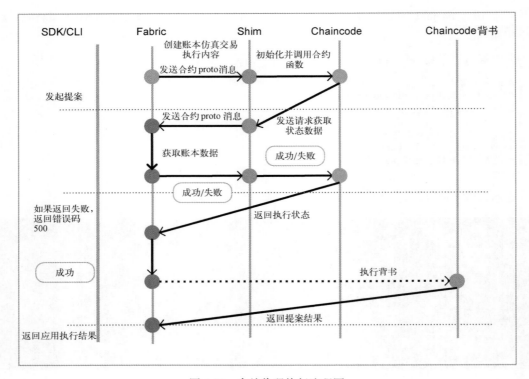

图 4.12　合约代码执行流程图

关于合约代码编写的内容，可以查看项目/examples/chaincode/下的示例合约代码了解更多。

4.6　交易流程

本节主要通过翻译 Hyperledger Fabric 官方文档中的架构，分析 Fabric 中的交易背书过程，首先介绍了 Fabric 交易背书过程的机制，然后通过一个简单的案例描述了其通用流程，之后详细分析背书过程，最后简单地介绍了 Fabirc 的背书策略以及验证账本和 PeerLedger 检查点的使用。

4.6.1　通用流程

在 Fabric 系统中，交易就是一次合约代码的调用，可能有如下两种类型。

❑ 部署交易：部署交易使用一个程序作为参数创建新的合约代码，成功执行部署交易后，合约代码被安装到区块链上。

❑ 调用交易：调用交易在先前部署的交易上下文中执行合约代码以及它所提供的功能，当成功执行调用交易时，合约代码执行指定的函数，可能修改相应账本的状态,并返回输出。

区块链中执行的交易会打包成区块，区块连接起来就形成了共享账本中的哈希链。本节将介绍 Fabric 系统中一次交易的执行流程。为了更好地理解 Fabric 系统的交易背书过程，本节将先使用一个简单的图示案例来展示一次成功的交易执行过程。

首先在这个图示案例中，需要做一些假设，也就是真实开发时需要进行的配置工作。假设如下。

❑ 节点类型：E0、E1、E2、E3、E4、E5 均为 Peer 节点，其中特殊的是，E0、E1、E2 为此次交易的背书节点，Ordering Service 为共识服务节点组成的共识服务。

❑ 通道配置：本案例中存在两个通道，其中 E0、E1、E2、E3 均连接在同一个通道 Channel1 中，而 E4 和 E5 位于另一个通道 Channel2 中。

❑ 背书策略：E0、E1 必须签名背书，E2、E3、E4、E5 则不属于策略。

做好假设之后，开始案例流程，如图 4.13 所示。

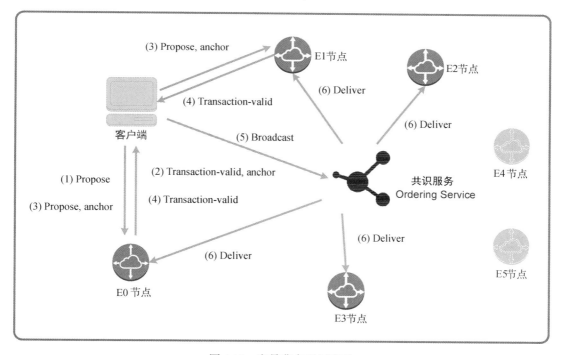

图 4.13　交易背书通用流程

（1）客户端应用通过 SDK 发送出一个交易提案（transaction propose）给背书节点 E0。它用来接收智能合约中相关功能函数的请求，然后更新账本数据（即资产的键/值）。同时在发送前客户端会将这一交易提案打包为一种可识别的格式（如 gRPC 上的 protocol buffer），并使用用户的加密凭证为该交易提案签名。

(2) 背书节点 E0 收到客户端发送的交易提案之后，将先验证客户端签名是否正确，然后将交易提案的参数作为输入模拟执行，执行操作会生成包含执行返回值、读操作集合和写操作集合的交易结果（此时不会更新账本），再对这个交易提案进行背书操作，附上 anchor 信息发送回客户端。若这个交易提案中的数据带有私有数据，那么背书节点 E0 会先将私有数据存储到本地的临时数据库中，再通过 Gossip 协议向其他授权对等节点传播，只有传播到一定数量，背书节点才能向客户端返回交易结果，交易结果中不携带私有数据，只是私有数据键值对的哈希值。

(3) 客户端想要进一步得到 E1 的认可，因此需要发送交易提议给 E1，并且此时可以决定是否附上从 E0 处得到的 anchor 信息。

(4) 背书节点 E1 与先前 E0 的方式一样，验证客户端签名，验证之后模拟执行，再将验证后的 Transaction-valid 信息发送回客户端。

(5) 客户端会一直等待，直到收集到了足够的背书信息之后，将交易提案和结果以广播的形式传给共识服务。交易中包括 readset、背书节点的签名、通道 ID 以及私有数据的哈希值。共识服务并不会读取交易的详细信息，而是对接收到的交易信息按通道分类进行排序，打包生成区块，因此共识服务无法看到私有数据。

(6) 共识服务会将达成一致的交易打包进区块并传送给连接在这一通道上的所有节点，E4 和 E5 接收不到任何消息，因为它们没有连接在当前交易的通道上。

(7) 各节点验证收到的区块，验证是否满足背书策略以及验证账本上的状态值是否改变来判断交易是否有效。验证成功之后更新账本和世界状态，然后节点会通过事件机制通知客户端交易是否已被加入区块链和交易是否有效。若区块中含有私有数据的哈希值，在验证成功之后将临时数据库中的私有数据存入私有数据库。

4.6.2　流程详解

在 Fabric 中，交易是就指是一次合约代码调用，下面将详细分析一次交易背书的过程。

1. 客户端发送交易提议给指定背书节点

为了调用一个交易，客户端会向它所选择的一组背书节点发送一个 PROPOSE 消息（这些消息可能不是同时发送的，比如上一节的例子）。对于如何选择背书节点集合，client 可以通过 Peer 使用给定 chaincodeID 的背书节点集合，反过来也可以通过背书策略获取背书节点集合。例如，这个交易会被客户端通过 chaincodeID 发送给所有相关的背书节点。除此之外，某些背书节点存在离线或反对的可能，所以存在不签署该交易的背书节点。提交客户端会通过有效的背书节点来尽力满足背书策略。

本节将首先对 PROPOSE 消息的格式进行介绍，然后介绍提交客户端和背书节点间可能的交互模式。

(1) PROPOSE 消息格式

一条 PROPOSE 的格式为 PROPOSE = <PROPOSE, tx, [anchor]>，包含两个参数，tx 交易消息字段是必需的，anchor 是可选的参数。下面对这两个参数进行详细分析。

tx 参数包含了与交易相关的各种信息，字段格式如下。

tx=<clientID, chaincodeID, txPayload, timestamp, clientSig>

❏ clientID：提交客户端 ID
❏ chaincodeID：调用合约代码 ID
❏ txPayload：包含交易信息的载体
❏ timestamp：时间戳
❏ clientSig：客户端签名

而对于 txPayload 字段，调用交易和部署交易的详细信息会有些不同。

如果当前交易是调用交易，txPayload 只包含 2 个字段。

txPayload = <operation, metadata>

❏ operation：指合约代码调用的函数和参数
❏ metadata：指与此次调用相关的其他属性

如果当前交易是部署交易，txPayload 还将还将包含一个 policies 字段。

txPayload = <source, metadata, policies>

❏ source：指合约代码的源代码
❏ metadata：指与此次调用相关的其他属性
❏ policies：指与合约代码相关的策略，例如背书策略

anchor 参数中包含了 readset（一个从原始账本中读取到的版本依赖键值对集合），也就是世界状态中的版本化依赖。如果客户端发送的 PROPOSE 消息中携带了 anchor 参数，那么背书节点还需要验证 anchor 参数中是否与本地匹配。

同时 tx 字段的加密哈希 tid 还会被所有节点用来作为交易的标识（tid=HASH(tx)），并且客户端会将它存储在内存中一直等待背书节点响应。

(2) 消息模式

因为客户端的消息是需要发送给一组背书节点的，所以对于它的发送顺序是可以由客户端控制的。例如，通常情况下，客户端会先发送给单个背书节点不携带 anchor 参数的 PROPOSE 消息，背书节点接收后，会处理消息并加上 anchor 参数返回给客户端。然后客户端将携带 anchor 参数的 PROPOSE 消息发送给剩下的其他背书节点。而另一种模式，客户端会直接将不携带 anchor 参数的 PROPOSE 消息发送给背书节点集合，等待它们的返回。客户端可以自由选择消息模式来进行与背书节点间的交互。

2. 背书节点模拟交易执行，产生背书签名

背书节点收到客户端的<PROPOSE,tx,[anchor]>消息之后，它会先验证客户端的签名，验证通过后就会模拟执行交易的内容。需要注意的是，如果客户端指定了 anchor 字段，那么需要验证本地 KVS 中相应键的值，只有与 anchor 参数中的一致时，背书节点才会模拟执行交易。

模拟执行将会通过调用 chaincodeID 对应的合约代码来试验性地执行 txPayload 中的操作，同时还会获取背书节点本地维护的世界状态的一个副本。在执行完成后，背书节点会更新 readset 和 writeset（存储着状态更新）两个键值对的集合的信息，这个机制在 DB 数据库中也被称为 MVCC+postimage 信息。具体键值对操作如下。

给定背书节点执行交易之前的状态 s，对于交易读取的每个键 k，(k,s(k).version)将会被添加到 readset 中。对于交易修改的每个键 k，(k,v')将会被添加到 writeset 中，其中 v'是更新后的新值。另外，v'也可以是相对于之前值(s(k).value)的差值。

在模拟执行之后，Peer 节点会根据所谓的背书逻辑来决定是否为这一交易进行背书，默认情况下，Peer 节点会接收 tran-proposal 消息并简单地为其签名。然而背书逻辑可以被设置，例如，Peer 节点会将 tx 作为输入，与遗留系统进行交互，来决定是否为这一交易背书。

如果决定为这一交易背书，它就会发送<TRANSACTION-ENDORSED, tid, tran-proposal, epSig>消息给客户端。

tran-proposal := (epID,tid,chaincodeID,txContentBlob,readset,writeset)

❑ txContentBlob：交易信息 txPayload
❑ epSig：背书节点的签名

如果拒绝为这一交易背书，它则会发送(TRANSACTION-INVALID, tid, REJECTED)消息给客户端。

需要注意的是，背书节点模拟执行不会更改任何的哈希链与世界状态信息，它只是模拟执行，然后将操作所引起的状态改变存储于 writeset 中。

3. 客户端收集交易背书后并通过共识服务广播

在一定的时间间隔内，如果客户端收到了足够多的背书节点发回的背书消息（TRANSACTION-ENDORSED, tid, *, *），则背书策略被满足，那么这笔交易就会被认为背书成功，需要注意的是此时还没有提交。否则，如果一定时间间隔内没有收到足够多的背书消息，那么客户端就会抛弃该笔交易或者稍后进行重试。

对于有效的背书成功的交易，客户端会通过 broadcast(blob)方法调用共识服务，其中 blob 指的就是背书消息。如果 client 没有直接调用共识服务的能力，它可以选择某个 Peer 节点代理调用，当然这个 Peer 节点必须是可信的，否则这个交易可能会被视为背书无效。

4. 共识服务传送区块给 Peer 节点

在共识服务对交易进行排序并达成区块之后，共识服务将会触发 deliver(seqno, prevhash, blob)事件，然后将这一区块广播给所有链接在 Fabric 和同一通道上的 Peer 节点。

Peer 节点在收到共识服务广播的区块之后会进行两类校验。

第一类是通过(blob.tran-proposal.chaincodeID)指向的合约代码所包含的背书策略来验证 blob.endorsement 是否有效；第二类则是在完成第一类验证之后，还将会验证 blob.endorsement. tran-proposal.readset 集合是否正确。

针对 readset 集合的验证，根据一致性和隔离保证，可以采用不一样的方式。如果在合约代码中未指定相应的背书策略，那么可串行化（serializability）则是默认的验证方式。对于可串行化要求每个 readset 中的键的版本要与 state 中的版本对应，然后拒绝不满足条件的交易。

假如上面的验证都通过了，这个交易就可以被视为有效或者已提交的了。在验证之后，Peer 节点就会在 peerLedger 账本对应的位掩码中用 1 标记这笔交易，并将 writeset 中的更新应用到 Fabric 区块链的 state 世界状态中。而如果验证失败，那么这个交易就被认为是无效的，Peer 节点则会在 peerledger 的位掩码中用 0 标记这笔交易，并且无效的交易不会引起任何改变更新。

在共识服务的保证下，上述流程会保证所有正常的 Peer 节点在执行一个 deliver 事件之后拥有相同的世界状态。即所有正确的节点将会收到一个完全一样的 deliver 事件的序列。至此，本次交易流程结束。

4.6.3 背书策略

Fabric 所提供的背书策略机制是用于指定区块链节点交易验证的规则。每当背书节点收到交易请求的时候，系统就会通过 VSCC（validation system Chaincode，系统合约代码验证）对交易的有效性进行验证。在交易流程中，一个交易可能会包含来自于背书节点的一个或多个背书，而 VSCC 机制将会根据以下规则决定交易的有效性。

❑ 背书的数量是否符合要求；
❑ 背书是否来自预期的来源；
❑ 所有来自背书节点的背书是否有效（即是否来自预期消息上的有效证书的有效签名）。

背书策略就是用来指定以上的背书数量要求和背书来源预期集合。每个背书策略由两个部分组成，原则（principal）和定限闸（threshold gate）。原则 P 用来识别预期签名的实体；定限闸 T 有两个输入参数，t 表示背书数量，n 表示背书节点列表，即满足 t 的条件，背书节点属于 n。例如，T(2, 'A', 'B', 'C')表示需要获得 2 个以上来自于'A', 'B', 'C'的背书。T(1, 'A', T(2, 'B', 'C'))表示需要收到来自'A'的背书或者来自'B'和'C'的两个背书。

在 CLI 命令行交互中，背书策略的表示语法是 EXPR([E, E...])，EXPR 有两个选项 AND 或者 OR，其中 AND 表示"与"，表示每个都需要，而 OR 则表示"或"。比如 AND('Org1.member', 'Org2.member', 'Org3.member')表示请求 3 个组的签名，OR('Org1.member', 'Org2.member')表示请求两个组中任意一个的签名即可。而 OR('Org1.member', AND('Org2.member', 'Org3.member'))表示有两种选择，第一种是请求组织 1 的签名，第二种是请求组织 2 和组织 3 的签名。

在使用 CLI 与区块链交互时，在命令后使用-P 选项即可为执行的合约代码指定相应的背书策略，例如下面的合约代码部署命令：

```
peer chaincode deploy -C testchainid -n mycc -p $ORDER_CA -c
'{"Args":["init","a","100","b","200"]}' -P "AND('Org1.member', 'Org2.member')"
```

表示部署合约代码 mycc 需要请求组织 1 和组织 2 的签名。

Fabric 未来会进一步增强和改进背书策略，除了目前通过与 MSP 的关系来识别原则，Fabric 计划添加 OU（organization unit）的形式来完成当前证书的功能，同时计划对背书策略的语法进行改进，使用更直观的语法。

4.6.4　验证账本和 PeerLedger 检查点

验证账本是从仅包含有效且已提交事物的账本派生的哈希链。除了世界状态和账本之外，对等节点可以维护验证账本。

VLedger 块（vBlock）是被过滤掉无效事务的块，具有动态的大小并且可以是空的。由于 PeerLedger 块可能包含无效事物（即具有无效认可或具有无效版本依赖性的事物），因此这些事物在被添加到 vBlock 之前，会被对等节点过滤掉。每个对等节点将 vBlock 链接到一个哈希链，每个 vBlock 包含前一个 vBlock 的哈希值、vBlock 编号、由最后一个被估算的对等节点提交的所有有效事务的有序列表、从当前 vBlock 导出的相应块的哈希以及所有这些信息的哈希。

账本可能包含不一定永久记录的无效交易。然而，一旦对等节点与相应的 vBlock 建立连接，那么它们就不能简单地抛弃 PeerLeger 块以达到修剪 PeerLedger 的目的。为了便于修剪 PeerLedger，v1.4 版本的 Hyperledger Fabric 提供了一种检查点机制：使用横穿对等节点网络的 vBlock，允许检查点的 vBlock 代替被丢弃的 PeerLedger 块。由于不需要存储无效事物且不需要在替换 PeerLedger 重构状态时建立个人交易的有效性，减少了存储空间，也减少了为新加入网络的对等节点重建状态的工作，但很可能只是替换了包含在验证账本中的状态更新。

对等节点周期性地执行检查点，其中 CHK 是可配置参数。对等节点以消息<CHECKPOINT, blocknohash,blockno,stateHash,peerSig>的形式广播到其他对等节点来启动一个检查点，其中 blocknohash 是各自的哈希，blockno 是当前块序号，stateHash 是 blockno 块验证上最新状态的哈希，peerSig 是对等方的签名。(CHECKPOINT,blocknohash,blockno,stateHash)指的是经过验证的账本。

对等节点收集检查点消息，直到它获得足够多正确签名的消息（blockno，blocknohash 和 stateHash）来建立有效的检查点。如果 blockno > latestValidCheckpoint.blockno，那么对等节点应标记为 latestValidCheckpoint=(blocknohash,blockno)，将构成有效检查点的相应对等节点签名集存储到集合 latestValidCheckpointProof 中，与 stateHash 对应的状态存储到 latestValidCheckpointedState，修剪比块序号 blockno 大的 PeerLedger。

检查点有效性策略不仅定义了对等节点何时可以修剪它的 Peerledger，还定义了有多少 CHECKPOINT 消息算"足够多"。以下是两种可行的方法，也可以将它们组合使用。

第一种是本地检查点有效性策略（LCVP）：给定对等节点 p 的本地策略可以指定一组对等节点，这组对等节点是 p 信任的并且其 CHECKPOINT 消息足以建立有效的检查点。

第二种是全局检查点有效性政策（GCVP）：全局指定检查点有效性策略，这类似于本地对等节点策略，但它是在系统（区块链）粒度而不是对等节点粒度上规定的。

4.7　小结

本章对 Hyperledger Fabric 进行了深入解读，有助于读者深入理解 Fabric 的底层实现原理。首先，介绍了 Hyperledger 及其子项目的发展现状及管理模式，重点介绍了 Hyperledger Fabric。其次，对 Hyperledger Fabric 架构进行了深入分析，从成员服务、区块链服务以及合约代码服务三个方面探讨 Hyperledger Fabric 的架构组成与特点，给出了 Fabric 架构设计和模块组件。再次，给出了合约代码的代码结构、调用方式和执行流程。最后，对交易背书流程展开了详细分析。

## 第 5 章

Hyperledger Fabric 应用 开发基础

第 4 章对 Hyperledger Fabric 进行了深入解读，读者应对 Fabric 的核心原理有了基本的认识。在此基础之上，本章将主要讲解基于 Fabric 进行区块链应用开发的最佳实践，从应用开发的角度给出 Fabric 环境部署、合约代码开发指南以及 CLI 和 SDK 应用开发实例，通过理论与实践相结合的方式，使读者能够更好地基于 Fabric 进行应用开发。

5.1 环境部署

环境部署是开发实战的第一步，只有成功搭建好开发环境，才能继续后面的实践内容。本节将给出搭建 Fabric 开发环境的详细过程，为后面的开发实战提供支持。

5.1.1 软件下载与安装

需要安装的必备软件主要有 Oracle VM VirtualBox、Vagrant 和 Git。下面我们分别进行介绍。

1. Oracle VM VirtualBox

Oracle VM VirtualBox 是 Oracle 公司推出的一款虚拟机软件，可以让用户在日常操作系统下，利用虚拟机来安装其他的操作系统。它是一个开源免费的虚拟机软件，可以很好地适应各种跨平台开发的需求，对于开发人员而言是一个很好的工具。而且它允许在一个计算机上同时运行多个虚拟操作系统（如 Windows、Linux、Solaris 等），用户在使用时只需在不同的窗口间进行切换，就可以轻松在不同的系统上进行开发操作，这是在新的物理机上安装系统所不能带给我们的。

要使用 Oracle VM VirtualBox，用户首先要去官方网站下载安装包。VirtualBox 支持多平台，提供了各类操作系统的下载安装方案，这里以当前用户群最多的 Windows 10 64bit 操作系统环境为例，选择 Windows hosts 版本进行下载安装，如图 5.1 所示。

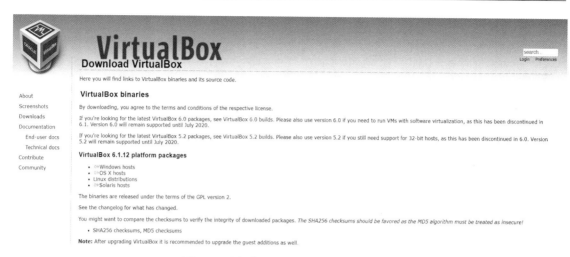

图 5.1 选择合适的 VirtualBox 版本下载

在下载完成之后会得到一个名称为 VirtualBox-6.1.12-139181-Win.exe 的安装包文件，双击进行安装，按照提示信息选择安装配置，如果没有特殊需求，选择默认即可。安装成功之后进入软件主界面，如图 5.2 所示。

5

图 5.2 VirtualBox 主界面

2. Vagrant

Vagrant 是一个可创建轻量级、高复用性和便于移植的开发环境的工具，用于创建和部署虚拟化开发环境。在当前的真实开发中，要对某个项目进行开发，第一步往往是先配置好开发环境。

然而，随着技术的不断演进，软件项目的体积不断扩增，开发环境的配置越来越复杂。比如，某个项目可能需要涉及数据库、缓存服务器、反向代理服务器、搜索引擎服务器、网站服务器、实时推送服务器等服务。因此，很多时候完成第一步环境配置任务并非易事。而 Vagrant 是一个安装了 Linux 系统的 VirtualBox 虚拟机，搭配一些套件，可以快速实现虚拟开发环境的搭建。

访问 Vagrant 官网，进入如图 5.3 所示的下载界面。选择 Windows 选项进行下载，将得到 vagrant_2.2.9_x86_64.msi 安装文件，双击安装即可。

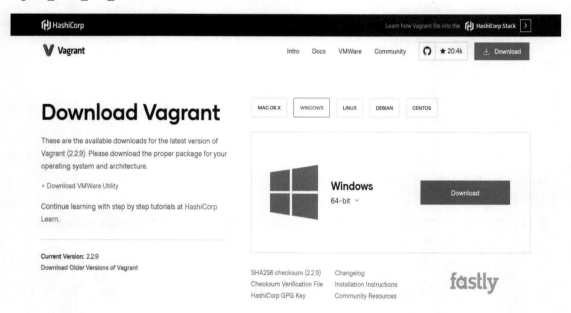

图 5.3　Vagrant 下载界面

3. Git

Git 是一个开源的分布式版本控制软件，可以有效、高速地处理从很小到非常大的项目版本管理，Linux 创始人 Linus Torvalds 为了帮助管理 Linux 内核开发而开发，并逐渐发展成全球最受欢迎的版本控制软件。Hyperledger Fabric 同样基于 Git 进行开发管理，将代码托管于 GitHub 上。

访问 Git 官网，选择 Windows 版本进行下载安装，同样默认操作即可。安装完成之后，在任意文件夹点击右键，可以通过 GitGUIHere 选项打开 Git 可视化操作界面，也可以通过 Git Bash Here 选项打开 Git 控制台。

5.1.2　开发环境搭建

在必备软件安装完成后，可以开始使用 Vagrant 创建开发环境的虚拟机。首先选择一个文件夹，使用以下命令将 Hyperledger Fabric 项目复制到本地并启动 Vagrant。

```
# 复制项目
git clone https://github.com/hyperledger/fabric.git
# 进入 vagrant 虚拟机目录
cd fabric/devenv
# 启动 vagrant
vagrant up
# 连接 virtualbox 虚拟机
vagrant ssh
```

第一次执行 vagrant up 命令的时间会较长，因为在执行过程中包含了很多操作，例如下载所需的虚拟机镜像，根据脚本执行各种环境配置。如果是在 Windows 环境下，则需要借助 PuTTY 或者 XShell 等软件才能登录。最初的用户名和密码会在对应的 box 的配置文件夹下的 Vagrantfile 中。下面，对 vagrant up 执行过程中的脚本操作做一个探究。

在第一次执行 vagrant up 命令时，系统会先寻找是否存在所需的 box 镜像文件，如果没有找到，则会自动进行下载，创建 VirtualBox 虚拟机，之后就会采用 ssh 协议连接虚拟机，执行已经写好的 shell 脚本进行开发环境的配置。环境配置步骤如下。

(1) 更新系统。

```
apt-get update
```

(2) 安装一些基础的工具软件。

```
apt-get install -y build-essential git make curl unzip g++ libtool
```

(3) 安装 Docker 和 docker-compose。

(4) 安装 Go 语言环境。

(5) 安装 Node.js。Node.js 是一个 JavaScript 的运行环境，可以方便地搭建响应速度快、易于扩展的网络应用。

```
NODE_VER=8.9.4
NODE_URL=https://nodejs.org/dist/v$NODE_VER/node-v$NODE_VER-linux-x64.tar.gz
curl -sL $NODE_URL | (cd /usr/local && tar --strip-components 1 -xz )
```

(6) 安装 Java 环境，因为 Fabric 支持 Java 合约代码的编写。

```
apt-get install -y openjdk-8-jdk maven
wget https://services.gradle.org/distributions/gradle-5.5.1-bin.zip -P /tmp --quiet
unzip -q /tmp/ gradle-5.5.1-bin.zip -d /opt && rm /tmp/ gradle-5.5.1-bin.zip
ln -s /opt/ gradle-5.5.1/bin/gradle /usr/bin
```

(7) 进行一些杂项配置，开发环境配置完成。

Vagrant 提供了一种便捷且全面的开发环境搭建方式，它需要基于 VirtualBox 虚拟机，然而最终应用往往是运行在物理服务器上的。而针对物理机上 Fabric 开发环境的构建，Fabric 最核心的两项是 Go 语言环境和 Docker 环境的构建。Fabric 源码采用 Go 语言进行编写，而 Fabric 应用则均以 Docker 容器的方式运行。至于其他的工具与软件，可以根据开发时的需求自行选择。

5.1.3　Go 和 Docker

本节将针对 Go 语言环境和 Docker 环境的搭建进行详细的介绍。

1. Go 语言环境

Go 语言是谷歌 2009 年发布的第二款开源编程语言，是一种静态强类型、并发型、编译型的语言。使用 Go 语言编译的程序具有媲美 C 或者 C++代码的速度，同时还更加安全，支持并发操作。Go 语言是一门被谷歌寄予厚望的优秀编程语言，其设计是让软件充分地发挥多核心处理器同步多工的优势，并解决面向对象程序设计的麻烦。它拥有极致精简的语法，具有现代编程语言的特色，如垃圾回收机制可帮助开发者处理琐碎麻烦的内存管理问题。现在的云平台大部分是基于 Go 语言进行开发的，比如现在的 Docker 容器。区块链技术的实现也都以 Go 语言作为主流开发语言，比如以太坊的 Go 语言客户端 geth，还有我们介绍的 Hyperledger Fabric，也是使用 Go 语言进行开发的。下面我们介绍 Go 语言环境的配置。

(1) 首先从官网下载 Go 语言安装包，如图 5.4 所示。

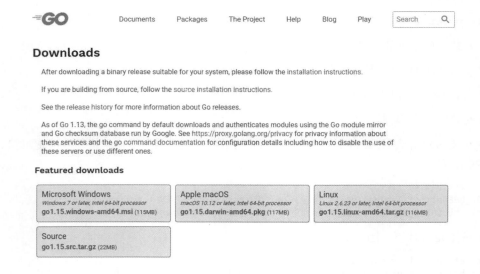

图 5.4　Go 语言下载界面

(2) 选择 Linux 版本，复制下载链接，使用以下命令下载。

```
mkdir Download
cd Download
wget https://storage.googleapis.com/golang/go1.15.linux-amd64.tar.gz
```

(3) 解压压缩文件 go1.15.linux-amd64.tar.gz 到/usr/local/目录下，安装 Go。

```
sudo tar -C /usr/local -xzf go1.15.linux-amd64.tar.gz
```

(4) 配置 Go 环境变量。

```
mkdir $HOME/go
sudo vim /etc/profile
```

在/etc/profile 文件中的判断语句下方添加如下 Go 环境变量。

修改后的 profile 文件如下所示:

```
if [ -d /etc/profile.d ]; then
    for i in /etc/profile.d/*.sh; do
if [ -r $i ]; then
    . $i
fi
    done
    unset i
fi

export PATH=$PATH:/usr/local/go/bin
export GOPATH=$HOME/go
```

执行 source 命令使其生效,然后使用 go env 命令输出 Go 环境配置信息。

```
source /etc/profile
go env
```

(5) 测试 Go 语言。

输入以下命令:

```
cd $GOPATH
mkdir -p src/hello
cd src/hello/
vim hello.go
```

输入测试代码:

```
package main
import "fmt"
func main() {
    fmt.Printf("hello, world\n")
}
```

保存退出,使用 go build 命令编译后执行,显示如下结果则代表 Go 环境配置成功。

```
➜  go build
➜  ls
hello hello.go
➜  ./hello
hello, world
```

2. Docker 环境

Docker 是一个开放源代码的项目,其在 Linux 操作系统的基础提供一个成为容器的软件抽象层。因为 Docker 具有较好的可移植性,开发者可以将应用以及依赖包打包到一个容器中,然后发布到任何 Linux 的机器上，也可以实现虚拟化。Docker 容器之间是封闭的，相互之间不存在任何接口。

　　本章后面要介绍的 Hyperledger Fabirc 的开发实战就是使用 Docker 容器来管理开发的，因此需要先在 Ubuntu 操作系统上配置好 Docker 运行环境。

　　Docker 为 Ubuntu 提供了快速的安装方式，只需以下几行命令，就可以快速地安装在虚拟操作系统中。

　　(1) 添加远程仓库地址。

```
sudo apt-get -y install \
    apt-transport-https \
    ca-certificates \
    curl
curl -fsSL https://download.docker.com/linux/ubuntu/gpg | sudo apt-key add -
sudo add-apt-repository \
    "deb [arch=amd64] https://download.docker.com/linux/ubuntu \
    $(lsb_release -cs) \
    stable"
sudo apt-get update
```

　　(2) 安装 docker-ce。

```
sudo apt-get -y install docker-ce
```

　　(3) 测试 Docker。

```
sudo docker run hello-world
```

如果显示以下结果，则表示 Docker 安装成功。

```
➜  sudo docker run hello-world
Unable to find image 'hello-world:latest' locally
latest: Pulling from library/hello-world
78445dd45222: Pull complete
Digest:sha256:c5515758d4c5ele838e9cd307f6c6a0d620b5e07e6f927b07d05f6d12a1ac8d7
Status: Downloaded newer image for hello-world:latest

Hello from Docker!
This message shows that your installation appears to be working correctly.
```

　　在 Docker 安装完成之后，还需要额外安装 docker-compose 工具，从而可以通过配置文件来部署与启动容器，docker-compose 安装使用如下命令。

```
sudo curl -L
"https://github.com/docker/compose/releases/download/1.23.2/docker-compose-$(uname
-s)-$(uname -m)" -o /usr/local/bin/docker-compose
sudo chmod +x /usr/local/bin/docker-compose
```

　　查看 Docker 和 docker-compose 的版本，如果显示以下结果，则 Docker 环境安装完成。

```
➜  docker -v
Docker version 18.09.2, build 6247962
```

```
➜  docker-compose -v
docker-compose version 1.23.2, build 1110ad01
```

由于国内无法访问 Docker 官方站点，可以访问一些镜像站，比如阿里云、CloudDao 等，通过下面的命令可以设置 CloudDao 配置 Docker 加速器，快速下载 Docker 镜像。

```
curl -sSL https://get.daocloud.io/daotools/set_mirror.sh | sh -s http://176a5be3.m.daocloud.io
sudo systemctl restart docker.service
```

5.2　合约代码开发指南

合约代码运行在和背书节点隔离的安全的 Docker 容器中，是实现一些特定接口的代码。应用程序发起的交易需要经过所有网络成员的同意，将事件提交到合约代码，通过合约代码初始化或管理账本中的数据。

合约代码也称为智能合约，可以用 Go、Node.js、Java 等语言编写，本节将介绍如何使用 Go 语言编写合约代码。

5.2.1　接口介绍

在 Go 语言中，合约代码主要使用 shim 包中的函数来完成 Fabric 交易的业务逻辑，在合约代码编写过程中，需要导入 shim 包。

shim 包中定义了两个重要的结构体，Chaincode 和 ChaincodeStubInterface，前者包含了两个 Fabric 运行时必须实现的函数，后者提供了一系列用来查询和更新账本的函数。下面我们分别来介绍。

Chaincode 结构体中定义了 Init() 函数和 Invoke() 函数。Init() 函数用来初始化账本中的数据，在 5.3 节的 cli 操作中，合约代码接收 instantiate 命令时将调用 Init() 函数。Invoke() 函数用来处理查询或者更新账本的请求，Invoke() 函数可以接收一个具体的事物请求作为参数，并据此调用相应的函数。

ChaincodeStubInterface 结构体包含了所有操作区块链账本的函数，下面介绍一些常见的函数。

❑ GetState(key string)([]byte,error)：该函数接收一个查询参数 key，根据这个 key 查询账本中的数据，以字节流的形式返回。

❑ PutState(key string,value []byte) error：和 GetState 方法对应，该函数接收两个参数，以第一个参数 key 存储字节流形式的 value 值。

❑ DelState(key string) error：接收一个参数 key，在账本中删除 key 对应的数据。

❑ GetStateByRange(startKey, endKey string) (StateQueryIteratorInterface, error)：接收两个参数，一个开始的 Key 值（非唯一），一个结束的 key 值（唯一），将查询到的数据以迭代器的形式返回。

❑ CreateCompositeKey(objectType string, attributes []string) (string, error): attributes
切片中的属性组合成一个新的 key。该函数接收的两个参数必须是有效的 utf8 字符串，并
且不能包含 U+0000 和 U+10FFFF。组合成的新 key 可以作为 PutState() 函数的参数。

❑ SplitCompositeKey(compositeKey string) (string, []string, error): 将构建好的组合
key 拆分成分散的属性。

❑ GetStateByPartialCompositeKey(objectType string,keys []string) (StateQueryIterator-
Interface, error): 接收一个组合 key 为参数，在账本中查询包含组合 key 的数据，以迭
代器的形式返回，如果参数中的 keys 不是组合 key 的一部分，将返回一个空迭代器。

Fabric v1.4 版本引入了私有数据的概念，允许成员将部分数据设置为私有数据。在执行查询
功能时，私有数据只对授权成员内的 Peer 节点可见，如成员 Org1 的私有数据 Org2 中的 Peer 节
点无法读取，这进一步保证了数据的安全可控，因此 Fabric v1.4 增加了如下一些对私有数据的操
作接口。

❑ GetPrivateData(collection, key string) ([]byte, error): 接收一个确定的私有数据集
合名称 collection 参数和一个用来查询的 key 参数，以字节流的形式返回查询的结果。
如果查询的数据没有对应的读取权限，则返回错误。

❑ PutPrivateData(collection string, key string, value []byte) error: 设置私有集合名
称，将 key 值和对应的数据写入账本。

❑ DelPrivateData(collection, key string) error: 删除 key 值对应的私有数据。

5.2.2　案例分析

本节将以 GitHub 上 fabric-samples/chaincode 中的 marbles02 案例为参考，通过模拟弹珠的生
成、查询、按颜色转让等操作，介绍 Fabric 的相关数据操作接口。

1. initMarble 初始化数据

```
if len(args) != 4 {
    return shim.Error("Incorrect number of arguments. Expecting 4")
} // 检查输入的参数个数是否合适
fmt.Println("- start init marble")
// 分别检查每个参数是否合法
if len(args[0]) <= 0 {
    return shim.Error("1st argument must be a non-empty string")
}
if len(args[1]) <= 0 {
    return shim.Error("2nd argument must be a non-empty string")
}
if len(args[2]) <= 0 {
    return shim.Error("3rd argument must be a non-empty string")
}
if len(args[3]) <= 0 {
    return shim.Error("4th argument must be a non-empty string")
```

```
    }
marbleName := args[0]
color := strings.ToLower(args[1])
owner := strings.ToLower(args[3])
size, err := strconv.Atoi(args[2])
if err != nil {
    return shim.Error("3rd argument must be a numeric string")
}
// 先获取账本状态，检查弹珠是否已经存在
marbleAsBytes, err := stub.GetState(marbleName)
if err != nil {
    return shim.Error("Failed to get marble: " + err.Error())
} else if marbleAsBytes != nil {
    fmt.Println("This marble already exists: " + marbleName)
    return shim.Error("This marble already exists: " + marbleName)
}
// 创建弹珠对象，并将数据转化为 JSON 格式
objectType := "marble"
marble := &marble{objectType, marbleName, color, size, owner}
marbleJSONasBytes, err := json.Marshal(marble)
if err != nil {
    return shim.Error(err.Error())
}
// 设置 key 为 marbleName，以 key-value 的形式存储数据
err = stub.PutState(marbleName, marbleJSONasBytes)
if err != nil {
    return shim.Error(err.Error())
}
// 创建一个 color 和 name 的组合键，将数据以组合键的形式存入账本
indexName := "color~name"
// 调用 CreateCompositeKey 接口，设置组合键
colorNameIndexKey, err := stub.CreateCompositeKey(indexName, []string{marble.Color,
    marble.Name})
if err != nil {
    return shim.Error(err.Error())
}
value := []byte{0x00}
stub.PutState(colorNameIndexKey, value) // 将一个空字节存入账本
    // 成功初始化，返回成功结果
    fmt.Println("- end init marble")
    return shim.Success(nil)
```

2. readMarble 查询弹珠数据

```
var name, jsonResp string
var err error
// 检查参数个数
if len(args) != 1 {
    return shim.Error("Incorrect number of arguments. Expecting name of the marble to query")
}
name = args[0]
valAsbytes, err := stub.GetState(name) // 以 name 为 key 从账本查询数据
if err != nil {
    jsonResp = "{\"Error\":\"Failed to get state for " + name + "\"}"
```

```
        return shim.Error(jsonResp)
} else if valAsbytes == nil {
        jsonResp = "{\"Error\":\"Marble does not exist: " + name + "\"}"
        return shim.Error(jsonResp)
}
// 将结果以二进制数据流返回
return shim.Success(valAsbytes)
```

3. transferMarble 转让弹珠

```
if len(args) < 2 {
        return shim.Error("Incorrect number of arguments. Expecting 2")
}
// 设置相关属性
marbleName := args[0]
newOwner := strings.ToLower(args[1])
fmt.Println("- start transferMarble ", marbleName, newOwner)
// 从账本查询弹珠原有者及其相关信息
marbleAsBytes, err := stub.GetState(marbleName)
if err != nil {
        return shim.Error("Failed to get marble:" + err.Error())
} else if marbleAsBytes == nil {
        return shim.Error("Marble does not exist")
}
marbleToTransfer := marble{}
err = json.Unmarshal(marbleAsBytes, &marbleToTransfer) // 数据格式转换
if err != nil {
        return shim.Error(err.Error())
}
marbleToTransfer.Owner = newOwner // 交易
marbleJSONasBytes, _ := json.Marshal(marbleToTransfer)
err = stub.PutState(marbleName, marbleJSONasBytes) // 将新数据写入账本
if err != nil {
        return shim.Error(err.Error())
}
fmt.Println("- end transferMarble (success)")
return shim.Success(nil)
```

4. transferMarblesBasedOnColor 根据颜色转让弹珠

```
if len(args) < 2 {
        return shim.Error("Incorrect number of arguments. Expecting 2")
}
color := args[0]
newOwner := strings.ToLower(args[1])
fmt.Println("- start transferMarblesBasedOnColor ", color, newOwner)
// 通过 color-name 组合键查询账本，得到一个迭代器
coloredMarbleResultsIterator, err := stub.GetStateByPartialCompositeKey("color~name",
[]string{color})
if err != nil {
        return shim.Error(err.Error())
}
        defer coloredMarbleResultsIterator.Close()
        // 迭代所有结果，将所有此颜色的弹珠交易
```

```
    var i int
    for i = 0; coloredMarbleResultsIterator.HasNext(); i++ {
        responseRange, err := coloredMarbleResultsIterator.Next()
    if err != nil {
        return shim.Error(err.Error())
    }
    // 分解组合键，得到 color 和 name
    objectType, compositeKeyParts, err := stub.SplitCompositeKeSplity(responseRange.Key)
    if err != nil {
        return shim.Error(err.Error())
    }
    returnedColor := compositeKeyParts[0]
    returnedMarbleName := compositeKeyParts[1]
    fmt.Printf("- found a marble from index:%s color:%s name:%s\n", objectType, returnedColor,
    returnedMarbleName)
    // 调用之前的 transferMarble 函数，发起交易
    response := t.transferMarble(stub, []string{returnedMarbleName, newOwner})
    // 检查迭代器中每一个元素的交易结果
    if response.Status != shim.OK {
        return shim.Error("Transfer failed: " + response.Message)
    }
}
// 打印每一个弹珠的交易结果
responsePayload := fmt.Sprintf("Transferred %d %s marbles to %s", i, color, newOwner)
fmt.Println("- end transferMarblesBasedOnColor: " + responsePayload)
return shim.Success([]byte(responsePayload))
```

5.2.3 私有数据的相关介绍

Fabric v1.4 加入了私有数据的功能，在例子 marbles02_private 中，可定义结构体 marble 和 marblePrivateDetails 为 JSON 格式：

```
type marble struct {
    ObjectType  string      `json:"docType"`
    Name        string      `json:"name"`
    Color       string      `json:"color"`
    Size        int         `json:"size"`
    Owner       string      `json:"owner"`
}
type marblePrivateDetails struct {
    ObjectType  string      `json:"docType"`
    Name        string      `json:"name"`
    Price       int         `json:"price"`
}
```

若要使用私有数据，需要先构建一个集合，定义对私有数据的访问。规定授权的组织成员，数据分配到对等节点的数量，传播私有数据需要对等节点的数量，以及私有数据在私有数据库中保留的时间。

```
[
    {
```

```
            "name": "collectionMarbles",
            "policy": "OR('Org1MSP.member', 'Org2MSP.member')",
            "requiredPeerCount": 0,
            "maxPeerCount": 3,
            "blockToLive":1000000,
            "memberOnlyRead": true
    },
        {
            "name": "collectionMarblePrivateDetails",
            "policy": "OR('Org1MSP.member')",
            "requiredPeerCount": 0,
            "maxPeerCount": 3,
            "blockToLive":3,
            "memberOnlyRead": true
        }
    ]
```

在例子 marbles02_private 中包含两个私有数据集合定义: collectionMarbles 及 collection-MarblePrivateDetails。其中 collectionMarbles 允许通道中的所有成员 (Org1 及 Org2) 读取和修改数据, 而 collectionMarblePrivateDetails 只允许 Org1 的成员操作私有数据。在此例子中, marble 结构体定义的 name、color、size、owner 将对通道内的所有成员可见。marblePrivateDetail 结构体中定义的 price 只对私有数据集上授权的组织成员 (Org1) 可见。

1. 写入私有数据

在 marbles02_private 的合约代码中, 介绍了私有数据的使用方法, 可以设置私有数据被授权的组织成员访问。

```go
// 创建 marble 对象, 并转为 JSON 格式
marble := &marble{
    ObjectType: "marble",
    Name:       marbleInput.Name,
    Color:      marbleInput.Color,
    Size:       marbleInput.Size,
    Owner:      marbleInput.Owner,
}
marbleJSONasBytes, err := json.Marshal(marble)
if err != nil {
    return shim.Error(err.Error())
}
// 先将公有数据添加到账本
err = stub.PutPrivateData("collectionMarbles", marbleInput.Name, marbleJSONasBytes)
if err != nil {
    return shim.Error(err.Error())
}
// 创建私有数据对象, 并转化为 JSON 格式
marblePrivateDetails := &marblePrivateDetails{
    ObjectType: "marblePrivateDetails",
    Name:       marbleInput.Name,
    Price:      marbleInput.Price,
}
marblePrivateDetailsBytes, err := json.Marshal(marblePrivateDetails)
```

```
if err != nil {
    return shim.Error(err.Error())
}
// 将私有数据写入账本
err = stub.PutPrivateData("collectionMarblePrivateDetails", marbleInput.Name,
marblePrivateDetailsBytes)
if err != nil {
    return shim.Error(err.Error())
}
```

该函数使用了 PutPrivateData() 接口将数据写入数据库中，由于数据存储分为存储公有数据和私有数据，因此需要调用两次接口。

2. 读取私有数据

```
var name, jsonResp string
var err error
if len(args) != 1 {
    return shim.Error("Incorrect number of arguments. Expecting name of the marble to query")
}
name = args[0]
// 查询 Marbles 私有数据
valAsbytes, err := stub.GetPrivateData("collectionMarblePrivateDetails", name)
if err != nil {
    jsonResp = "{\"Error\":\"Failed to get private details for " + name + ": " + err.Error() + "\"}"
return shim.Error(jsonResp)
} else if valAsbytes == nil {
    // 私有数据部分不存在
    jsonResp = "{\"Error\":\"Marble private details does not exist: " + name + "\"}"
    return shim.Error(jsonResp)
    }
    return shim.Success(valAsbytes)
```

该函数调用了 GetPrivateData() 接口来查询 marbles 的私有数据，如果获取的 marbles 对象不存在私有数据部分，将会返回数据不存在的错误，最后将查询出来的私有数据以 byte 形式返回。

5.3 CLI 应用实例

当前，Fabric 支持两种模式的应用开发：CLI 和 SDK 接口。CLI 是 command line interface 的缩写，即命令行接口。SDK 则是 software development kit 的缩写，即软件开发工具包。本节针对 CLI 接口介绍如何使用命令行的方式来开发部署以及调用合约代码。

本书第 4 章已经对 Fabric 提供的 CLI 命令行进行了介绍说明，本节将通过 /fabric-samples/first-network/ 目录下的例子来学习 CLI 命令行接口的使用。

5.3.1 准备工作

(1) 将 hyperledger/fabric-samples 项目复制到本地

```
# 创建 fabric 工作空间
cd $GOPATH
mkdir -p src/github.com/hyperledger
# 复制 fabric-samples 项目
git clone https://github.com/hyperledger/fabric-samples.git
```

(2) 安装特定文件以及拉取 docker 镜像

准备好 fabric-samples 项目后，需要下载指定版本的 Fabric 平台的二进制文件，以及相关配置文件，分别安装到 fabric-samples 文件夹下的/bin 目录和/config 目录中。

```
# 进入项目文件夹
cd src/github.com/hyperledger/fabric-samples
# 安装相关文件以及拉取 docker 镜像
curl -sSL https://bit.ly/2ysbOFE | bash -s
# 如果以上命令出错，可以用以下链接来替代命令中的链接：
https://raw.githubusercontent.com/hyperledger/fabric/master/scripts/bootstrap.sh
```

以上脚本包括了下载二进制文件和配置文件以及拉取 docker 镜像。

首先，在 fabric-samples 的 bin 文件夹下生成 configtxgen、configtxlator、cryptogen、discover、fabric-ca-client、idemixgen、order、peer 这些二进制文件，用于接下来 Fabric 网络开启的过程，也可以使用以下命令将它们添加到系统 PATH 环境中。

```
export PATH = $GOPATH/src/github.com/hyperledger/fabric-samples/bin:$PATH
```

最后，该脚本会从官方的 Docker Hub 中将相关的 Hyperledger Fabric docker 镜像下载到本地的 Docker 注册表中，将它们的标记设置为最新。

执行完成后会显示一个下载的镜像列表，结果如下所示。

```
===> List out Hyperledger docker images
hyperledger/fabric-ca            1.4.1          3a1799cda5d7    3 months ago    252MB
hyperledger/fabric-ca            latest         3a1799cda5d7    3 months ago    252MB
hyperledger/fabric-tools         1.4.1          432c24764fbb    3 months ago    1.55GB
hyperledger/fabric-tools         latest         432c24764fbb    3 months ago    1.55GB
hyperledger/fabric-ccenv         1.4.1          d7433c4b2a1c    3 months ago    1.43GB
hyperledger/fabric-ccenv         latest         d7433c4b2a1c    3 months ago    1.43GB
hyperledger/fabric-orderer       1.4.1          ec4ca236d3d4    3 months ago    173MB
hyperledger/fabric-orderer       latest         ec4ca236d3d4    3 months ago    173MB
hyperledger/fabric-peer          1.4.1          a1e3874f338b    3 months ago    178MB
hyperledger/fabric-peer          latest         a1e3874f338b    3 months ago    178MB
hyperledger/fabric-javaenv       1.4.1          b8c9d7ff6243    3 months ago    1.74GB
hyperledger/fabric-javaenv       latest         b8c9d7ff6243    3 months ago    1.74GB
hyperledger/fabric-zookeeper     0.4.15         20c6045930c8    4 months ago    1.43GB
hyperledger/fabric-zookeeper     latest         20c6045930c8    4 months ago    1.43GB
hyperledger/fabric-kafka         0.4.15         b4ab82bbaf2f    4 months ago    1.44GB
hyperledger/fabric-kafka         latest         b4ab82bbaf2f    4 months ago    1.44GB
hyperledger/fabric-couchdb       0.4.15         8de128a55539    4 months ago    1.5GB
hyperledger/fabric-couchdb       latest         de128a55539     4 months ago    1.5GB
hyperledger/fabric-baseimage     amd64-0.4.15   c4c532c23a50    4 months ago    1.39GB
hyperledger/fabric-baseos        amd64-0.4.15   9d6ec11c60ff    4 months ago    145MB
```

5.3.2 编写代码

在本实例中,需要编写 3 个代码文件,其中包含两个 YAML 配置文件和一个 Go 语言合约代码文件。其中,configtx.yaml 用于配置初始区块和通道的规则,本实例中定义了一个包含 1 个 Orderer 节点和 4 个 Peer 节点的 Fabric 区块链网络。docker-compose.yaml 则是 docker-compose 工具的配置文件,用于配置容器间的各种属性和操作。它们的详细说明如下。

(1) configtx.yaml

这一配置文件定义了实例网络的通道规则,运用下文的 Configtxgen 工具可以生成创世区块和通道配置文件。

```
#  定义成员服务 ordererOrg 以及两个组 Org1 和 Org2
Organizations:
    - &OrdererOrg
        Name: OrdererOrg
            ID: OrdererMSP
#  成员服务路径
            MSPDir: crypto-config/ordererOrganizations/example.com/msp
#  定义加密策略
        Policies:
            Readers:
                Type: Signature
                Rule: "OR('OrdererMSP.member')"
            Writers:
                Type: Signature
                Rule: "OR('OrdererMSP.member')"
            Admins:
                Type: Signature
                Rule: "OR('OrdererMSP.admin')"
    - &Org1
        Name: Org1MSP
            ID: Org1MSP
        MSPDir: crypto-config/peerOrganizations/org1.example.com/msp
        Policies:
            Readers:
                Type: Signature
                Rule: "OR('Org1MSP.admin', 'Org1MSP.peer', 'Org1MSP.client')"
            Writers:
                Type: Signature
                Rule: "OR('Org1MSP.admin', 'Org1MSP.client')"
            Admins:
                Type: Signature
                Rule: "OR('Org1MSP.admin')"
#  定义锚节点
        AnchorPeers:
            - Host: peer0.org1.example.com
                Port: 7051
    - &Org2
        ...
#  定义与共识服务相关的信息
```

```
Orderer: &OrdererDefaults
#   共识服务目前可选 solo、kafka、raft
    OrdererType: solo
    Addresses:
        - orderer.example.com:7050
    BatchTimeout: 2s
    BatchSize:
        MaxMessageCount: 10
        AbsoluteMaxBytes: 99 MB
        PreferredMaxBytes: 512 KB
    Kafka:
        Brokers:
            - 127.0.0.1:9092
    Organizations:
    Policies:
        Readers:
            Type: ImplicitMeta
            Rule: "ANY Readers"
        Writers:
            Type: ImplicitMeta
            Rule: "ANY Writers"
        Admins:
            Type: ImplicitMeta
            Rule: "MAJORITY Admins"
        BlockValidation:
            Type: ImplicitMeta
            Rule: "ANY Writers"
```

(2) docker-compose-cli.yaml

```
version:      '2'
volumes:
  orderer.example.com:
  peer0.org1.example.com:
  peer1.org1.example.com:
  peer0.org2.example.com:
  peer1.org2.example.com:
networks:
  byfn:
services:
#   本网络中唯一的共识节点 orderer0，用于提供 ordering service
  orderer.example.com:
    extends:
      file:    base/docker-compose-base.yaml
      service: orderer.example.com
    container_name: orderer.example.com
    networks:
      - byfn
#   4 个 peer 节点的配置信息
  peer0.org1.example.com:
    container_name: peer0.org1.example.com
    extends:
      file:    base/docker-compose-base.yaml
      service: peer0.org1.example.com
```

```
    networks:
      - byfn
  peer1.org1.example.com:
    ...
  peer0.org2.example.com:
    ...
  peer1.org2.example.com:
...
```
cli 容器，用于提供命令行操作环境
```
  cli:
    container_name: cli
    image: hyperledger/fabric-tools:$IMAGE_TAG
    tty: true
    stdin_open: true
```
环境变量，此处略
```
    environment:
```
                              # 〔详细请查看文件〕
工作目录
```
working_dir: /opt/gopath/src/github.com/hyperledger/fabric/peer
```
运行脚本
```
command: /bin/bash
```
磁碟区
```
    volumes:
      - /var/run/:/host/var/run/
      - ./../chaincode/:/opt/gopath/src/github.com/chaincode
      - ./crypto-config:/opt/gopath/src/github.com/hyperledger/fabric/peer/crypto/
      - ./scripts:/opt/gopath/src/github.com/hyperledger/fabric/peer/scripts/
      - ./channel-artifacts:/opt/gopath/src/github.com/hyperledger/fabric/peer/channel-artifacts
```
依赖
```
    depends_on:
      - orderer.example.com
      - peer0.org1.example.com
      - peer1.org1.example.com
      - peer0.org2.example.com
      - peer1.org2.example.com
    networks:
      - byfn
```

(3) example_chaincode02.go

```
package main
// 需要的依赖包
import (...)
// SimpleChaincode 实现合约代码接口
type SimpleChaincode struct {}
// Init 接口实现，用于初始化
func (t *SimpleChaincode) Init(stub shim.ChaincodeStubInterface) pb.Response {
    fmt.Println("ex02 Init")
    _, args := stub.GetFunctionAndParameters()
    var A, B string    // 实体 A,B
    var Aval, Bval int  // 实体对应的值
    var err error      // 错误
    # 参数太多
    if len(args) != 4 {
```

```go
        return shim.Error("Incorrect number of arguments. Expecting 4")
    }
    // 实例化合约代码对象，A 赋值操作
    A = args[0]
    Aval, err = strconv.Atoi(args[1])
    if err != nil {
        return shim.Error("Expecting integer value for asset holding")
    }
    // 实例化合约代码对象，B 赋值操作
    B = args[2]
    Bval, err = strconv.Atoi(args[3])
    if err != nil {
        return shim.Error("Expecting integer value for asset holding")
    }
    fmt.Printf("Aval = %d, Bval = %d\n", Aval, Bval)
    // 将 A 写入状态变量中
    err = stub.PutState(A, []byte(strconv.Itoa(Aval)))
    if err != nil {
        return shim.Error(err.Error())
    }
    // 将 B 写入状态变量中
    err = stub.PutState(B, []byte(strconv.Itoa(Bval)))
    if err != nil {
        return shim.Error(err.Error())
    }
    return shim.Success(nil)
}
// Invoke 实现方法
func (t *SimpleChaincode) Invoke(stub shim.ChaincodeStubInterface) pb.Response {
    fmt.Println("ex02 Invoke")
    function, args := stub.GetFunctionAndParameters()
    if function == "invoke" {
        // 调用 invoke 方法
        return t.invoke(stub, args)
    } else if function == "delete" {
        // 调用 delete 方法
        return t.delete(stub, args)
    } else if function == "query" {
        // 调用 query 方法
        return t.query(stub, args)
    }
    return shim.Error("Invalid invoke function name. Expecting \"invoke\" \"delete\" \"query\"")
}
// invoke 方法
func (t *SimpleChaincode) invoke(stub shim.ChaincodeStubInterface, args []string) pb.Response {
    var A, B string      // 实体 A,B
    var Aval, Bval int   // A,B 对应的值
    var X int            // 交易需要转移的值
    var err error        // 错误
    if len(args) != 3 {
        return shim.Error("Incorrect number of arguments. Expecting 3")
    }
    // 赋值 A,B
    A = args[0]
```

```go
    B = args[1]
    // 获取 A 的状态变量
    Avalbytes, err := stub.GetState(A)
    if err != nil { return shim.Error("Failed to get state") }
    if Avalbytes == nil { return shim.Error("Entity not found") }
    Aval, _ = strconv.Atoi(string(Avalbytes))
    Bvalbytes, err := stub.GetState(B)
    if err != nil { return shim.Error("Failed to get state") }
    if Bvalbytes == nil { return shim.Error("Entity not found") }
    Bval, _ = strconv.Atoi(string(Bvalbytes))
    // 执行调用
    X, err = strconv.Atoi(args[2])
    if err != nil { return shim.Error("Invalid transaction amount, expecting a integer value") }
    // 值操作，A 减少，B 增加
    Aval = Aval - X
    Bval = Bval + X
    fmt.Printf("Aval = %d, Bval = %d\n", Aval, Bval)
    // 将 A 写入状态变量
    err = stub.PutState(A, []byte(strconv.Itoa(Aval)))
    if err != nil { return shim.Error(err.Error()) }
    // 将 B 写入状态变量
    err = stub.PutState(B, []byte(strconv.Itoa(Bval)))
    if err != nil { return shim.Error(err.Error()) }
    return shim.Success(nil)
}
// 删除状态变量方法
func (t *SimpleChaincode) delete(stub shim.ChaincodeStubInterface, args []string) pb.Response {
    if len(args) != 1 { return shim.Error("Incorrect number of arguments. Expecting 1") }
    A := args[0]
    // 根据 key 删除状态变量
    err := stub.DelState(A)
    if err != nil { eturn shim.Error("Failed to delete state") }
    return shim.Success(nil)
}
// 根据 key 查询值查询合约代码方法
func (t *SimpleChaincode) query(stub shim.ChaincodeStubInterface, args []string) pb.Response {
    var A string // 实体 A
    var err error
    if len(args) != 1 { eturn shim.Error("Incorrect number of arguments. Expecting name of the
person to query") }
    A = args[0]
    // 获取 A 的状态变量
    Avalbytes, err := stub.GetState(A)
    if err != nil {
        jsonResp := "{\"Error\":\"Failed to get state for " + A + "\"}"
        return shim.Error(jsonResp)
    }
    if Avalbytes == nil {
        jsonResp := "{\"Error\":\"Nil amount for " + A + "\"}"
        return shim.Error(jsonResp)
    }
    // JSON 格式响应
    jsonResp := "{\"Name\":\"" + A + "\",\"Amount\":\"" + string(Avalbytes) + "\"}"
    fmt.Printf("Query Response:%s\n", jsonResp)
```

```
    return shim.Success(Avalbytes)
}
// 主函数
func main() {
    err := shim.Start(new(SimpleChaincode))
    if err != nil {
        fmt.Printf("Error starting Simple chaincode: %s", err)
    }
}
```

5.3.3　启动网络与合约代码调用

本节将使用到 first-network 样本。在 first-network 目录中，提供了一个脚本，包括创建通道、部署合约代码等操作，执行脚本即可完成一站式体验。

```
#   进入 first-network 子目录
    cd first-network
```

(1) 生成创世区块和通道配置文件

```
#   执行 byfn.sh 脚本
    ./byfn.sh generate
```

接下来你将看到即将发生什么操作的简要说明，以及是否执行的选项，输入 y 或按回车键执行。

```
# Generating certs and genesis block for channel 'mychannel' with CLI timeout of '10' seconds and
CLI delay of '3' seconds
Continue? [Y/n]
选择 y
```

第一步为网络实体生成了各种证书和密钥，创世区块用于引导共识服务，以及配置通道所需的一系列事物。

(2) 脚本自动启动网络并执行相关操作

```
#   执行网络启动命令
    ./byfn.sh up
```

同样会显示将要执行的操作，输入 y 或回车确认。(也支持 Node.js 和 Java，命令分别为 ./byfn.sh up -l node 以及 ./byfn.sh up -l java。)

这个命令将会启动所有的 Docker 容器，然后启动完整的端到端应用程序，成功启动网络后，将在终端中报告以下内容：

```
========== All GOOD, BYFN execution completed ===========
```

(3) 关闭网络

关闭网络也是通过 byfn.sh 这个脚本，关闭网络将会终止所有的 Docker 容器，删除之前生成的 4 个配置工件，删除加密材料，并且从 Docker 注册表中删除相关合约代码镜像。

```
#  执行网络关闭命令
   ./byfn.sh down
```

5.3.4　手动开启网络

前面通过脚本执行了所有操作，接下来需要手动进行以上操作，比如创建通道、加入通道、安装合约代码、调用合约代码等。

(1) 手动生成证书和通道。

使用 bin 目录中的 cryptogen 工具，根据 crypro-config.yaml 文件中定义的网络配置，手动生成证书/密钥（MSP）材料，输出到 first-network 目录下的 crypto-config 文件夹中。

```
../bin/cryptogen generate --config=./crypto-config.yaml
```

在终端中输出以下内容：

```
org1.example.com
org2.example.com
```

接下来需要使用 configtxgen 工具创建 4 个通道配置工件：

```
#  创建 orderer gensis 块
../bin/configtxgen -profile TwoOrgsOrdererGenesis -channelID byfn-sys-channel
-outputBlock ./channel-artifacts/genesis.block
#  设置通道名称为 mychannel
export CHANNEL_NAME=mychannel
#  创建通道通道配置 channel.tx
../bin/configtxgen -profile TwoOrgsChannel
-outputCreateChannelTx ./channel-artifacts/channel.tx -channelID mychannel
#  定义 Org1 的锚节点
../bin/configtxgen -profile TwoOrgsChannel -outputAnchorPeersUpdate ./channel-artifacts/
Org1MSPanchors.tx -channelID mychannel -asOrg Org1MSP
#  定义 Org2 的锚节点
../bin/configtxgen -profile TwoOrgsChannel -outputAnchorPeersUpdate ./channel-artifacts/
Org2MSPanchors.tx -channelID mychannel -asOrg Org2MSP
```

(2) 运用 docker-compose 命令启动网络。

```
docker-compose -f docker-compose-cli.yaml up -d
```

(3) 进入 cli 容器的控制台。

```
docker exec -it cli bash
```

（4）创建通道。

```
peer channel create -o orderer.example.com:7050 -c mychannel -f ./channel-artifacts/channel.tx
--tls --cafile /opt/gopath/src/github.com/hyperledger/fabric/peer/crypto/ordererOrganizations/
example.com/orderers/orderer.example.com/msp/tlscacerts/tlsca.example.com-cert.pem
```

（5）对各节点设置环境变量。

在每次使用 peer 命令时，都需要通过配置全局环境变量来指定操作的 Peer 节点，如 peer0.org1
的环境变量为：

```
CORE_PEER_MSPCONFIGPATH=/opt/gopath/src/github.com/hyperledger/fabric/peer/crypto/peerOrganiz
ations/org1.example.com/users/Admin@org1.example.com/msp
CORE_PEER_ADDRESS=peer0.org1.example.com:7051
CORE_PEER_LOCALMSPID="Org1MSP"
CORE_PEER_TLS_ROOTCERT_FILE=/opt/gopath/src/github.com/hyperledger/fabric/peer/crypto/peerOrg
anizations/org1.example.com/peers/peer0.org1.example.com/tls/ca.crt
```

类似地，我们可以设置其余 3 个节点的环境变量，如 peer0.org2 的环境变量为：

```
CORE_PEER_MSPCONFIGPATH=/opt/gopath/src/github.com/hyperledger/fabric/peer/crypto/peerOrganiz
ations/org2.example.com/users/Admin@org2.example.com/msp
CORE_PEER_ADDRESS=peer0.org2.example.com:9051
CORE_PEER_LOCALMSPID="Org2MSP"
CORE_PEER_TLS_ROOTCERT_FILE=/opt/gopath/src/github.com/hyperledger/fabric/peer/crypto/peerOrg
anizations/org2.example.com/peers/peer0.org2.example.com/tls/ca.crt
```

在每个节点执行命令前，将环境切换到需要执行的节点上，下文将省略上述代码。

类似地，可以设置 orderer 节点的环境变量，来替代上文中的 orderer 节点 TLS 证书目录。

```
ORDERER_TLS =/opt/gopath/src/github.com/hyperledger/fabric/peer/crypto/ordererOrganizations/
example.com/orderers/orderer.example.com/msp/tlscacerts/tlsca.example.com-cert.pem
```

（6）将节点加入通道。

```
#  切换到 peer0.org1 的环境变量
#  将 peer0.org1 加入通道
peer channel join -b mychannel.block
#  切换到 peer0.org2 的环境变量
#  将 peer0.org2 加入通道
peer channel join -b mychannel.block
#  切换到 peer0.org1 的环境变量
#  更新通道将 Org1 的锚节点定义为 peer0.org1.example.com
peer channel update -o orderer.example.com:7050 -c mychannel
-f ./channel-artifacts/Org1MSPanchors.tx --tls --cafile $ORDERER_TLS
#  切换到 peer0.org2 的环境变量
#  更新通道将 Org2 的锚节点定义为 peer0.org2.example.com
peer channel update -o orderer.example.com:7050 -c mychannel
-f ./channel-artifacts/Org2MSPanchors.tx --tls --cafile $ORDERER_TLS
```

（7）在 Peer 节点加入 channel 之后，就可以在制定的 Peer 节点上安装合约代码，安装命令为
peer chaincode install。目前 Fabric 的合约代码支持 3 种语言：Go、Node.js 和 Java。这里使用

Go 语言的合约代码。

```
#  切换到 peer0.org1 环境
#  在 Org1 上安装合约代码
peer chaincode install -n mycc -v 1.0 -p github.com/chaincode/chaincode_example02/go/
#  切换到 peer0.org2 环境
#  在 Org2 上安装合约代码
peer chaincode install -n mycc -v 1.0 -p github.com/chaincode/chaincode_example02/go/
```

(8) 在 Peer 节点上成功安装合约代码之后，可以在对应的节点上实例化合约代码，取得合约代码对象。下面在 peer0.Org2 节点上实例化对象 mycc，同时携带参数初始化 a 和 b 的值，并且指定背书策略为 "OR"。

```
#  切换到 peer0.Org2 的环境，实例化合约代码
peer chaincode instantiate -o orderer.example.com:7050 --tls --cafile $ORDERER_TLS -C mychannel
-n mycc -v 1.0 -c '{"Args":["init","a", "100", "b","200"]}' -P "OR
('Org1MSP.peer','Org2MSP.peer')"
```

(9) 在 peer0.Org1 节点上查询 a 的值，会得到结果 100。

```
#  切换到 peer0.Org1 的环境，调用 query 查询
peer chaincode query -C mychannel -n mycc -c '{"Args":["query","a"]}'
```

(10) 在 peer0.Org1 上发送交易，调用 invoke 方法从 a 转移 10 到 b。

```
#  调用 invoke，转移资产
peer chaincode invoke -o orderer.example.com:7050 --tls true --cafile $ORDERER_TLS -C mychannel
-n mycc --peerAddresses peer0.org1.example.com:9051 --tlsRootCertFiles/opt/gopath/src/
github.com/hyperledger/fabric/peer/crypto/peerOrganizations/org1.example.com/peers/peer0.org1
.example.com/tls/ca.crt --peerAddresses peer0.org2.example.com:9051 --tlsRootCertFiles/opt/
gopath/src/github.com/hyperledger/fabric/peer/crypto/peerOrganizations/org2.example.com/peers/
peer0.org2.example.com/tls/ca.crt -c '{"Args":["invoke","a","b","10"]}'
```

(11) 在 peer1.Org2 上安装合约代码，并且查询 a 的值。

```
#  切换到 peer1.org2 的环境，安装合约代码
peer chaincode install -n mycc -v 1.0 -p github.com/chaincode/chaincode_example02/go/
#  在 peer1.Org2 上调用 query，查询 a 的值
peer chaincode query -C mychannel -n mycc -c '{"Args":["query","a"]}'
#  取得结果为 90，正确
```

程序执行完成。

5.4 SDK 应用实例

Hyperledger Fabric SDK 为开发人员提供了一个结构化的库环境，用于编写和测试合约代码应用程序。Fabric 提供的 SDK 是完全可配置的，并可通过标准接口进行扩展。SDK API 使用基于 gRPC 的协议缓冲区（protocol buffer）提供交易处理、成员服务管理和节点遍历等功能。本节将重点介绍如何利用 SDK API 开发基于 Fabric 的区块链应用。

5.4.1　SDK 介绍

Hyperledger Fabric SDK 客户端有多种实现，当前包括 Go、Node.js、Java 以及 Python 这 4 种。本实例以 Node.js 为例进行介绍，Node.js 的 Hyperledger Fabric SDK 是面向对象的编程风格设计，其模块化使得应用程序开发人员可以自己基于基础 API 插入核心函数的实现，比如加密算法、state 的持久存储和日志记录。Hyperledger Fabric Node.js SDK 客户端提供的 API 可以分为两类：`fabric-ca-client` 和 `fabric-client`。

`fabric-ca-client` 负责和 `fabric-ca` 组件进行交互，提供成员管理服务。其提供的方法如表 5.1 所示。

表 5.1　`fabric-ca-client` 接口

命令行参数	功　　能
NewFabricCAClient()	新建 Fabric 客户端
Enroll(request)	登记一个注册的用户
Reenroll(currentUser, Optional)	登记一个已经登记过的用户
Register(request, registrar)	注册
Revoke(request, registrar)	撤销证书
createSigningIdentity(user)	创建一个签名身份

`fabric-client` 负责同 Hyperledger Fabric 的核心组件进行交互，如 Peer 节点、Orderer 节点和事件流。其提供的部分接口如表 5.2 所示。

表 5.2　`fabric-client` 接口

命令行参数	功　　能
newChain(name)	新建一条链
getChain(name)	通过 name 获取链
newPeer(url, opts)	新建 Peer 节点
newOrderer(url, opts)	新建 Orderer 节点
newMSP(msp_def)	新建成员服务
createChannel(request)	创建通道
updateChannel(request)	更新通道
queryChainInfo(name, peers)	查询链信息
queryChannels(peer)	查询 Peer 节点加入的通道
queryInstalledChaincodes(peer)	查询 Peer 节点上安装的合约代码
installChaincode(request)	安装合约代码
setStateStore(keyValueStore)	设置键值存储的状态
saveUserToStateStore()	保存用户到 State

（续）

命令行参数	功　能
setUserContext(user, skipPersistence)	设置用户上下文
getUserContext(name, checkPersistence)	获取用户上下文
loadUserFromStateStore(name)	从 State 中加载用户
getStateStore()	获取 State
buildTransactionID(nonce, userContext)	构建交易
createUser(opts)	创建用户
setLogger(logger)	记录日志
setMSPManager(msp_manager)	设置成员服务管理
getMSPManager()	获取当前的成员服务管理
addPeer(peer)	添加 Peer
removePeer(peer)	移除 Peer
getPeers()	获取 Peer 节点集合
addOrderer(orderer)	添加 Orderer
removeOrderer(orderer)	移除 Orderer
getGenesisBlock(request)	获取创世区块
joinChannel(request)	加入通道
queryBlockByHash(blockHash)	查询区块
queryBlock(blockNumber)	查询区块
queryTransaction(transactionID)	查询交易
queryInstantiatedChaincodes()	查询实例化的合约代码
sendTransactionProposal(request)	发送交易提案
sendTransaction(request)	发送交易

更多详细的 SDK 接口实现请参考 GitHub 上 hyperledger/fabric-sdk-node/tree/master/fabric-client/lib。

5.4.2　SDK 应用开发

前面我们详细地介绍了如何使用 CLI 命令行去启动网络和操作合约代码。本节将介绍一个弹珠资产转移的例子。本例子的仓库地址见 GitHub 上 IBM-Blockchain/marbles。

1. 编写代码

marbles.go 是此应用实例的智能合约实现合约代码，代码如下：

```
package main
import (
    ...
)
// 合约代码实现
```

```go
type SimpleChaincode struct { }
// 实体对象定义, Marbles 和 Owners
// ----- Marbles 对象----- //
type Marble struct {
    ObjectType string        `json:"docType"`   // 用于 couchdb
    Id         string         `json:"id"`       // id
    Color      string        `json:"color"`     // marble 颜色
    Size       int           `json:"size"`      // marble 大小
    Owner      OwnerRelation `json:"owner"`     // 拥有者
}
// ----- Owners 对象 ----- //
type Owner struct {
    ObjectType string `json:"docType"`    // 用于 couchdb
    Id string `json:"id"`                 // id
    Username string `json:"username"`     // 用户名
    Company string `json:"company"`       // 用户公司
}
// Mables 和持有者关系表, 用于查询
type OwnerRelation struct {
    Id string `json:"id"`                 // id
    Username string `json:"username"`     // 用户名
    Company string `json:"company"`       // 公司
}
// Main 方法
func main() {
    err := shim.Start(new(SimpleChaincode))
    if err != nil { fmt.Printf("Error starting Simple chaincode - %s", err) }
}
// Init 方法
func (t *SimpleChaincode) Init(stub shim.ChaincodeStubInterface) pb.Response {
    fmt.Println("Marbles Is Starting Up")
    // 获取参数
    _, args := stub.GetFunctionAndParameters()
    var Aval int
    var err error
    if len(args) != 1 { return shim.Error("Incorrect number of arguments. Expecting 1") }
    // 将 numeric 转为 integer
    Aval, err = strconv.Atoi(args[0])
    if err != nil { return shim.Error("Expecting a numeric string argument to Init()") }
    // 写入 state marbles_ui
    err = stub.PutState("marbles_ui", []byte("3.5.0"))
    if err != nil { return shim.Error(err.Error()) }
    // 启动一个测试
    err = stub.PutState("selftest", []byte(strconv.Itoa(Aval)))
    if err != nil {
        // 测试失败
        return shim.Error(err.Error())
    }
    // 测试通过
    fmt.Println(" - ready for action")
    return shim.Success(nil)
}
// Invoke 方法
```

```
func (t *SimpleChaincode) Invoke(stub shim.ChaincodeStubInterface) pb.Response {
    function, args := stub.GetFunctionAndParameters()
    fmt.Println(" ")
    fmt.Println("starting invoke, for - " + function)
    // 处理不同的方法调用
    if function == "init" {                       // 初始化合约代码状态
        return t.Init(stub)
    } else if function == "read" {                // 形成 readset
        return read(stub, args)
    } else if function == "write" {               // 形成 writeset
        return write(stub, args)
    } else if function == "delete_marble" {       // 从 state 中删除 marbles
        return delete_marble(stub, args)
    } else if function == "init_marble" {         // 创建一个新的 marble
        return init_marble(stub, args)
    } else if function == "set_owner" {           // 更改 marble 的拥有者
        return set_owner(stub, args)
    } else if function == "init_owner"{           // 创建一个新的 marble 拥有者
        return init_owner(stub, args)
    } else if function == "read_everything"{      // 读取（owners + marbles + companies）
        return read_everything(stub)
    } else if function == "getHistory"{           // 读取 marble 的历史信息
        return getHistory(stub, args)
    } else if function == "getMarblesByRange"{    // 读取 marbles 集合
        return getMarblesByRange(stub, args)
    }
    // 出错
    fmt.Println("Received unknown invoke function name - " + function)
    return shim.Error("Received unknown invoke function name - '" + function + "'")
}
```

接下来这段代码展示了如何使用 HFC 客户端与 Hyperledger 区块链进行交互的过程。

```
enrollment.enroll = function (options, cb) {
    var chain = {};
    var client = null;
    try {
// Step 1 创建 HFC 客户端
client = new HFC();
        chain = client.newChain(options.channel_id);
    }
    catch (e) {
    }
    if (!options.uuid) { ...  }
    ...
// Step 2 建立 ECert kvs (Key Value Store)
HFC.newDefaultKeyValueStore({
// 在 kvs 目录中存储 eCert
        path: path.join(os.homedir(), '.hfc-key-store/' + options.uuid) //store eCert in the kvs
directory
    }).then(function (store) {
        client.setStateStore(store);
```

```
// Step 3
        return getSubmitter(client, options);
    }).then(function (submitter) {
// Step 4
        chain.addOrderer(new Orderer(options.orderer_url, {
          pem: options.orderer_tls_opts.pem,
          'ssl-target-name-override': options.orderer_tls_opts.common_name  //can be null if
cert matches hostname
        }));
// Step 5
        try {
            for (var i in options.peer_urls) {
                // 新建 peer 节点
                chain.addPeer(new Peer(options.peer_urls[i], {
                    pem: options.peer_tls_opts.pem,
                    'ssl-target-name-override': options.peer_tls_opts.common_name
                })); logger.debug('added peer', options.peer_urls[i]);
            }
        }
        catch (e) { }
        ...
// Step 6
// 打印日志
        logger.debug('[fcw] Successfully got enrollment ' + options.uuid);
        if (cb) cb(null, { chain: chain, submitter: submitter });
        return;
    }).catch(
        function (err) { ... return; }
    );
};
```

SDK 调用过程如下。

❏ Step 1：创建一个 SDK 实例。

❏ Step 2：通过 `newDefaultKeyValueStore` 创建一个键值存储来存储登记证书。

❏ Step 3：登记用户。这时候要用登记 ID 和等级密钥到 CA 获取认证，CA 将会发布登记证书，SDK 将其存在键值库中。若使用默认的键值库，则会被存在本地文件系统中。

❏ Step 4：成功登记后，设置 orderer URL。Orderer 目前还不需要，但是当调用合约代码时将会需要。ssl-target-name-override 业务只有在你已经给证书签名的情况下需要。把这个字段设置为和你以前创建的 PEM 文件的 common name 一样。

❏ Step 5：设置 Peer 的节点。这些暂时也不需要，但需要设置好 SDK 的 chain 对象。

❏ Step 6：SDK 已经完全配置好，开始准备与区块链交互。

2. 应用运行

Marbles 的应用交互流程如图 5.5 所示。

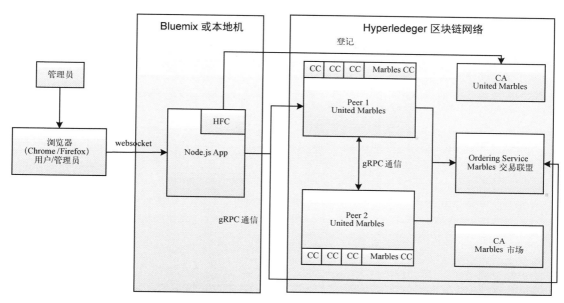

图 5.5　应用交互流程

（1）浏览器与 Node.js 应用通过 websocket 服务进行通信。

（2）Node.js 应用与 Hyperledger 区块链网络间通过 FabricNodeSDK（即 HFC）进行交互。

（3）HFC 与 CA 机构之间的通信基于 HTTP 协议。

（4）HFC 作为 Hyperledger 区块链网络中的客户端节点，区块链网络中的节点互相之间基于 gRPC 协议进行通信。

应用运行步骤如下。

❑ Step 1：参照实例 1 中的步骤配置网络和启动网络。
❑ Step 2：配置 JSON 文件：/config/marbles1.json 和/config/blockchain_creds1.json。
❑ Step 3：安装和实例化合约代码，合约代码路径为/chaincode/src/marbles。
❑ Step 4：启动应用。

```
npm install gulp -g
npm install
gulp
# 成功后会看到以下显示结果
----------- Server Up - localhost:3000 -------------
```

完成之后就可以在浏览器中输入 localhost:3000 进行访问了。

5.5   小结

本章主要介绍了如何在 Hyperledger Fabric 平台上开发区块链应用，首先讲述了 Hyperledger Fabric 开发运行环境的搭建过程，其次讲解了合约代码开发和部署流程，最后介绍了 CLI 应用接口和 SDK 接口，并通过实例说明了如何基于这两种接口开发 Hyperledger Fabric 的区块链应用。

第三部分

企业级区块链平台 Hyperchain

❑ 第 6 章　企业级区块链平台核心原理剖析
❑ 第 7 章　Hyperchain 应用开发基础

企业级区块链平台核心原理剖析

企业级区块链（也称联盟链）主要针对大型公司、政府机构和产业联盟的区块链技术需求，提供企业级的区块链网络解决方案。联盟链的各个节点通常对应一个实体的机构组织，节点的加入和退出需要经过授权。各个机构组成利益相关的联盟，共同维护区块链网络的健康运转。

与私有链和公有链不同，企业级区块链更加着眼于区块链技术的实际落地，在区块链的性能速度和安全性、成员认证管理、数据隐私保护上有着更高的要求。除此之外，企业级区块链的研发往往直接和实际业务场景相关联，更加贴近行业痛点，为企业联盟提供一套更加完善的一体化区块链解决方案。图 6.1 展示了联盟链平台和区块链应用之间的相互促进关系。一方面，联盟链平台为实际行业应用研发、落地提供了底层技术支撑；另一方面，行业应用以及概念的验证落地也推动着联盟链平台的不断发展成熟。

图 6.1　联盟链云平台和行业应用的关系

作为国产的企业级区块链服务平台，Hyperchain 面向企业、政府机构和产业联盟的区块链技术需求，提供企业级的区块链网络解决方案。本章将以 Hyperchain 为例，阐述企业级区块链平台设计的核心原理。

6.1　Hyperchain 整体架构

Hyperchain 支持企业基于现有云平台快速部署、扩展和配置管理区块链网络，对区块链网络的运行状态进行实时可视化监控,是符合 ChinaLedger 技术规范的国产区块链核心系统平台。Hyperchain 具有验证节点授权机制、多级加密机制、共识机制、图灵完备的高性能智能合约执行引擎等核心特性,是一个功能完善、性能高效的联盟链基础技术平台。在面向企业和产业联盟需求的应用场景中,Hyperchain 能够为资产数字化、数据存证、供应链金融、数字票据、支付清算等多中心应用提供优质的底层区块链支撑技术平台和便捷可靠的一体化解决方案。Hyperchain 的整体系统架构如图 6.2 所示。

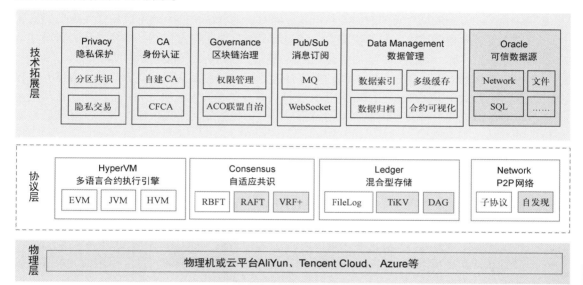

图 6.2 Hyperchain 系统架构图

对于企业级联盟链基础技术平台,我们主要考虑以下基本特性:

- ❏ 参与者的成员身份认证许可机制
- ❏ 商业交易数据的安全与隐私
- ❏ 较高的交易吞吐量和较低的交易延迟
- ❏ 安全完备的智能合约引擎
- ❏ 高用户体验的互操作性

对于参与者成员身份认证许可机制,平台有如下功能。

- ❏ 联盟自治 ACO。平台许可在联盟链网络中创建联盟链自治成员组织,通过提案的形式进行提交和组织内部表决联盟中的状态行为,如系统升级、合约升级、成员管理等,这种方式为区块链联盟治理提供了一种有效模式。
- ❏ 成员管理。平台通过 CA 体系认证的方式实现了联盟成员的准入控制,支持自建 CA 和 CFCA 两种模式,并提供链级管理员、节点管理员以及普通用户的分级权限管理机制,实现不同的权限访问控制。

6

对于交易数据的安全和隐私，平台有如下功能。

❑ 多级加密机制。采用可插拔的加密机制，对于业务完整生命周期所涉及的数据、用户、通信连接等方面都进行了不同策略的加密，通过多级加密保证平台数据的安全，而且完全支持国密算法。

❑ 隐私保护。平台提供了 Namespace 分区共识和隐私交易两种机制实现隐私保护。其中分区共识将敏感交易数据的存储和执行空间进行隔离，允许部分区块链节点创建属于自己的分区，分区成员之间的数据交易以及存储对其他分区中的节点不可见。而隐私交易通过在发送时指定该笔交易的相关方，该交易明细只在相关方存储，隐私交易的哈希在全网共识后存储，既保证了隐私数据的有效隔离，又可验证该隐私交易的真实性。

❑ 可信数据源。区块链是一个封闭的确定性的环境，链上无法主动获取链外真实世界的数据，平台引入了 Oracle 预言机机制，支持将外界信息写入区块链内，完成区块链与现实世界的数据互通，并且该预言机通过第三方可信机构签名实现信任背书，满足可证诚实的要求。

对于吞吐量以及交易延迟，平台有如下功能。

❑ 高效共识算法。平台采用 RBFT（Robust Byzantine Fault-Tolerant，高健壮性拜占庭容错算法）共识算法，在保证节点数据强一致性的前提下，提升系统整体交易吞吐能力以及系统稳定性，TPS（每秒处理交易数量）达到万级，延时可控制在 300 ms 以内，同时平台可使用基于 GPU 的验签加速，进一步提升整体性能，充分满足区块链商业应用的需求，并且支持动态节点管理和失效恢复机制，增强了共识模块的容错性和可用性。后续将集成其他共识算法（如 RAFT）以适配不同的业务场景需求。

❑ 数据分离。区块链中账本数据主要分为区块数据和状态数据两部分，考虑到区块数据会不断增长，而状态数据只会频繁更新，平台引入了 Filelog 存储引擎，实现区块数据与状态数据的分离，保证在系统数据量不断增大的情况下读写性能不受影响。

对于安全完备的智能合约引擎，平台有如下功能。

❑ 平台支持 EVM、JVM、HVM 等多种智能合约引擎；
❑ 支持 Solidity、Java 等编程语言；
❑ 提供完善的合约生命周期管理；
❑ 具有编程友好、合约安全、执行高效的特性，可以适应多变复杂的业务场景。

对于高用户体验的互操作性，平台有如下功能。

❑ 数据归档。为解决区块链中块链式存储数据无限增长的问题，我们通过数据归档的方式将一部分旧的线上数据归档移到线下转存，同时提供了 Archive Reader 用于归档数据浏览。

❑ 数据可视化。为方便用户实时查阅区块链上的合约状态数据，平台提供了一个数据可视化组件 Radar，能够在区块链正常运行的同时将区块链中的合约状态数据导入关系型数据库（如 MySQL）中，使得合约状态可视化、可监控，方便商业应用的业务统计和分析。

❑ 消息订阅。平台提供统一的消息订阅接口，以便外部系统捕获、监听区块链平台的状态变化，从而实现链上链下的消息互通，支持区块事件、合约事件、交易事件、系统异常监控等事件的订阅。

接下来就以 Hyperchain 为例，阐述构成企业级区块链平台的核心技术模块，主要就共识算法、智能合约、账本、安全机制以及数据管理等方面的实现原理进行深入分析。

6.2　基础组件

本节将详细介绍企业级区块链平台的基础组件，主要包括共识算法、网络通信、智能合约和账本数据存储机制。下面我们分别进行介绍。

6.2.1　共识算法

共识算法是保证区块链平台各节点账本数据一致的关键，目前常见的分布式系统一致性算法包括 PoW、PoS、Paxos、Raft、PBFT 等。其中 PoW 依赖机器的计算能力获取账本的记账权，资源消耗较高且可监管性弱，每次交易共识的达成需要全网共同参与计算，因此不适合联盟链对监管以及性能的要求。PoS 的主要思想是节点获得记账权的难度与其持有的权益数量成反比，相比PoW 性能较好，但是依然存在可监管性弱的问题。Paxos 和 Raft 是传统分布式系统的一致性成熟解决方案，此类型算法的性能高、消耗资源低，但是不具备对拜占庭节点的容错。PBFT 算法同Paxos 算法的处理流程类似，是一种许可投票、少数服从多数的共识机制。该算法具备容忍拜占庭错误的能力，且能够允许强监管节点的参与，算法性能较高，适合企业级平台的开发。目前主流的企业级区块链解决方案 Fabric 和 Hyperchain 都提供了 PBFT 的实现方案。然而原生 PBFT 算法在可靠性与灵活性方面不够完善，Hyperchain 平台对可靠性与灵活性进行了增强，设计实现了PBFT 的改进算法，即 RBFT。

1. RBFT 概述

Hyperchain 的共识模块采用可拔插的模块化设计，能够针对不同的业务场景需求选择配置不同的共识算法，目前支持 PBFT 的改进算法 RBFT。Hyperchain 通过优化 PBFT 的执行过程，增加主动恢复与动态节点增删等机制，极大地提高了传统 PBFT 的可靠性与性能。RBFT 能够将交易的延时控制在 300 ms，并且最高可以支持每秒上万笔的交易量，为区块链的商业应用提供了稳定高性能的算法保障。下面就 RBFT 的核心算法进行详细阐述。

2. RBFT 常规流程

RBFT 的常规流程保证了区块链各节点以相同的顺序处理来自客户端的交易。RBFT 同 PBFT的容错能力相同，需要至少 $3f+1$ 个节点才能容忍 f 个拜占庭错误。图 6.3 中的示例为最少集群节点数，其 f 的值为 1。图中的 Primary 为区块链节点中动态选举出来的主节点，负责对客户端消息的排序打包，Replica 节点为备份节点，所有 Replica 节点与 Primary 节点执行交易的逻辑相同，

Replica 节点能够在 Primary 节点失效时参与新 Primary 节点的选举。

RBFT 的共识保留了 PBFT 原有的三阶段处理流程（PrePrepare、Prepare、Commit），但是穿插增加了重要的交易验证环节。

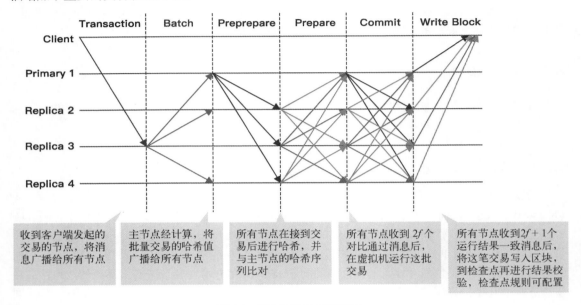

图 6.3   RBFT 常规共识流程

RBFT 算法的常规共识流程如下所示。

(1) Client 将交易发送到区块链中的任意节点。

(2) Replica 节点接收到交易之后转发给 Primary 节点，Primary 自身也能直接接收交易消息。

(3) Primary 会将收到的交易进行打包，生成 batch 进行验证，剔除其中的非法交易。

(4) Primary 将验证通过的 batch 构造 PrePrepare 消息广播给其他节点，这里只广播批量交易的哈希值。

(5) Replica 接收来自 Primary 的 PrePrepare 消息之后构造 Prepare 消息发送给其他 Replica 节点，表明该节点接收到来自主节点的 PrePrepare 消息并认可主节点的 batch 排序。

(6) Replica 接收到 2f 个节点的 Prepare 消息之后对 batch 的消息进行合法性验证，验证通过之后向其他节点广播 Commit 消息，表示自己同意了 Primary 节点的验证结果。

(7) Replica 节点接收到 2f+1 个 Commit 之后执行 batch 中的交易并同主节点的执行结果进行验证，验证通过将会写入本地账本，并通过检查点（checkpoint）来进行结果校验的步骤，检查点规则可配置。

由以上的 RBFT 常规流程可以看出，RBFT 将交易的验证流程穿插于共识算法的整个流程中，做到了对写入区块结果的共识。首先，Primary 节点接收到交易之后首先进行验证，这保证了平台的算力不会被非法交易所消耗，使 Replica 节点能够高效地处理 Primary 节点的拜占庭失效。其次，Replica 节点在接收到 2f 个 Prepare 消息之后对 Primary 节点的验证结果进行验证，如果结果验证不通过则会触发 ViewChange 消息，这再一次保证了系统的安全性。图 6.4 是 RBFT 的共识流程与传统 PBFT 算法验证的具体流程对比图。

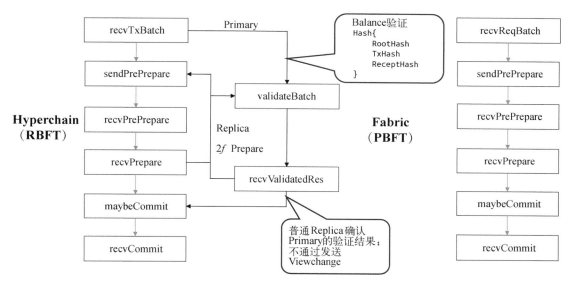

图 6.4　RBFT 流程与 PBFT 流程对比

3. RBFT 视图更换

在 PBFT 算法中，参与共识的节点可根据角色分为主节点（Primary）和从节点（Replica），从节点会将自己收到的交易转发给主节点，主节点最重要的功能就是将收到的所有交易按照一定策略打包成块，让所有节点参与共识验证。那么，一个很自然的问题就是，如果主节点发生宕机、系统错误或者被攻占（即成为拜占庭节点），其他从节点如何才能及时发现主节点的异常并选举产生新的主节点继续共识？这是保证 BFT 类算法稳定性必须要解决的问题。

PBFT 和 RBFT 中都引入了视图（View）的概念，每次更换一个主节点同时切换视图，视图更换（ViewChange）机制是保证整个共识算法健壮性的关键。

目前能够检测到的主节点的拜占庭行为有 3 种情景：(1) 节点停止工作，不再发送任何消息；(2) 节点发送错误的消息，错误可能是消息内容不正确、包含恶意交易的消息等，需要注意的是，这里的消息类型可能是 batch，也可能是用于视图更换的功能性消息；(3) 伪装正常节点，发送正确的消息。

对于情景(1)，可以由 nullRequest 机制保证，行为正确的主节点会在没有交易发生时向所有从节点发送 nullRequest 来说明这一情况的属实性，如果从节点在规定时间内没有收到主节点的 nullRequest，则会引发视图更换行为选举新的主节点。

对于情景(2)，从节点在接收主节点的消息时，会通过验证机制检测对内容进行相应的判断，如果发现主节点的交易包含不符合相应格式的交易或者恶意交易，即验证不通过，会发起视图更换选举新的主节点。

对于情景(3)，无须考虑，一个极端的情形是，如果一个拜占庭节点在行为上一直像正常节点那样工作，那么可以认为它不是一个拜占庭节点，由整个系统保证结果的正确性。

从节点检测到主节点有以上异常情况或者接收来其他 $f+1$ 个节点的视图更换消息之后会向全网广播视图更换消息。当新主节点收到 $N-f$ 个视图更换消息时，会发送 NewView 消息。从节点接收到 NewView 消息之后进行消息的验证和对比，验证视图的切换信息相同之后正式更换视图并打印 FinishVC 消息，从而完成整个视图更换流程，如图 6.5 所示（其中 ViewChange 代表视图更换、Primary 代表主节点，Replica 代表从节点）。

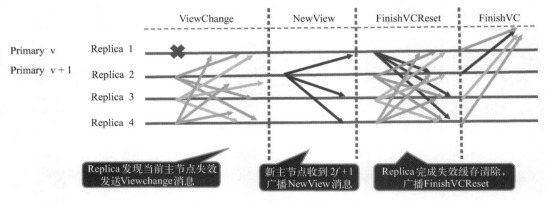

图 6.5　RBFT 视图更换示意图

4. RBFT 自动恢复

区块链网络在运行过程中由于网络抖动、突然断电、磁盘故障等原因，可能会导致部分节点的执行速度落后于大多数节点或者直接宕机。在这种场景下，节点需要自动恢复并将账本同步到当前区块链的最新账本状态，才能参与后续的交易执行。为了解决这类数据恢复工作，RBFT 算法提供了一种动态数据自动恢复机制。

RBFT 的自动恢复机制通过主动索取区块和正在共识的区块信息，使自身节点的存储尽快和系统中的最新存储状态一致。自动恢复机制大大增强了整个区块链系统的可用性。RBFT 为了恢复的方便，对执行的数据设置检查点，检查点是通过全网共识的结果。这样就保证了每个节点上检查点之前的数据都是一致的。除了检查点之外，还有部分数据存储的是当前还未共识的本地执行进度。这样在恢复过程中，首先需要本节点的检查点与区块链其他正常服务节点的检查点同步。

其次需要恢复检查点之外的部分数据。图 6.6 为检查点的示意图，左边为检查点部分，右边为当前执行检查点之外的部分。图 6.7 所示是自动恢复机制的基本处理流程。

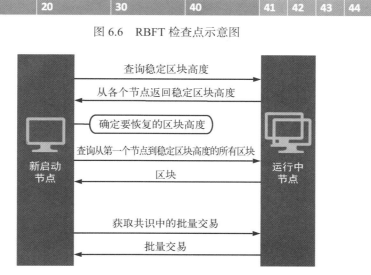

图 6.6 RBFT 检查点示意图

图 6.7 RBFT 自动恢复流程

5. RBFT 节点增删

在联盟链场景下，由于联盟的扩展或者某些成员的退出，需要联盟链支持成员的动态进出服务，而传统的 PBFT 算法不支持节点的动态增删。RBFT 为了能够更加方便地控制联盟成员的准入和准出，为 PBFT 添加了保持集群非停机的情况下动态增删节点的功能。如图 6.8 所示，RBFT 为新节点加入了算法处理流程。

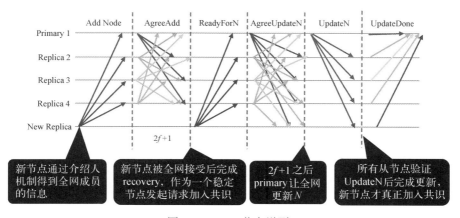

图 6.8 RBFT 节点增删

首先，新的节点需要得到证书颁发机构颁发的证书，然后向联盟中的所有节点发送请求。各个节点确认同意后会向联盟中的其他节点进行全网广播，当一个节点得到 $2f+1$ 个同意加入的回复后，会与新的节点建立连接。其次，当新的节点和 $N-f$（N 为区块链联盟节点总数）个节点建立连接后就可以执行主动恢复算法，同步区块链联盟成员的最新状态。再次，新节点再向主节点请求加入常规共识流程。最后，主节点确认过新节点的请求后会定义在哪个块号后需要改变节点总数 N 来共识（确保新节点的加入不会影响原有的共识，因为新节点的加入会导致全网共识 N 的改变，意味着 f 值可能改变）。

RBFT 节点的动态删除和节点的动态增加流程类似，其主要处理函数如图 6.9 所示，其主要流程如下。

(1) 退出节点需要通过调用 RPC 请求得到本节点的哈希值，然后向全网所有节点发起退出请求。

(2) 接收到删除请求的节点的管理员确认同意该节点退出，然后向全网广播 DelNode 消息，表明自己同意该节点退出整个区块链共识的请求。

(3) 当现有节点收到 $2f+1$ 条 DelNode 消息后，该节点更新连接信息，断开与请求退出的节点间的连接；并在断开连接之后向全网广播 AgreeUpdateN 消息，表明请求整个系统暂停执行交易的处理行为，为更新整个系统参与共识的 N，view 做准备。

(4) 当节点收到 $2f+1$ 个 AgreeUpdateN 消息后，更新节点系统状态。

至此，请求退出节点正式退出区块链系统。

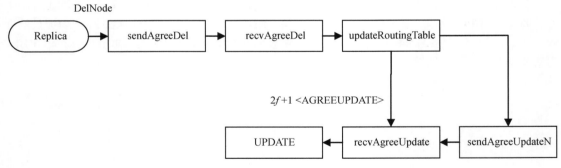

图 6.9 动态节点退出函数调用

以上便是 Hyperchain 改进版的共识算法 RBFT 的主要算法流程。RBFT 通过增加常规共识流程中的验证步骤，增加节点自动恢复机制，增加动态节点加入以及删除等功能，比传统 PBFT 算法更加稳定、灵活、高效，可以更好地满足企业级联盟链的生产环境需求。

6.2.2 网络通信

1. 通信原理

P2P 网络是节点之间共识和信息传递的通道，是 Hyperchain 的网络基础。

网络通信模块主要由 Node 、Peer 和加密传输 3 个子模块构成。Node 子模块主要用于提供本节点的 gRPC 调用服务，作为服务端存在。Peer 子模块主要作为本节点向其他节点请求时的客户端。加密模块采用 ECDH 密钥协商算法，生成只有两个节点间认可的密钥，然后基于增强版的 AES 对称加密节点间传输的数据，保证数据传输的安全。

整个通信流程如图 6.10 所示。

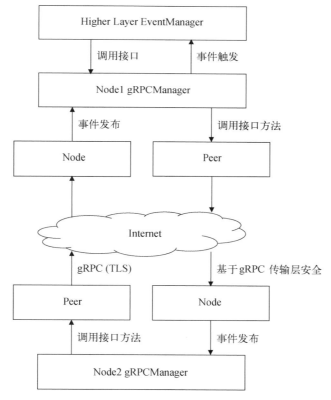

图 6.10　Hyperchain 通信流程图

Hyperchain 的主要架构设计是将 Peer 和 Node 分离开来，Peer 为上层模块提供消息发送接口。而 Node 主要负责接收消息并将消息抛往上层：接收各节点的信息，然后作为一个消息分发路由，将各类消息 post 到各层。Peer 和 Node 都通过 gRPCManager 进行管理，用于控制各层的通信和分发，实现 Peer 对外暴露接口以及真正控制节点的各个状态。在 P2P 模块中也实现了各模块相互分离，由一个控制层进行控制，子模块各司其职。

2. 节点类型

Hyperchain 的节点分为验证节点（VP）和非验证节点（NVP）两类：

❑ 验证节点是指区块链网络中参与共识验证的节点；

❑ 非验证节点在区块链网络中不参与共识验证，仅参与记账。

NVP 主要用来做交易转发和灾备，不会自己处理交易，也不参与共识，因而需要依靠相连的 VP 来保证与全网状态的最终一致性。但 NVP 可以接收交易，并将收到的交易转发给相连的 VP 进行处理。

VP 不会主动连接 NVP，所以当 VP 重启后，与其相连的 NVP 会全部断开且不会自动重连，需要手动连接。而 NVP 拥有完善的状态恢复机制，能够在刚刚启动或其他原因导致状态落后之后及时同步。

VP 之间通过 gRPC 远程调用服务实现通信构成 P2P 网络，其中 gRPC 服务采用 protobuf3 进行数据的序列化和反序列化，能够确保数据的完整和传输的高效和安全。

3. 流控机制

底层平台可根据业务需要对允许进入区块链系统的流量进行人为控制，当系统流量超过系统设置的上限时，会对超过部分拒绝接收。这样可以防止网络通信过程中因大量无用交易请求占用了节点处理时间而耽误其他交易，从而在满足业务要求的前提下保证系统的安全性。

可通过配置文件对合约交易以及普通交易进行按需流量配置。配置项及配置信息如表 6.1 所示。

表 6.1　配置文件表

参　数　项	描　　述
global.configs.ratelimit.enable	流量控制是否开启（一般开启）
global.configs.ratelimit.txRatePeak	普通交易流量控制
global.configs.ratelimit.txFillRate	普通交易流量阈值恢复间隔
global.configs.ratelimit.contractRatePeak	合约交易流量控制
global.configs.ratelimit.contractFillRate	合约交易流量阈值恢复间隔

6.2.3　智能合约

智能合约是部署在区块链上的一段可以自动执行的程序，广泛意义上的智能合约包含编程语言、编译器、虚拟机、事件、状态机、容错机制等。其中，对应用程序开发影响较大的是编程语言以及智能合约的执行引擎，即虚拟机。虚拟机作为沙盒被封装起来，整个执行环境被完全隔离。

虚拟机内部执行的智能合约不能接触网络、文件系统或者系统中的其他线程等系统资源。合约之间只能进行有限调用。

目前智能合约的编写及其运行环境有 3 种典型的实现范例：

(1) IBM 的 Hyperledger Fabric 项目用 Docker 作为智能合约的执行环境；

(2) R3 Corda 项目中的智能合约使用 JVM 作为合约的底层执行环境；

(3) 以太坊项目中的智能合约采用 Solidity 进行编写，并使用内嵌型的 Solidity 虚拟机进行执行。

1. 智能合约执行引擎

因为智能合约本质上是一段可自动执行的脚本程序，存在出错的可能性，甚至会引发严重问题或连锁反应，因此，智能合约执行引擎的安全性对企业区块链的安全性来说至关重要。

Solidity 是一种高级编程语言，它专为智能合约的编写而设计，语法与 JavaScript 相似。其编写十分简单，是一门图灵完备的语言，更重要的是它只能用来实现合约的逻辑功能，不提供任何访问系统资源的接口（例如打开文件、访问操作系统底层资源等），这在语言层面上就保证了用 Solidity 编写的智能合约能且只能运行在一个独立于操作系统的沙盒中，无法操纵任何系统资源。而 Fabric 基于 Docker 形式的虚拟机，对语言并未进行特殊限制，因此不能完全保证安全性。

与 Docker 和 JVM 相比，Solidity 语言及其智能合约执行引擎在程序体积上更小，对资源的控制粒度更细，并且采用 Solidity 语言能够最大程度地利用开源社区在智能合约技术和经验方面的积累，提高智能合约的可重用性。因此 Hyperchain 平台在智能合约的实现上选择了 Solidity 语言，并设计研发了支持 Solidity 执行的高效智能合约执行引擎 HyperVM。

HyperVM 是 Hyperchain 的可插拔智能合约引擎通用框架，允许不同智能合约执行引擎接入，目前实现了兼容 Solidity 语言的 HyperEVM 以及支持 Java 语言的智能合约引擎 HyperJVM 和 HVM，之后将继续集成其他虚拟机如 WVM、JSVM。

- **HyperEVM**

HyperEVM 是为了最大程度利用开源社区在智能合约技术和经验方面的积累，提高智能合约的重用性而深度重构 EVM 的虚拟机，完全兼容 EVM 上开发的智能合约。HyperEVM 在保持 Solidity 开发语言的兼容性的基础上，对智能合约虚拟机进行性能优化，保持了以太坊虚拟机的沙盒安全模型，做了充分的容错机制，并进行系统级别的优化，结合环境隔离能够保证合约在有限时间内安全执行，在执行性能方面逼近二进制原生代码的效率。

- **HyperJVM**

HyperJVM 通过微服务的架构设计以及多重安全检查机制为原生 Java 智能合约执行提供了一个高性能安全的执行沙盒。HyperJVM 具有以下优点：

- ❑ 支持 Java 语言进行智能合约开发，大大降低了开发门槛；
- ❑ 支持完整智能合约生命周期管理，包括合约部署、升级、冻结等；
- ❑ 支持丰富的账本操作，KV 接口、批量处理、范围查询以及列式数据操作；
- ❑ 支持复杂合约逻辑开发和授权跨合约调用；
- ❑ 支持合约自定义事件监听。

● **HVM**

HVM（Hyperchain virtual machine）是集成在 Hyperchain 中的轻量级 Java 智能合约运行时。它提供了一个沙盒环境来执行 Java 语言编写的智能合约，并能通过多种方式保证其安全性。在 HVM 上，用户可以高效地写出简单强大的智能合约。HVM 具有以下优点：

- ❑ 完善的合约生命周期支持；
- ❑ 更安全的 Java 语言智能合约执行环境；
- ❑ 更高效的状态空间操作机制；
- ❑ 更友好的编程接口方案。

2. HyperVM 设计原理

HyperVM 的设计如图 6.11 所示，主要组件包括用于合约编译的编译器，用于代码执行优化的优化器，用于合约字节码执行的解释器，用于合约执行引擎安全性控制的安全模块，以及用于虚拟机和账本交互的状态管理模块。

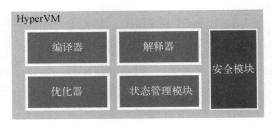

图 6.11　HyperVM 组件图

3. HyperVM 执行流程

图 6.12 是 HyperVM 执行交易的典型流程图，HyperVM 执行一次交易之后会返回一个执行结果，系统将其保存在被称为交易回执的变量中，之后平台客户端可以根据本次的交易哈希进行交易结果的查询。

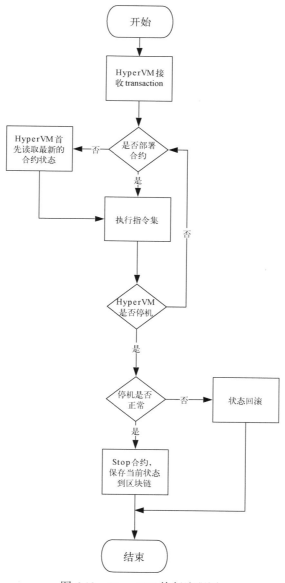

图 6.12 HyperVM 执行流程图

HyperVM 的具体执行流程如下。

(1) HyperVM 接收到上层传递的 transaction，并进行初步的验证。

(2) 判断 transaction 的类型，如果是部署合约则执行步骤(3)，否则执行步骤(4)。

(3) HyperVM 新建一个合约账户来存储合约地址以及合约编译之后的代码。

(4) HyperVM 解析 transaction 中的交易参数等信息，并调用其执行引擎执行相应的智能合约字节码。

(5) 指令执行完成之后，HyperVM 会判断其是否停机，未停机就跳转步骤(2)，否则执行步骤(6)。

(6) 判断 HyperVM 的停机状态是否正常，正常则结束执行，否则执行步骤(7)。

(7) 进行 Undo 操作，状态回滚到本次交易执行之前，交易结束。

图 6.12 中的执行指令集模块是 HyperVM 执行模块的核心，指令的执行模块有两种实现，分别是基于字节码的执行以及更加复杂高效的即时编译（Just-in-time compilation，JIT）。

字节码执行的方式比较简单，HyperVM 实现的虚拟机会有指令执行单元。该指令执行单元会一直尝试执行指令集，当指定时间未执行完成时，虚拟机会中断计算逻辑，返回超时错误信息，以此防止智能合约中的恶意代码执行。

JIT 方式的执行相对复杂，即时编译也称为及时编译、实时编译，是动态编译的一种形式，是一种提高程序运行效率的方法。通常程序有两种运行方式：静态编译与动态直译。前者是指程序在执行前全部被翻译为机器码，而后者则是一边翻译一边执行。即时编译器混合了静态编译和动态直译，一句一句地编译源代码，但同时会将翻译过的代码缓存起来，这样做的好处使可以降低性能损耗。即时编译的代码相对于静态编译代码可以处理延迟绑定并增强安全性。JIT 模式执行智能合约主要包含以下步骤。

(1) 将所有同智能合约相关的信息封装在合约对象中，然后通过该代码的哈希值去查找该合约对象是否已经存储编译。合约对象有 4 种常见状态，即合约未知、合约已编译、合约准备好通过 JIT 执行、合约错误。

(2) 如果合约状态是合约准备好通过 JIT 执行，则 HyperVM 会选择 JIT 执行器来执行该合约。执行过程中虚拟机将会对编译好的智能合约进一步编译成机器码并对 push、jump 等指令进行深度优化。

(3) 如果合约状态处于合约未知的情况下，HyperVM 首先需要检查虚拟机是否强制 JIT 执行，如果是则顺序编译并通过 JIT 的指令进行执行。否则，开启单独线程进行编译，当前程序仍然通过普通的字节码编译。当下次虚拟机执行过程中再次遇到相同编码的合约时，虚拟机会直接选择经过优化的合约。这样合约的指令集由于经过了优化，该合约的执行和部署的效率能够获得较大的提高。

6.2.4　账本数据存储机制

区块链本质上是一个分布式账本系统，因此区块链平台的账本体系设计至关重要。Hyperchain 的账本设计主要包含 3 个部分：首先对客户的交易信息通过区块链这种链式结构进行存储，保证了客户交易的不易篡改以及可追溯性；其次，采用账户体系模型维护区块链系统的状态，即图

6.13 中的合约状态部分；最后，为了快速判断账本信息、交易信息等关键信息是否存在，账本采用了改进版的 Merkle 树进行相关信息存储。

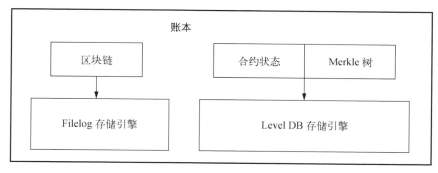

图 6.13 账本存储结构

本节接下来就这些和账本相关的重要数据结构的设计进行详细分析。

1. 区块链

区块链是区块链账本中的重要数据结构，存储着核心交易信息。区块链是由包含交易信息的区块从后向前有序链接起来的数据结构。所有区块被从后向前有序地链接在这个链条里，每一个区块都指向其父区块。区块链经常被视为一个垂直的栈，第一个区块作为栈底的首区块，随后每个区块都被放置在其他区块之上。用栈形象化地表示区块依次链接这一概念后，我们便可以使用一些术语，例如，"高度"表示最新区块与首区块之间的距离，"顶部"或"顶端"表示最新添加的区块。

如图 6.14 所示，区块结构中分为两部分：区块头和交易列表。区块头中记录了一些固定大小的区块元数据信息，在交易列表中记录了所有被收录在该区块的交易信息。区块中的相应存储内容的具体定义如表 6.2 至表 6.4 所示。

对每个区块头进行 SHA256 哈希计算，可以生成一个哈希值，该值可以用作在区块链中唯一标识该区块的数字指纹。同时，在区块头信息中引用了上一个产生区块的哈希值，即在每一个区块中，都包含其父区块的哈希值。通过这种方式，所有的区块都被串联成一个垂直的链式结构，通过不断迭代访问父区块，最终可以追溯至区块链的创世区块（第一个区块）。

正是由于这种特殊的链式结构设计，父区块有任何改动时，父区块的哈希值也会发生变化，迫使子区块中的"父区块哈希值"字段发生变化，导致产生的子区块哈希值变化。Hyperchain 节点之间每隔一个检查点会进行一次最新区块哈希的比较，如果本地维护的最新区块哈希值与区块链网络维护的最新区块哈希值一致，则能确定本地维护的区块链信息是合法的，否则表示本地节点已经成为了一个"拜占庭节点"。

图 6.14   区块链结构

表 6.2   Hyperchain 区块定义

字 段 名	描 述	大 小
区块头	区块元数据集	203 字节
交易列表	收录在区块里的交易信息	可变

表 6.3   Hyperchain 区块头定义

字 段 名	描 述	大 小
版本信息	区块结构定义版本信息	3 字节
父区块哈希	父区块哈希值	32 字节
区块哈希	区块内容的哈希标识	32 字节
区块号	区块高度	8 字节
区块时间戳	主节点构造区块的近似时间	8 字节
合约状态哈希	所有合约账户状态的哈希标识	32 字节
交易集哈希	区块中收录的交易列表哈希标识	32 字节
回执集哈希	执行交易产生的回执列表哈希标识	32 字节
其他	区块执行时间戳，区块入链时间戳等	24 字节

区块的交易列表中存储了被收录的交易数据，每条交易包含以下字段，如表 6.4 所示。

表 6.4　交易结构定义

字 段 名	描 述	大 小
版本信息	交易结构定义版本信息	3 字节
交易哈希值	根据交易内容生产的哈希标识	32 字节
交易发起者地址	长度为 40 的十六进制字符串，用于标识发起者	20 字节
交易接收者地址	长度为 40 的十六进制字符串，用于标识接收者	20 字节
合约调用信息	调用合约函数标志及调用参数编码后的内容	不定
交易时间戳	Hyperchain 节点收到交易的近似时间	8 字节
随机数	随机产生的 64 位整数	8 字节
用户签名	用户对交易内容签名生成的签名信息	65 字节

2. 合约状态

Hyperchain 系统除了维护区块链数据以外，还维护了系统当前的状态信息。与比特币系统采用 UTXO 模型不同，Hyperchain 采用了账户模型来表示系统状态。

当 Hyperchain 节点收到一笔"待执行"的交易后，会首先交由执行模块执行。执行交易结束后，会更改相关合约账户的状态，例如某用户 A 发起一笔交易调用已部署的合约 B，使得合约 B 中的变量值 b 由 0 变为 1，并持久化到合约状态中存储。

每一笔交易的执行，即意味着合约账户状态的一次转移，也代表着系统账本的一次状态转移。因此，Hyperchain 也可以被认为是一个状态转移系统。

在 Hyperchain 账本中，会记录链上所有合约的状态信息。合约状态元数据共有以下几个字段，如表 6.5 所示。

表 6.5　合约账户定义

字 段 名	描 述	大 小
合约地址	用于标识合约账户的唯一标识	20 字节
合约存储空间哈希标识	利用 Merkle 树计算合约存储空间的所得的标识	32 字节
合约代码哈希标识	合约可执行代码哈希产生的标识	32 字节
创建者	创建该合约的账户地址	20 字节
创建区块高度	合约被部署时的区块高度	8 字节
合约状态	当前合约的可访问状态（正常或冻结）	1 字节

除以上元数据以外，合约账户还有两个数据字段：可执行代码以及变量存储空间。可执行代码就是一段用字节数组编码的指令集，每一次合约的调用其实就是一次可执行代码的运行。合约中定义的变量则会被存储在合约所属的存储空间中，合约账户存储空间示意图如图 6.15 所示。

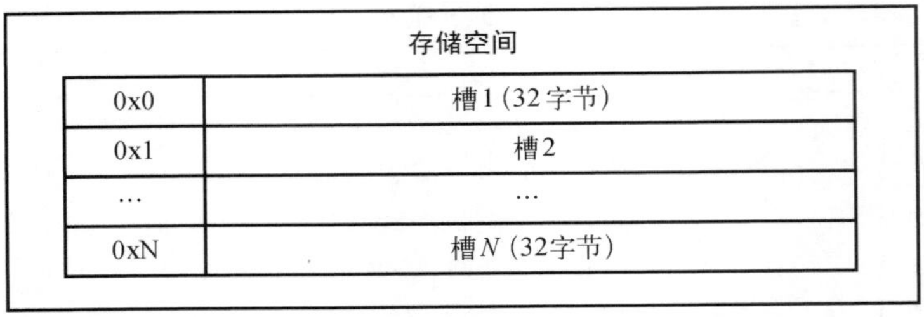

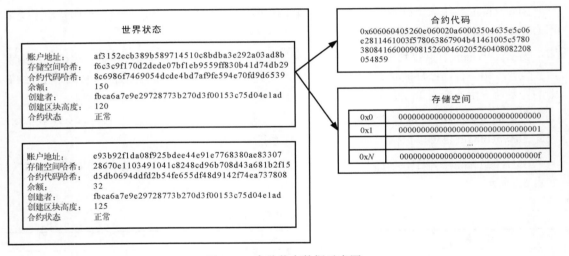

图 6.15　合约账户存储空间示意图

　　存储空间与标准的存储结构类似，在逻辑上是由一片地址连续的存储单元组成的（为了节省磁盘存储空间，空的存储单元不被写入磁盘）。每一个存储单元称为一个槽，大小为 32 字节。合约变量通过在合约编译阶段得到其在存储空间的索引地址，内容存储在相应的槽中。

　　一个简易的合约状态数据示意图如图 6.16 所示。

图 6.16　合约状态数据示意图

3. Merkle 树

　　将区块中收录的交易依次处理之后，合约账户从原先的状态转移至一个新的状态，为了快速生成一个用于标识所有合约账户集新状态的哈希值，Hyperchain 系统中引入了 Merkle 树进行哈希计算，接下来先简明扼要地介绍一下 Merkle 树的结构和作用。

　　Merkle 树是一种哈希二叉树，它是一种用作快速归纳和校验大规模数据完整性的数据结构。这种二叉树包含加密哈希值，在比特币网络中，Merkle 树被用来归纳一个区块中的所有交易，同时生成整个交易集合的数字指纹，且提供了一种校验区块是否存在某交易的高效途径。但是传统的 Merkle 树性能较差，在面对高频海量数据时，计算的表现不能达到联盟链的需求。因此在

Hyperchain 中，设计了一种融合了 Merkle 树和哈希表两种数据结构各自优势的 HyperMerkle 树，大大提升了账本哈希计算的速率。

传统的 Merkle 树是自底向上构建的，如图 6.17 所示，从 L1、L2、L3、L4 这 4 个数据块开始构建 Merkle 树。首先对这 4 个数据块的数据哈希化，然后将哈希值存储至相应的叶子节点。这些叶子节点分别是 Hash0-0、Hash0-1、Hash1-0 和 Hash1-1。

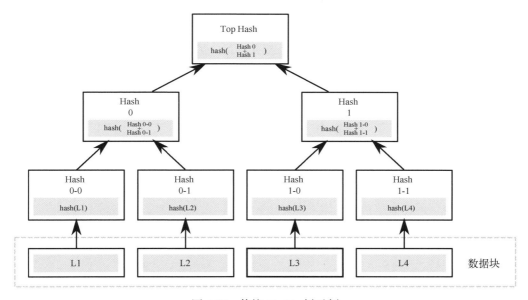

图 6.17 传统 Merkle 树示例

完成最底层叶子节点的赋值之后，开始计算非叶子节点的值，计算方法为串联相邻叶子节点的哈希值，并以此为输入计算哈希，所得结果即为这对叶子节点父节点的哈希值。

继续类似的操作，直到只剩下顶部的一个节点，即 Merkle 根。根节点的哈希值即代表着这一批数据块的标识。

这种传统的 Merkle 树只适用于像比特币系统中对批量交易数据进行哈希的场景，而无法满足联盟链中快速计算账本哈希的需求。因此在 Hyperchain 中重新设计了结合哈希表特性的 HyperMerkle 树。

HyperMerkle 树是一棵构建在哈希表上的多叉树，哈希表的每个存储单元均是 HyperMerkle 树的一个叶子节点，所有的叶子节点称为 n 层节点。将相邻若干个叶子节点归纳为一个父节点，生成的父节点集合称为 n–1 层节点。递归上述操作直到只剩下顶部的一个节点即为 HyperMerkle 树的根节点。每个父节点维护着子节点哈希值列表。HyperMerkle 树结构如图 6.18 所示。

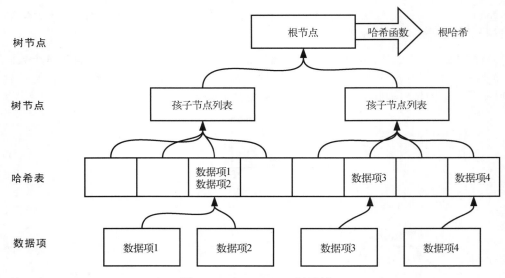

图 6.18　HyperMerkle 树示例

HyperMerkle 树的一次计算过程如下所示。

(1) 将输入数据集中的每一个元素按照 key 值哈希到不同的位置，产生哈希冲突时采用拉链法进行处理。

(2) 对每一个涉及改动的叶子节点进行哈希重计算，输入为叶子节点的内容；计算完成后将计算结果写入相应父节点的孩子节点哈希列表中。

(3) 对每一个涉及改动的 $n-1$ 层节点进行哈希重计算，输入为节点的孩子节点哈希列表（本次计算未涉及的孩子节点的哈希值使用上次计算的值）；计算完成后将计算结果写入相应父节点的孩子节点哈希列表中。

(4) 重复步骤(3)，直至计算至 1 层节点。1 层节点也称为根节点，账本的当前哈希值用根节点哈希值表示。

(5) 将本次重计算的所有节点的内容持久化。

一棵 HyperMerkle 树维护一批数据，且每次修改后只针对被修改的部分进行哈希重计算，通过这种机制可以大幅提升计算效率。

HyperMerkle 树在 Hyperchain 中具体进行两部分内容的哈希计算：合约账户存储空间的哈希计算；合约账户集的哈希计算。

对于每个合约账户，存储空间的内容是 HyperMerkle 树的输入，输出保存在合约账户的元数据中；对于合约账户集，每个合约的内容是 HyperMerkle 树的输入，输出保存在区块中，视作当前合约账户集状态的标识。

6.3 拓展组件

企业级区块链平台也即联盟链。"联盟链"这个名词包含两层含义：首先它是区块链，其次它是有限成员联盟性质的。因此，在企业区块链安全性机制的设计上，既需要考虑传统区块链面对的各成员之间的信任问题，又要考虑联盟成员的准入准出的安全管理机制。为此，Hyperchain平台提出了基于密码学的多级加密机制，在交易网络、交易双方以及交易实体等多个层面使用安全加密算法对用户信息进行了全方位加密，还提出了基于 CA 的权限控制机制；另外，为满足企业级区块链平台的高扩展性、高可用性等需求，平台推出了数据管理、消息订阅等功能。本节接下来将对平台功能特性进行详细介绍。

6.3.1 隐私保护

1. 分区共识

为了提高数据安全隐私保护以及支持灵活独立的业务场景，Hyperchain 通过设计 Namespace（命名空间）机制实现区块链网络内部交易的分区共识。使用者可以按照 Namespace 进行业务交易划分，同一个 Hyperchain 联盟链网络中的节点按照其所参与的业务组成以 Namespace 为粒度的子网络，像一个个盒子实现了不同业务之间的物理隔离，使各空间的交易互不干扰。

单个 Hyperchain 节点按照其业务需求可以选择参与一个或者多个 Namespace。如图 6.19 所示，Node1、Node2、Node4 和 Node5 组成 namespace1，而 Node2、Node3、Node5 和 Node6 组成 namespace2。其中，Node1 仅参与了 namespace1，而 Node2 则同时参与了两个 Namespace，Namespace 中通过 CA 认证的方式控制节点的动态加入和退出。

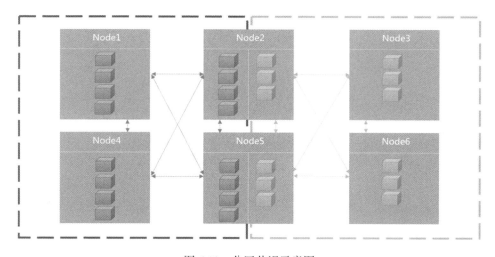

图 6.19　分区共识示意图

带特定 Namespace 信息的交易的验证、共识、存储以及传输仅在参与特定 Namespace 的节点之间进行，不同 Namespace 之间的交易可实现并行执行。例如，图 6.19 中的 Node1 仅能参与 namespace1 中交易的验证以及相应账本的维护，而 Node2 能够同时参与 namespace1 和 namespace2 的交易执行和账本维护，但 Node2 中的 namespace1 和 namespace2 的账本互相隔离，互不可见。

2. 隐私交易

为了提供更细粒度的联盟链隐私保护方案，Hyperchain 主要实现了隐私交易的存证，隐私合约的部署、调用、升级等。

Hyperchain 可支持交易粒度的隐私保护，发送交易时指定该笔交易的相关方，该交易明细只在相关方存储，隐私交易的哈希在全网共识后存储在公共账本，既保证了隐私数据的有效隔离，又可验证该隐私交易的真实性。

图 6.20 展示了隐私交易与普通共识交易各自的流程及差异性。

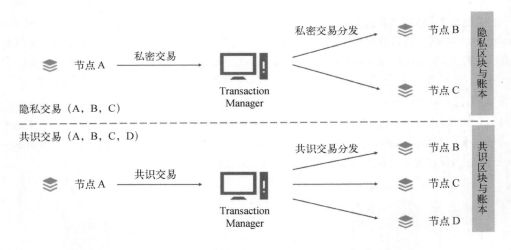

图 6.20 隐私交易与共识交易示意图

3. 加密上链/哈希上链

对于某些高敏感信息，若与交易和账本无强相关性，则可将数据明文在上链之前以对称加密的方式进行加密，将隐私数据保护起来，也可以将原始数据和文件在链下保存，通过哈希的方式仅将其数字摘要保存到链上，同时解决数据容量和数据敏感的问题。

4. 合约访问控制

合约编码者可以通过智能合约和访问控制策略来限制访问数据的角色和用户，即在合约中针对节点、角色、用户定制不同的合约函数访问权限。合约编码者可以在合约中为一些高权限的函数设置权限控制，使得该函数只能被固定地址的调用者调用，从而实现访问权限控制。

6.3.2 加密机制

Hyperchain 采用了可插拔的多级加密机制，对于业务完整生命周期所涉及的数据、用户、通信连接等都进行了不同策略的加密，方便企业用户按照具体业务的场景选择加密方式，同时保障系统的安全性和高效性。

1. 哈希算法

通过哈希算法可以把任意长度的输入变换成固定长度的输出（哈希值），哈希值的空间通常远小于输入的空间，并且哈希函数具有不可逆性，根据哈希值无法反推输入原文的内容。

哈希算法在 Hyperchain 平台中有着广泛运用，例如交易的摘要、合约的地址、用户地址等都运用了哈希算法。Hyperchain 提供了可拔插的、不同安全级别的哈希算法选项。安全等级由低到高分别有 SHA2-256、SHA2-256、SHA2-384、SHA2-384 等，这些哈希算法都可以保证为消息生成体积可控、不可逆推的数字指纹，保证平台的数据安全。

2. 基于 ECDSA 的交易签名

为了防止交易被篡改，Hyperchain 采用了成熟的椭圆曲线数字签名算法（elliptic curve digital signature algorithm，ECDSA）对交易进行签名，保证平台的身份安全。签名过程如图 6.21 所示。

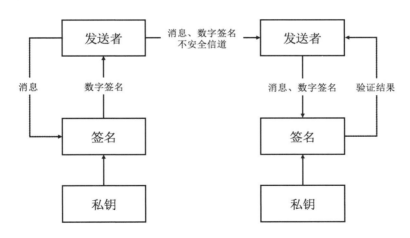

图 6.21　数字签名流程图

椭圆曲线密码体制的安全性是基于椭圆曲线离散对数问题的难解性，由于该问题没有亚指数时间的解决方法，椭圆曲线密码系统（elliptic curve cryptography，ECC）的单位比特强度要远高于传统的离散对数系统，因此计算参数更小，密钥更短，运算速度更快，签名也更加短小。

Hyperchain 使用 secp256k1 曲线和 r1 曲线两种方式实现了数字签名算法，用户可自行选择，对平台交易进行签名验证，保证交易的正确性和完整性。同时平台支持使用该算法对节点间消息进行签名验证，保证节点间消息通信的正确性和完整性。考虑到在数字签名及签名验证过程中涉及大量复杂的计算，Hyperchain 采取 C 语言封装的椭圆曲线加密标准，在签名和验证的性能上有更好的表现。

3. 基于 ECDH 的密钥协商

在网络通信过程中，使用会话密钥对传输的信息进行加密，可以防止黑客窃听机密消息进行欺诈等行为。Hyperchain 通过实现椭圆曲线 Diffie-Hellman（ECDH）密钥协商协议，来完成会话密钥的建立和网络中用户之间的相互认证，保证通信双方可以在不安全的公共媒体上创建共享的机密协议，而不必事先交换任何私有信息。

在 Hyperchain 中，首先利用 ECDH 实现共享密钥的交换，交换过程如图 6.22 所示。ECDH 算法以安全身份认证为前提建立了密钥协商安全信道，任何截获交换的组织都能够复制公共参数和通信双方公钥，但是无法从公开共享值生成共享机密协议。协商出共享公钥后，再通过对称加密来极大地提高通信效率。

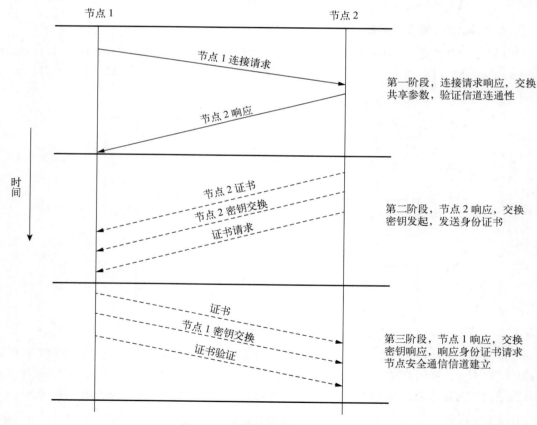

图 6.22   密钥协商交换过程示意图

ECDH 密钥协商在身份认证和交易安全中都具有重要的作用，通过密钥协商建立起的安全通信信道能够实现安全的信息交换，保证平台的通信安全。以安全身份认证为前提建立的密钥协商安全信道，能够确认通信双方的身份合法，再通过对称加密能够大大提高通信效率，因为不需要每次通信都去认证身份了。

4. 基于对称加密的密文传输

Hyperchain 在通信双方协商出一个机密共享密钥后，再基于对称加密算法保证节点间的密文传输，使得计算上破解传输内容的难度更高，从而保证平台消息传输的高安全性。

对称加密也称常规加密、私钥加密或者单钥加密，一个完整的对称加密方案由 5 个部分组成。

- ❑ 明文（plaintext）：原始的消息或者数据，作为算法输入。
- ❑ 加密算法（encryption algorithm）：加密算法对明文进行各种替换和转换。
- ❑ 秘密密钥（secret key）：算法输入、算法进行替换和转换都依赖于秘密密钥。
- ❑ 密文（ciphertext）：已被打乱的消息，作为加密算法的输出，取决于明文和秘密密钥。对于一个给定的消息，两个不同的秘密密钥会产成不同的密文。
- ❑ 解密算法（decryption algorithm）：本质上是加密算法的逆运算。使用密文和秘密密钥产生原始明文。Hyperchain 支持 AES（advanced encryption standard，高级加密标准）算法——是一个基于排列和置换运算的、迭代的、对称密钥分组的密码。它可以使用 128 位、192 位和 256 位密钥，用 128 位（16 字节）分组加密和解密数据。

5. 传输层安全

除了上述密钥协商与密文传输以外，Hyperchain 节点间还通过传输层安全 TLS（transport layer security）来保证通信安全。TLS 能够在传输层保障信息传输的安全性，是目前较为通用的网络传输实施标准，几乎所有的网络安全传输中都采用了该技术，比如 Google、淘宝、百度、微信等。

传输层安全是 Hyperchain 默认开启的功能，采用 TLSCA 签发的证书进行安全通信，即在网络传输过程中需要验证传输层安全协议证书的安全性，验证通过即可以进行正常网络通信，否则无法进行网络通信。该选项是配置可选的。

6. 国密支持

相比于其他区块链平台，Hyperchain 在加密算法上有一个很大的优势：完全支持国密算法的集成。目前 Hyperchain 已集成了国密算法 SM2、SM3 和 SM4，并符合 SSL VPN 技术规范。

其中，SSL VPN 包括各类网络通信协议，用于替代 OpennSSL；SM2 是基于椭圆曲线密码的公钥密码算法标准，包含数字签名、密钥交换和公钥加密，用于替换 RSA、DiffieHellman、ECDSA、ECDH 等国际算法；SM3 为密码杂凑算法，用于替代 MD5、SHA-1、SHA-256 等国际哈希算法；SM4 为分组密码算法，用于替代 AES、DES、3DES 等国际对称加密算法。

6.3.3　成员管理

1. CA 体系

Hyperchain 主要通过 CA 体系进行身份认证，采用证书颁发精简体系，如图 6.23 所示。

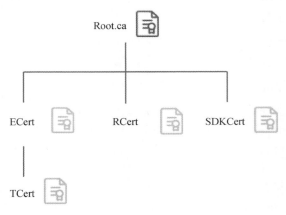

图 6.23　CA 证书颁发体系

Root.ca（根证书颁发机构）代表 PKI 体系中的信任锚。根 CA 是 PKI 层次结构中最上层的 CA，用于签发证书认证机构以及角色证书准入认证机构。

ECert（enrollment certificate）为准入证书，ECA（enrollment certificate authority）为准入证书颁发机构，该机构能够向下颁发节点准入证书。持有 ECert 的节点才能够同 Hyperchain 链上服务交互，否则无法加入相应的 Namespace。

另外，Hyperchain 的 ECert 设计上有两种实现。持有 ECert1 的机构不仅拥有同 Hyperchain 链上服务交互的权限，还能够向下颁发 TCert（transaction certificate）交易证书。交易证书用于实现伪匿名交易，客户发起交易的时候需携带，客户端会使用 TCert 相匹配的私钥对 Transaction 进行加密。TCert 可以实现线上申请，由各个节点签发，每一条 Transaction 都用一个新的 TCert 进行签名，从而实现每条交易的相对匿名，但是可以由签发方审查。

RCA（role certificate authority）为角色证书认证机构，该机构有权限颁发 RCert（role certificate）。RCert 主要是用于区分区块链节点中的验证节点和非验证节点，拥有 RCert 才被认为是区块链中的验证节点，参与区块链节点之间的共识。RCert 和 TCert 一样，只能作为身份证明的证书存在，不能向下颁发证书。

Hyperchian 的证书均符合 ITU-T X.509 国际标准，它仅包含公钥信息而没有私钥信息，是可以公开发布的。

同时 Hyperchain 平台集成了 CFCA（China financial certification authority）实现数字证书管理功能，可以满足对于证书系统安全性与权威性要求较高的银行或金融公司等机构的需求。CFCA

证书体系如图 6.24 所示，它提供两种服务模式：CRL 模式和 RA 模式。CRL 是托管 RA 服务，通过 CFCA 托管 RA 服务进行证书的签发和校验，RA 模式是本地部署私有化 RA 服务进行证书的签发和校验。目前这两种模式平台都已集成。

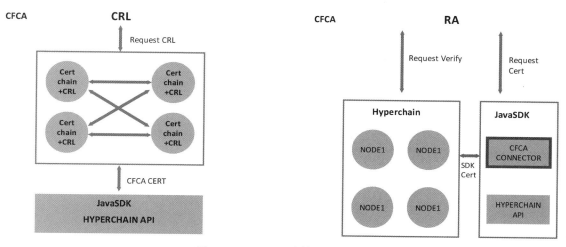

图 6.24　CFCA 证书体系示意图

　　CFCA 证书体系可应用于 Hyperchain 节点验证 SDK 的证书及有效性，将购买的证书配置于 SDK 中，同时 Hyperchain 节点需要配置好由 CFCA 提供的验证证书链，当 SDK 向节点发送证书时，Hyperchain 会验证证书及其有效性，同时需要通过网络请求获取 CRL，验证该证书是否被列入黑名单。

　　在 JavaSDK 方面，SDK 在发送 SDKCert 时根据 CFCA 特性开关选择相应的签名算法对传输内容进行签名。其中 SDK 和 Hyperchain 的 CFCA 特性开关需要保持一致，同时打开或者同时关闭。

2. 证书管理

　　Hyperchain 提供了证书管理的配套工具 certgen，主要用来生成和管理相关的 CA 证书和数字证书，功能包括证书签发、公私钥生成、证书检查等。

● 证书签发

　　节点启动前需要生成一对公私钥，节点启动时各节点先根据公钥生成自签证书，并以此生成根证书。

　　签发子证书时可以由本节点根证书生成指定类型的子证书（ECert、RCert、TCert 和 SDKCert），或者用户提供公钥给签发方，再由签发方为其签发子证书。

- 节点准入

新节点先向各节点发出加入请求，链上所有 VP 节点根据申请节点的握手信息查询其 CA 公钥证书，并使用公钥证书进行签名验证，然后通过 ACO 表决是否允许持有该 CA 证书的节点加入。如果允许，则向其签发本节点的 ECert 证书，同时新节点也向被申请节点发放 ECert 证书。

- 证书检查

certgen 提供证书检查服务，检查内容包括证书是否由 CA 证书签发、签名是否合法、是否为能够签发子证书的 CA 证书。

- 证书撤销

证书撤销一般发生在当用户个人身份信息变更、私钥丢失、泄露或疑似泄露时。一般步骤为：首先证书用户向 CA 提出证书的撤销请求，然后 CA 将此证书放入公开发布的证书撤销列表，该列表中包含所有在有效期内但被撤销的数字证书。

此外，数字证书也可能在日期失效之前被撤销。例如一些特殊情况：证书用户擅自将证书进行了非正当用途且被 CA 发现，或者政府机关等权力部门因为某种原因要求证书撤销。

3. 密钥管理

对于用户公私钥对，Hyperchain 提供了两种密钥管理模式：一是将私钥交由银行与第三方机构进行托管，二是由用户自行保管。两种管理模式均配备了相应的密钥找回解决方案。

(1) 用户私钥在颁发时拆为两部分分别进行加密，其中一部分由银行进行托管，另一部分交由可信的第三方机构进行托管，从而保证任意一个机构都无法独立盗取用户的私钥进行签名交易。

若用户私钥丢失，机构会在线下对用户进行身份鉴定，鉴定通过后，发起私钥找回流程。用户分别从两个托管私钥的机构获得部分私钥，进行解密拼凑，最后获得完整的私钥。该私钥与用户原来的私钥完全相同，可以继续使用原私钥进行签名交易。

(2) 用户自行保管完整的公私钥对，不进行备份。

用户私钥一旦丢失则无法找回，银行会给用户新生成私钥，并通过后台调用一份超级管理员的智能合约，将用户原有的资产划拨到新的公钥地址中。该方案依赖于以下操作。

- ❑ 在现有业务合约的基础上，单独设计一个超级管理员智能合约（每个银行单独一个管理员智能合约，只能对本行客户的资产进行划拨）。
- ❑ 用户资产的相关合约中需要记录用户开户行的公钥地址。
- ❑ 在用户密钥对生成时，将对应的公钥地址存储在银行数据库中，形成一个映射关系（用户账户/身份信息—>公钥地址），这里的用户身份信息可以线下鉴定。
- ❑ 用户私钥丢失后向银行发起私钥重置申请，银行先对用户身份进行鉴定，确认身份后发起资产划拨流程，系统先生成新的公私钥对，再从数据库取得用户之前的公钥，接着调用超级管理员智能合约将用户之前公钥地址对应的现有资产全部划拨到用户新的公钥地址中，并用银行的私钥对该笔交易进行签名，该资产划拨的交易记录同样记录在区块链中，可以被公开查询。

❑ 用户新的公钥地址添加至数据库中（不删除用户原公钥地址）。

资产一旦划拨到用户新的公钥地址，用户就可以通过新的私钥对原来的资产进行转账等交易。当用户对历史交易进行查询时，会从数据库获得用户所有的公钥地址，私钥变更后的交易通过新的公钥地址进行查询，而私钥变更前的交易可以从曾用公钥地址进行回溯。

6.3.4 区块链治理

1. Hyperchain 通过联盟自治机制和节点权限管理来进行区块链的治理

区块链以其去中心化、不易篡改等特性引起了广泛的关注，被认为可以用于解决新一代互联网价值交换问题以及网络传输的信用问题。但在工程实践过程中，赋予区块链可信属性的多中心及不易篡改等特性往往带来诸多使用限制，比较突出的一点就是智能合约的升级。众所周知，没有任何一个系统是没有漏洞的，也没有任何一个系统在设计之初就能确定全部需求，区块链的不易篡改性与工程上的迭代更新需求存在明显的矛盾和冲突，而解决冲突需要强有力的决策，但现有区块链系统缺乏很好的治理机制来做出合理民主的决策。

为了解决区块链多中心、不易篡改等特性与现实工程实践之间的矛盾，Hyperchain 提出了一种能促进区块链自我改进的有效的治理机制 ACO，当初始协议无法满足现实需求或区块链网络在运行过程中出现了难以调和的特殊矛盾，协议需要升级时，这些矛盾可以通过 ACO 联盟自治的方式得以妥善解决。

Hyperchain 提出的 ACO 联盟自治机制的优势体现在以下 3 个方面。

(1) 联盟成员变更。现有联盟链系统的成员变更往往与身份认证强绑定，而身份认证往往由第三方 CA 授权认证，成为多中心区块链系统中的唯一强中心。这种方式不仅存在单点故障风险，还会大大降低区块链系统的整体安全可信度。ACO 机制利用智能合约充当变更的协商平台，通过节点自派发的数据证书作为协商结果凭证（分布式 CA），使成员变更流程保有多中心化的特点，同时整个协商过程公开透明。

(2) 智能合约升级。秉持着初始信任源于线下治理、后续信任源于线上治理的设计理念，ACO 机制提供了一套有效的合约升级治理方式：由联盟成员事先指定升级策略并写入智能合约，需要升级时发起提案并由各联盟成员投票决策，智能合约收集投票后自动执行相应提案，借助权限受控的合约自升级指令，解决区块链合约的升级问题。

(3) 联盟链系统升级。系统升级共分为两种：公有链硬分叉式的非兼容性升级，以及联盟链线下手动兼容性升级。但这种联盟链升级往往需要漫长的线下商务协商，而且通常是运维人员手动完成升级，极其原始与低效。Hyperchain 提出了一种有效的线上协商系统协同升级机制，能实现系统高效自动化同步升级。

2. 权限管理

为了满足更丰富复杂的商业应用场景需求，Hyperchain 提出了分级的权限管理机制，进一步保障商业隐私和安全。

(1) 链级管理员：参与区块链级别的权限管理，包括节点管理、系统升级、合约升级的权限控制，往往是各联盟机构指定的内部超级管理员。节点准入、系统升级、合约升级这种链级别的操作权限需由联盟各机构投票决定，而不仅仅是单一主体可以主导的。具体的投票规则由各联盟机构线下协商好，并写入 Genesis 区块。后续若要更改，需按照之前约定的规则进行一轮投票才能完成更改。链级权限管理需要借助上面提到的自治联盟组织（ACO）。

(2) 节点管理员：参与节点级别的权限管理，包括节点访问权限的控制，往往是各联盟机构指定的运维管理员。节点管理员给各用户颁发访问证书（SDKCert），控制用户访问 SDK 接口的权限，带有节点访问证书的请求才会被该节点受理。节点管理员可通过客户端颁发证书，配置用户权限表，分配用户访问 SDK 的权限，比如访问调用合约的权限、获取区块权限等。链级管理员默认带有节点访问证书 SDKCert。

(3) 用户：普通用户，参与链上业务场景。用户可持有不同节点颁发的证书，向不同的节点发起交易。具体用户在对应业务场景中的权限，由上层业务系统自己定义。后续平台可抽象出一系列通用的权限管理接口，供业务层更好地进行权限管理。

在业务层面，Hyperchain 设置了合约访问控制，合约编码者可以在合约中定制合约函数的访问权限，为一些高权限的函数设置权限控制，使得该函数只能被固定地址的调用者调用，从而实现访问权限控制。

6.3.5　消息订阅

1. 系统设计

Hyperchain 作为一个共享状态的区块链实现，其运转是通过不断的状态变迁实现的。每一次状态变迁都会产生相应的一系列事件，作为本次状态变迁的标志。因而，为了让外部用户更好地监视 Hyperchain 的状态变化，我们提供了一组统一的消息订阅接口，以便外部系统捕获和监听 Hyperchain 的状态变化，作为智能合约与外界通信的消息通道。

目前，外部通过消息订阅系统，可以方便地监听到 3 种类型的事件：(1) 产生新区块；(2) 合约产生新事件；(3) 系统发生异常。以后还将支持更多类型的事件订阅，例如交易的状态变化。

消息订阅系统是在 Hyperchain 事件路由模块上进行封装的一个系统，其架构如图 6.25 所示。

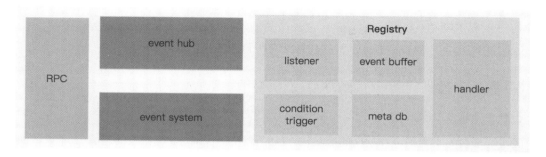

图 6.25 消息订阅系统架构图

该系统共有三层结构，从逻辑上可分为上游数据收集、数据筛选与推送、下游数据导出。其中上游数据通过事件路由器获取，数据筛选与推送由消息订阅系统本身完成，而下游数据的导出通过 RPC 模块完成。

消息订阅的使用十分简便，大致流程如下：

(1) 外部用户发起订阅请求；

(2) Hyperchain 返回订阅 ID；

(3) 外部用户根据订阅 ID，通过主动轮询或者被动推送两种方式，获取所订阅的消息。

2. 具体实现

Hyperchain 分别基于 WebSocket 和 MQ（消息队列）实现了消息订阅的功能。

WebSocket 是系统提供的用于网络通信的方法，包含了通信的双方，即客户端（Client）与服务端（Server）。发布订阅需要在服务端维护已连接客户端列表，并且客户端与服务端之间需要建立可靠的长连接。服务端的 Socket 需要创建一个 Listener，用于监听客户端的连接，而客户端只有在连接到服务器之后，才可以进行消息的交换。

MQ 是一种添加了保存消息的容器的通信方法，服务端和客户端通过读写出入队列的消息来通信，无须直接互连。MQ 提供的异常情况恢复机制解决了在 WebSocket 消息订阅系统中由于连接断开导致的消息丢失问题。平台 MQ 服务需要用户独立于平台启动一个 RabbitMQ 服务器，并将其所在的服务器称为 RabbitMQ-broker。平台提供的 MQ 服务相当于一个生产者客户端，负责将平台消息推送到 RabbitMQ-broker；消息的消费者作为一个消费者客户端，会与 RabbitMQ-broker 建立连接，等待从 RabbitMQ-broker 推送的消息。

MQ 服务的具体使用方法如下。

(1) 用户向平台注册自己的消息队列 queue，指明 queue 需要的路由键（RoutingKey）集合；平台会创建队列同时启动服务，将 queue 的名称与交换机名称 Exchanger 返回给用户；

(2) 用户正常使用平台发送交易，当有路由键相应的事件产生时，消息会被 MQ 服务自动推送至 RabbitMQ-broker；

(3) 用户可通过主动查询或被动推送的方法获得订阅的信息。

6.3.6 数据管理

1. 数据可视化

区块链平台为了维护合约数据的隐私，所有部署在 Hyperchain 平台上的智能合约，其底层数据都采用了复杂的编码方式进行编码，使得区块链节点即使拥有了全量的区块链数据，也无法获得合约数据的明文信息。

然而有部分机构需要分析或审计存储于区块链上的合约数据，因此 Hyperchain 提供了一种基于源码解析的合约数据解析方案。通过这种方式，机构就可以在获取了合约源码、合约地址以及合约数据键集的前提下，利用 Hyperchain 提供的数据可视化服务进行该合约的数据解析，导出合约的明文数据以便进行审计、分析等工作；而其他没有合约源码、合约地址、合约数据键集的机构，则无法解析出明文数据。合约数据解析的过程如图 6.26 所示。

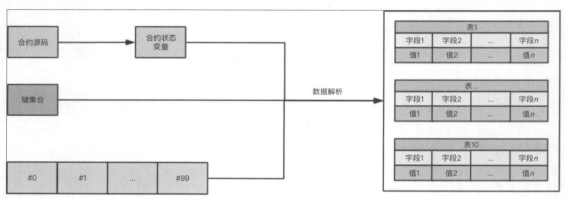

图 6.26 合约数据解析示意图

在一次数据解析的过程中，有 3 个必要的前提：

(1) 拥有合约源码；

(2) 拥有合约地址；

(3) 拥有该合约的数据键集。

智能合约中的主要数据都是利用 map 这类基本数据结构来进行组织和管理的，一个 map 的数据可以类比于传统关系型数据库中的一张表，而解析 map 中数据的前提是必须拥有存储在 map 中所有键值对的键集。因此，对于某家参与机构而言，其自身产生的数据对应的键集可以由自己维护，在不泄露的前提下，这部分数据只能由其自身进行解析。

最后可以将数据导入关系型数据库（如 MySQL）中进行分析或审计，如图 6.27 所示。

ser	status	version	balance	creditRating	accountID	account_json	address	birthday	cardAccontNu...	id_number	isOverdue	name	occupation
1	NULL	0	0		1876811...	NULL	NULL	15024...	62230912358...	NULL	0	融资...	程序员
1	NULL	0	0		1876811...	NULL	NULL	15024...	62230912358...	NULL	0	融资...	程序员
1	NULL	0	0		1876811...	NULL	NULL	15024...	62230912358...	NULL	0	投资...	程序员
1	NULL	0	0		1876811...	NULL	NULL	15024...	62230912358...	NULL	0	融资...	程序员
1	NULL	0	0		1876811...	NULL	NULL	15024...	62230912358...	NULL	0	融资...	程序员
1	NULL	0	0		1876811...	NULL	NULL	15024...	62230912358...	NULL	0	融资...	程序员
1	NULL	0	0		1876811...	NULL	NULL	15024...	62230912358...	NULL	0	投资...	程序员
1	NULL	0	0		1876811...	NULL	NULL	15024...	62230912358...	NULL	0	融资...	程序员
1	NULL	0	0		1876811...	NULL	NULL	15024...	62230912358...	NULL	0	融资...	程序员
1	NULL	9000000	5		1876811...	NULL	NULL	15024...	62230912358...	NULL	1	融资...	程序员

图 6.27　MySQL 中的合约明文数据

更重要的是，Hyperchain 将 Radar 视为获取可分析的高质量数据的重要工具。在获取这些数据之后，用户可以进行数据处理、数据分析等操作，挖掘数据中隐含的价值。

2. 数据归档

随着区块链运行时间的增长，区块链的存储容量将呈线性增长，这种数据增长的速度甚至会超过存储介质容量增长的速度，因此，区块链数据存储将成为限制区块链技术发展的重要因素。面对这一棘手的亟待解决问题，Hyperchain 提出了区块链数据归档的方法，使得整个区块链系统能在不停机的情况下进行动态的数据归档。

Hyperchain 所提供的区块链数据归档方式基于状态备份。简单来说，用户想要对某一个区块链节点做数据归档，必须在过去某一时刻对区块链制作一个状态快照；用户在进行数据归档时，可以将快照点之前所有的区块链数据（包括区块数据、交易数据、回执数据等）进行归档转储，以实现区块链节点存储压力的减负。

图 6.28 至图 6.30 展示了一次数据归档的具体流程。图 6.28 表示一个区块链节点当前的状态：该节点以创世状态为基础状态，经历 94 次状态变迁得到了当前的世界状态（也称为区块链账本状态）。此刻用户发起了一个制作快照的请求，区块链节点将世界状态进行备份存储。

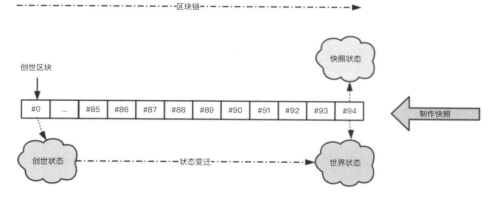

图 6.28　用户发起制作快照请求

如图 6.29 所示,快照制作完成后,该节点又进行了 3 次状态变迁,世界状态历经了 3 次更新,本地最新的区块高度也更新为 97。

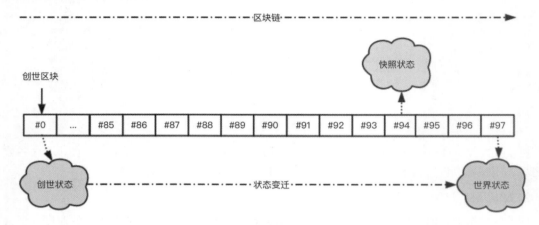

图 6.29　快照制作完成

此时,用户发起数据归档请求,要求将快照点前所有的区块链数据进行转储归档。该节点将区块号为 0~93 的区块数据以及相应的交易回执等数据都进行转储,且将本地的创世状态内容更新为之前备份得到的快照状态,创世区块更新为区块号为 94 的区块,如图 6.30 所示。

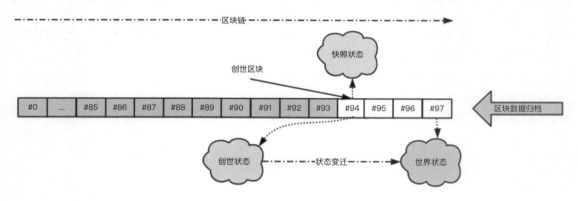

图 6.30　用户发起数据归档请求

如果说区块链正常的状态变迁是状态终点不停向前更新的过程,那么数据归档就可以视为一个区块链状态起点向终点更新的过程。

上述的数据归档针对的主体是区块链数据,而部署在区块链上的智能合约,同样有较大的存储需求,来记录庞大的业务数据。针对这部分数据,Hyperchain 提供了另外一种归档机制,用户仅需发起一笔带有特殊标记的交易,调用智能合约中自己定制的归档函数,即可实现合约数据的转储。合约编码者可以在合约中实现任意逻辑的归档函数,以满足不同的业务需求。Hyperchain

还引入了 Archive Reader，便于以后归档数据的查阅。总体流程如图 6.31 所示。

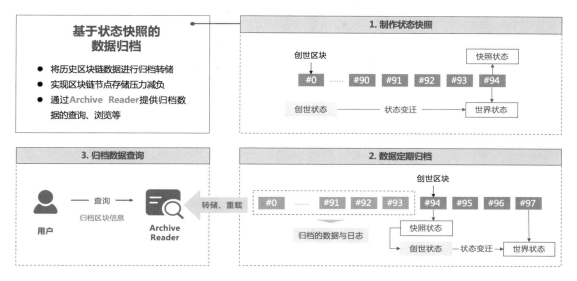

图 6.31 数据归档流程图

6.3.7 基于硬件加速的验签

椭圆曲线密码系统的单位比特强度要远高于传统的离散对数系统。区块链由于所有的签名验证请求都存储于固定大小的区块中，每个区块的请求数固定且较大，并且要求程序快速完成运算，响应延迟要求高，因此需要对椭圆曲线签名算法进行硬件加速，实现更快速的签名运算。

Hyperchain 以现有相关理论为基础，实现了基于 GPU 加速的验证签名算法。GPU 有远超过 CPU 的计算单元，擅长大规模并发计算，因此平台使用 NVIDIA 厂商的 GPGPU 和 CUDA 作为开发环境，用 GPU 以并行方式实现椭圆曲线标量乘法运算。图 6.32 是该算法的处理流程。

图 6.32 基于 GPU 加速的验证签名处理流程

与 CPU 相比，使用 GPU 后交易和验签都得到了数量级的提升，具体信息如表 6.6 和表 6.7 所示。GPU 和 CPU 验签对比如图 6.33 所示。

表 6.6　不同订单数量的打包验签对系统性能的影响

交易包含 order 数量	交易 TPS	订单 TPS	延时
1 order	22 630	22 630	22.14
10 order	21 600	21 600	23.08
20 order	20 271	405 420	24.66
30 order	18 466	553 980	27.1

表 6.7　GPU 加速对系统吞吐量的影响

打包验签数	GPU 验签 TPS	CPU 验签 TPS
1	46 421	9749
10	36 855	8654

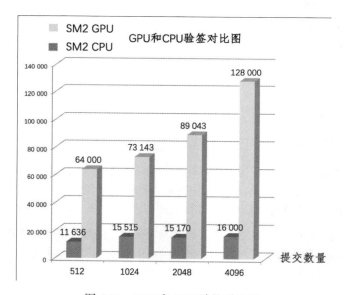

图 6.33　GPU 和 CPU 验签对比图

从以上图表信息可知，Hyperchain 利用硬件加速，交易的签名与验签性能有了明显的提升。

6.4　小结

本章以企业级区块链平台 Hyperchain 为例，介绍了构成企业级区块链平台的核心组件的实现原理。企业级区块链同公有链和私有链不同，它直接面对企业级应用的需求，对区块链系统的安全性、隐私性、易用性、灵活性以及性能有着更加严格的要求。Hyperchain 企业级区块链平台分别从以下几点出发，构建了满足企业需求的区块链平台。

　　首先，Hyperchain 平台在成员管理方面采取了 ACO 联盟自治以及 CA 体系认证，在成员准入、身份认证、权限管理等方面提供了全方位的保护机制。其次，平台在优化传统 PBFT 的基础上设计实现了灵活、高效、稳定的共识算法 RBFT，为企业级区块链平台提供了坚实的算法基础，提高了交易数据的吞吐量。而且，在智能合约的支持上选择了支持开源领域活跃的 Solidity 语言，并自主研发了轻量级沙盒智能合约引擎 HVM，提供了完善的合约生命周期管理，以及友好编程、合约安全、执行高效的合约环境。再次，在区块链账本的设计上选择了同比特币不同的账本体系，并采用区块数据和状态数据分离存储的方式，提高了数据处理速度。此外，Hyperchain 平台通过分区共识、隐私交易等方式进行业务层、交易层的隐私保护，对交易、交易链路、应用开发包等多层面进行了加密处理，系统性地加强了企业级区块链的安全等级。最后，为提高企业级区块链的可用性和交互性，Hyperchain 平台提供了消息订阅、数据可视化、数据归档等功能，大大提高了交易数据的利用率。

6

## 第 7 章

Hyperchain 应用开发基础

第 6 章对 Hyperchain 平台的系统核心组件进行了介绍，包括对成员身份认证许可机制、商业交易数据的安全与隐私、较高的交易吞吐量和较低的交易延迟、安全完备的智能合约引擎、高用户体验的互操作性等方面的特性进行了详细说明。作为一个满足行业应用需求的联盟区块链技术基础平台，Hyperchain 吸收了区块链开源社区和研究领域的最前沿技术，集成了高性能的可靠共识算法，兼容于开源社区的多种智能合约开发语言和良好的执行环境；同时，Hyperchain 还强化了记账授权机制和交易数据加密等关键特性，并且提供了功能强大的可视化 Web 管理控制台，能够对区块链节点、账簿、交易和智能合约等进行高效管理。

对于这样一个企业级区块链核心平台，如何在 Hyperchain 上进行应用开发是开发者最关心的问题。因此，本章将先重点介绍平台所提供的基本功能与平台的配置部署，然后通过一个实际案例具体阐述如何使用 Hyperchain 平台进行区块链应用的开发。

7.1　平台功能

企业级区块链 Hyperchain 作为一种分布式一致性的账本系统，主要以交易处理的形式对外提供服务。Hyperchain 中的交易分为两种：普通交易和智能合约交易。普通交易功能较为单一，只提供相对简单的转账功能；而基于智能合约的交易则能够实现用户自定义的复杂逻辑，并将交易逻辑封装于智能合约内部，满足了合约交易的灵活性和安全性。此外，Hyperchain 还提供了许多有关区块链数据管理的相关功能，方便用户进行区块链数据的查询。

Hyperchain 平台在应用接口方面对外提供了 JSON-RPC、Java、Go 等相关的软件开发服务。我们接下来将以 JSON-RPC 为例，分别就 Hyperchain 的主要服务交易调用、合约管理以及区块管理等方面进行详细说明。

7.1.1　平台交互

JSON-RPC 是一种以 JSON 为数据传输格式的无状态且轻量级的远程过程调用（RPC）协议，通常作为应用访问区块链平台的操作入口。用户能够按照自身需求方便地使用任意语言进行接口调用，完成与区块链交互通信。客户端通过 JSON-RPC 的方式将一个请求对象发送至服务端，每一个请求代表一个 RPC 调用，一般每个 RPC 调用的请求对象都需要包含下列成员字段。

- ❑ jsonrpc：指定 JSON-RPC 协议版本的字符串，如果是 2.0 版本，则必须准确写为 2.0（Hyperchain 使用的是 JSON-RPC 2.0 版本）。
- ❑ method：表示所要调用方法名称的字符串。一般以 RPC 开头的方法名，用英文句号（U+002E or ASCII 46）连接的是 RPC 内部预留的方法名及扩展名，不能在其他地方使用。
- ❑ params：调用方法时所需要的结构化参数值，可以省略。
- ❑ id：客户端的唯一标识 ID，该值必须包含一个字符串、数值或 NULL 值。如果不包含，那么该成员被认定是一次通知调用。该值一般不为 NULL，若为数值则应为整数。当发起一次 RPC 调用时，服务端必须回复一个 JSON 对象作为响应，响应对象包含下列成员。
  - ■ result：该成员字段在 RPC 调用成功时必须被包含，当调用方法失败时必须不包含该成员字段。该成员字段的值由服务端中的被调用方法决定。
  - ■ error：该字段在 RPC 调用失败时必须被包含，当没有错误发生时，不包含该字段。若发生错误，则该成员对象将包含 code 和 message 两个属性。
  - ■ id：该成员字段必须被包含。注意，这里的成员值要和请求对象中的 id 成员值保持一致。

7.1.2 交易调用

交易调用是 Hyperchain 应用主要使用的服务接口，与交易调用相关的接口主要包括两类：一类是用于查询交易的查询接口，支持获取交易信息、查询交易详情、查询交易处理时间等查询操作；另一类则是发起交易的调用，主要是使用 tx_sendTansaction 方法完成调用，该方法能够封装交易，使得交易在区块链上执行，并将交易的结果以共识的方式存储在各个分布式 Hyperchain 节点上。表 7.1 展示了 Hyperchain 提供的所有交易相关接口，其中 tx_sendTransaction、tx_getTransactionReceipt、tx_getTransactionByHash 这 3 个方法最为常用，下面将以这 3 个接口为例，讲述 Hyperchain 中交易相关接口的调用方式。

7

表 7.1　交易服务接口概览表

RPC 方法	功　能
tx_getTransactions	获取所有交易
tx_getDiscardTransactions	获取所有非法交易
tx_getTransactionByHash	根据交易哈希值查询交易详情
tx_getTransactionByBlockHashAndIndex	根据区块哈希值查询交易详情
tx_getTransactionByBlockNumberAndIndex	根据区块号查询交易详情
tx_sendTransaction	发送交易
tx_getTransactionsCount	查询链上所有交易量
tx_getTxAvgTimeByBlockNumber	查询指定区块中交易平均处理时间
tx_getTransactionReceipt	查询指定交易回执信息
tx_getBlockTransactionCountByHash	查询区块交易数量
tx_getSighHash	获取用于签名算法的哈希值

发送交易接口的方法 tx_sendTransaction 的详细说明如表 7.2 所示，该接口仅支持非智能合约的交易，比如用户之间的转账交易等普通交易。在调用 tx_sendTransaction 接口之前，需要先调用 tx_getSighHash 接口，获取用于客户端签名用的哈希，然后在客户端签名生成 signature 之后，再调用 tx_sendTransaction 接口方法，发送交易到区块链平台。

表 7.2　发送交易接口

RPC 方法	参　　数	返　回　值

tx_sendTransaction	{
	from：<string>发起者地址
	to：<string>接收者地址
	value：<number>交易量值
	timestamp：<number> 交易时间戳
	signature：<string>签名
	}
		transactionHash：<string>交易的哈希值，32 字节的十六进制字符串

下面的 Example 1 展示了一个从账户 0xb60e8dd61c5d32be8058bb8eb970870f07233155 向另一个账户 0xd46e8dd67c5d32be8058bb8eb970870f07244567 转账 2441406250 的调用实例。如果该调用成功，则系统将会返回该交易的哈希值，后续客户端可以通过该哈希值查询该交易的详细信息。

Example 1（发送交易接口调用实例）：

```
// 请求
curl -X POST --data '{
"jsonrpc":"2.0",
"method":"tx_sendTransaction",
"params": [{
    "from": "0xb60e8dd61c5d32be8058bb8eb970870f07233155",
    "to": "0xd46e8dd67c5d32be8058bb8eb970870f07244567",
    "value": 2441406250,
    "timestamp": 1477459062327000000,
    "signature": "your signature"
}],"id":71}'
// 返回结果
{
    "id":71,
    "jsonrpc": "2.0",
    "result":"0xe670ec64341771606e55d6b4ca35a1a6b75ee3d5145a99d05921026d1527331"
}
```

表 7.3 为根据哈希值查询交易信息的接口的详细描述，上述描述的发送接口发送交易成功之后，会返回一个表示本次交易的哈希，后续通过该哈希值可以查询该交易的具体信息。

表 7.3　根据哈希查询交易接口表

RPC 方法	参　　　数	返　回　值
tx_getTransactionByHash	transactionHash <string> 交易的哈希值，32 字节的十六进制字符串	<TransactionResult>TransactionResult 对象

TransactionResult 对象：

```
{
    hash：<string>交易的哈希值，32 字节的十六进制字符串
    blockNumber：<number> 交易所在的区块高度
    blockHash：<string> 交易所在区块哈希值
    txIndex：<number> 交易在区块中的交易列表的位置
    from：<string> 交易发送方的地址，20 字节的十六进制字符串
    to：<string>交易接收方的地址，20 字节的十六进制字符
    amount：<number> 交易量
    timestamp：<number>交易发生时间（单位 ns）
    executeTime：<string> 交易的处理时间（单位 ms）
    invalid：<boolean> 交易是否不合法
    invalidMsg：<string> 交易的不合法信息
}
```

下面的 Example 2 展示了一个按照交易哈希查询交易信息的例子，从交易的返回结果来看，查询交易能够查询该交易的哈希值、交易存储的区块号以及交易的具体信息、交易执行时间等交易相关详细信息。

Example 2（根据交易哈希查询交易实例）：

```
// 请求
curl -X POST --data '{
"jsonrpc": "2.0",
"method": "tx_getTransactionByHash",
"params": ["0x658406ea4edf92f4b9d1589c3ea84d75c07f4179908e899
703eae0e3ea54caa2"],
"id": 71
}'
// 返回结果
{
    "jsonrpc": "2.0",
    "id": 71,
    "result": {
    "hash": "0x658406ea4edf92f4b9d1589c3ea84d75c07f4179908e89970
3eae0e3ea54caa2",
        "blockNumber": "0x1",
        "blockHash": "0x9e330e8890df02d22a7ade73b5060db6651658b676dc
9b30e54537853e39c81d",
        "txIndex": "0x9",
        "from": "0x000f1a7a08ccc48e5d30f80850cf1cf283aa3abd",
        "to": "0x0000000000000000000000000000000000000003",
        "amount": "0x1",
        "timestamp": 1477459062327000000,
        "executeTime": "0x3ee",
```

7

```
        "invalid": false,
        "invalidMsg": ""
    }
}
```

根据交易哈希查询交易的方法返回的交易结果为一个 TransactionResult 对象，它只是包含了交易详细信息，但是并未包含交易执行结果信息。交易的成功与否以及相应的返回结果需要通过交易回执信息接口方法 tx_getTransactionReceipt 进行查询，表 7.4 为 tx_getTransactionReceipt 调用的详细描述。

表 7.4　根据交易哈希返回交易回执信息接口

RPC 方法	参　　数	返　回　值
tx_getTransactionReceipt	transactionHash：\<string\>交易哈希	\<Receipt\>

\<Receipt\>对象：

```
{
    txHash：<string> 交易哈希
    postState：<string>交易状态
    contractAddress：<string>合约地址
    ret：<string>执行的结果
}
```

Example 3（根据交易哈希查询交易回执信息实例）：

```
// 请求
curl -X POST --data '{
"jsonrpc": "2.0",
"method": "tx_getTransactionReceipt",
"params": ["0xb60e8dd61c5d32be8058bb8eb970870f07233155"],
"id": 71
}'
// 返回结果
{
    "id":71,
    "jsonrpc": "2.0",
    "result": {
    "txHash":    "0x9e330e8890df02d22a7ade73b5060db6651658b676dc9b30e54537853e39c81d ",
    "postState": "1",
    "contractAddress": "0xe04d296d2460cfb8472af2c5fd05b5a214109c25688d3704aed5484f"
"ret": "0x606060405260e060020a60003504633ad14af3811460305780
63569c5f6d146056578063d09de08a14606d575b6002565b34600257600
0805460043563ffffffff8216016024350163ffffffff19909116179055
5b005b3460025760005463ffffffff166060908152602090f35b3460025
760546000805463ffffffff19811663ffffffff9091166001011790555"
    }
}
```

7.1.3 合约管理

智能合约是区块链系统的核心组成部分,通过智能合约,应用开发者能够自定义更加复杂灵活的链上资产处理逻辑。Hyperchain 平台为合约管理提供了一套相关的 API,包括合约的编译、部署、调用等。Hyperchain 提供的智能合约接口列表如表 7.5 所示。

表 7.5　智能合约服务接口概览表

RPC 方法	功　能
contract_compileContract	编译合约
contract_deployContract	部署合约
contract_invokeContract	调用合约
contract_getCode	获取合约编码
contract_ getContractCountByAddr	获取合约数量
contract_encryptoMessage	获取同态余额以及转账金额
contract_checkHmValue	获取同态交易的验证结果
contarct_maintainContract	维护合约(升级、冻结、解冻)
contract_getStatus	查询合约状态
contract_getCreator	查询合约部署者
contract_getCreateTime	查询合约部署时间
contract_getDeployedList	查询指定账户已部署合约的列表

接下来就合约管理接口的几个关键函数编译、部署和调用进行详细介绍。表 7.6 所示为智能合约编译的调用接口的详细描述,编译智能合约接口只需要将本地写好的智能合约的源码以参数的形式上传即可。至于合约如何编写的相关内容将在 7.3.1 节中介绍。compileCode 为接口返回的编译结果,从描述中可以看出合约编译返回了 abi、bin 以及 types 几个字段。其中,abi 为合约中具体调用的接口和参数信息;bin 为合约编译之后的二进制字节码文件,若源码中有多个合约,则 bin 为顶层合约的字节码;types 中则保存了编译的相关合约的名字。

表 7.6　编译合约源码

RPC 方法	参　　数	返　回　值
contract_compileContract	<string>合约源码	<compileCode>

说明　合约实际上是在本地编译的,务必保证本地已经安装 Solidity 环境,否则无法编译。

<compileCode>对象:

```
{
    abi：<Array> 合约源码对应的 abi 数组
    bin：<Array> 合约编译而成的字节码
    types：<Array> 对应合约的名称
```

```
}
```

Example 4：

```
// 请求
{
    "jsonrpc": "2.0",
    "method": "contract_compileContract",
    "params": ["contract Accumulator{ uint sum = 0; function increment(){ sum = sum + 1; }
        function getSum() returns(uint){ return sum; }}"],
    "id": 1
}
```

```
// 返回结果
{
    "jsonrpc": "2.0",
    "id": 1,
    "result": {
        "abi": ["[{\"constant\":false,\"inputs\":[],\"name\":\"getSum\",\"outputs\":
[{\"name\":\"\",\"type\":\"uint256\"}],\"payable\":false,\"type\":\"function\"},{\"constant\"
:false,\"inputs\":[],\"name\":\"increment\",\"outputs\":[],\"payable\":false,\"type\":\"funct
ion\"}]"],
        "bin": ["0x60606040526000600060005055604a8060186000396000f3606060405260e060020a600035
0463569c5f6d81146026578063d09de08a146037575b6002565b346002576000546060908152602090f35b3460025
76048600080546001019055565b00"],
        "types": ["Accumulator"]
    }
}
```

在合约编译完成之后，下一步则是将合约部署到链上，部署到区块链要求合约能够通过共识的方式部署到区块链的各个节点上。表 7.7 所示为合约部署接口方法的详细参数信息，其中 from 指合约部署者在区块链的账户地址。值得注意的是，合约部署也是一个交易，同 sendTransaction 接口类似，返回该交易的哈希值。如果希望进一步确认合约部署的结果，则需要通过该哈希值查询交易的详细内容，交易内容包含了合约部署成功与否的信息以及该合约的部署地址，合约地址则用于唯一定位以及在合约调用时使用。

表 7.7　部署合约

RPC 方法	参　　数	返　回　值

contract_deployContract	{
	from: \<string\>合约部署者地址
	timestamp: \<number\> 交易时间戳（单位 ns）
	payload: \<string\> 合约编码 contract_complieContract 方法返回的 bin
	signature: \<string\>交易签名
	}
		transactionHash：\<string\>交易的哈希值，32 字节的十六进制字符串

说明 若合约构造函数需要传参，则 payload 为编译合约返回的 bin 与构造函数参数编码的字符串拼接。

Example 5（部署合约调用实例）：

```
// 请求
curl -X POST --data '{
    "jsonrpc":"2.0",
    "method":" contract_deployContract ",
    "params": [{
        "from": "0xb60e8dd61c5d32be8058bb8eb970870f07233155",
        "timestamp": 1477459062327000000,
        "signature": "your signature"
        "payload": "0x605880600c6000396000f3006000357c010000000000000000000000000000000
00000000000000000000090048063c6888fa114602e57005b603d60048035906020015060047565b8060005260206000
f35b60006007820290506053565b91905056",
        }],
    "id":71}'
// 返回结果
{
    "id":71,
    "jsonrpc": "2.0",
    "result": "0xe670ec64341771606e55d6b4ca35a1a6b75ee3d5145a99d05921026d1527331"
}
```

表 7.8 为调用合约的接口详细信息，合约调用中有两个关键参数 to 和 payload。这里的 to 为合约编译之后的合约地址，表示该交易将会调用哪个具体的合约。payload 为合约中具体函数及其参数值的编码后信息。合约交易调用和普通的交易调用一样，只会返回交易的哈希值，而交易的结果同样需要通过该哈希值以查询交易回执的方式进行查询。

表 7.8　调用合约

RPC 方法	参　数	返　回　值

contract_invokeContract	{
	from: \<string\>合约调用者地址
	to: \<string\> 合约地址
	payload: \<string\> 方法名和方法参数经过编码后的 input 字节码
	signature: \<string\> 交易签名
	timestamp: \<number\> 交易时间戳
	}
		transactionHash: \<string\> 交易的哈希值，32 字节的十六进制字符串

说明 to 合约地址需要在部署合约以后，通过调用 tx_getTransactionReceipt 方法来获取。

Example 6（合约调用实例）：

```
// 请求
curl -X POST --data '{
    "jsonrpc":"2.0",
    "method":"contract_invokeContract",
    "params": [{
        "from": "0xb60e8dd61c5d32be8058bb8eb970870f07233155",
        "to":"0xe670ec64341771606e55d6b4ca35a1a6b75ee3d5145a99d05921026d1527331",
"payload": "0xcdcd77c000000000000000000000000000000000000000000
0000000000000000045000000000000000000000000000000000000000000000000000000000001",
        "timestamp": 1477459062327000000,
        "signature": "your signature"
    }],"id":71}'
// 返回结果
{
    "id":71,
    "jsonrpc": "2.0",
    "result": "0xe670ec64341771606e55d6b4ca35a1a6b75ee3d5145a99d05921026d1527331"
}
```

7.1.4　区块查询

数据按照区块存储并形成链式结构，这是区块链平台保持其数据不易篡改的关键措施。区块查询接口提供了一套按照不同规则来查询区块链上区块信息的方法。通过这些查询接口，用户能够实现最新区块信息查询、按照区块高度查询区块、按照时间范围查询区块等功能。

表 7.9 为区块服务结构的部分接口列表。

表 7.9　区块服务接口概览表

RPC 方法	功　　能
block_latestBlock	获取最新区块
block_getBlocks	查询指定区块区间的所有区块
block_getPlainBlocks	查询指定区块区间的所有区块，但不包含区块中交易的信息
block_getBlockByHash	根据区块的哈希值返回区块信息
block_getBlockByNumber	根据区块号返回区块信息
block_getAvgGenerateTimeByBlockNumber	根据区块区间计算出区块的平均生成时间
block_getBlocksByTime	查询指定时间区间内的区块数量

接下来，我们将以 block_getBlockByNumber 和 block_getPlainBlocks 为例详述区块服务结构的使用方法。block_getBlockByNumber 接口方法能够根据区块号查询对应区块内部的存储信息，表 7.10 为该接口的详细描述。返回值 blockResult 中包含了区块中存储的主要信息，其中最主要的信息为 transactions，为该区块中保存的所有交易的详细信息。

表 7.10 根据区块号查询区块详细信息

RPC 方法	参　　数	返　回　值
block_getBlockByNumber	blockNumber：<blockNumber>区块号	<blockResult>

blockNumber 可以是十进制整数或者十六进制字符串，也可以是 latest 字符串，表示最新的区块。

<blockResult>对象：

```
{
    version：<string>平台版本号
    number：<string>区块的高度
    hash：<string>区块的哈希值，32 字节的十六进制字符串
    parentHash：<string>父区块哈希值，32 字节的十六进制字符串
    writeTime：<number>区块的生成时间（单位 ns）
    avgTime：<number>当前区块中交易的平均处理时间（单位 ms）
    txCounts：<number>当前区块中打包的交易数量
    merkleRoot：<string> Merkle 树的根哈希
    transactions：[<TransactionResult>] 区块中的交易列表
}
```

Example 7（根据区块号查询区块信息实例）：

```
// 请求
curl -X POST --data '{
"jsonrpc": "2.0",
"method": "block_getBlockByNumber",
"params": ["0x3"],
"id": 1
}'
// 返回结果
{
    "jsonrpc": "2.0",
    "id": 1,
    "code": 0,
    "message": "SUCCESS",
    "result": {
        "version": "1.0",
        "number": "0x3",
"hash": "0x00acc3e13d8124fe799d55d7d2af06223148dc7bbc723718
bb1a88fead34c914",
"parentHash": "0x2b709670922de0dda68926f96cffbe48c980c4325d
416dab62b4be27fd73cee9",
        "writeTime": 1481778653997475900,
        "avgTime": "0x2",
        "txcounts": "0x1",
"merkleRoot": "0xc6fb0054aa90f3bfc78fe79cc459f7c7f268af7eef2
3bd4d8fc85204cb00ab6c",
        "transactions": [
            {
                "version": "1.0",
                "hash": "0xf57a6443d08cda4a3dfb8083804b6334d17d7af51c94a5f98ed67179b59169ae",
```

```
              "blockNumber": "0x3",
              "blockHash": "0x00acc3e13d8124fe799d55d7d2af06223148dc7b
    bc723718bb1a88fead34c914",
              "txIndex": "0x0",
              "from": "0x17d806c92fa941b4b7a8ffffc58fa2f297a3bffc",
              "to": "0xaeccd2fd1118334402c5de1cb014a9c192c498df",
              "amount": "0x0",
              "timestamp": 1481778652973000000,
              "nonce": 3573634504790373,
              "executeTime": "0x2",
              "payload": "0x81053a7000000000000000000000000000000000000000000
    00000004000000000000000000000000000000000000000000000000c000000000000000000000
    0000000000000000000000000000300000000000000000000000000000000000000000000000000
    00000000001000000000000000000000000000000000000000000000200000000000000000000
    00000000000000000000005000000000000000000000000000000000000000000000000
    00000000000000000001000000000000000000000000000000000000000000001c8",
              "invalid": false,
              "invalidMsg": ""
            }
          ]
        }
    }
```

表 7.11 所示为按照指定的区块区间查询该区间内区块信息的接口详情。该接口的返回值为一个区块信息列表，但不同于上述例子，该返回值中的区块信息只是区块的简单信息，并不包含区块的全部信息。具体情况如 Example 8 所示。

表 7.11　查询指定区块区间的所有区块接口

RPC 方法	参　数	返　回　值

block_getPlainBlocks	{
	from: \<blockNumber\> 起始区块号
	to: \<blockNumber\>终止区块号
	}
		[\<plainBlockResult\>]

blockNumber 可以是十进制整数或者十六进制字符串，可以是 latest 字符串，表示最新的区块。from 必须小于等于 to，否则会返回 error。

\<plainBlockResult\>对象：

```
{
    version: <string>平台版本号
    number: <string>区块的高度
    hash: <string>区块的哈希值，32 字节的十六进制字符串
    parentHash: <string>父区块哈希值，32 字节的十六进制字符串
    writeTime: <number>区块的生成时间（单位 ns）
    avgTime: <number>当前区块中，交易的平均处理时间（单位 ms）
    txCounts: <number>当前区块中打包的交易数量
    merkleRoot: <string> Merkle 树的根哈希
}
```

Example 8（区间区块查询接口实例）：

```
// 请求
curl -X POST --data '{
"jsonrpc": "2.0",
"method":
"block_getPlainBlocks",
"params": [{"from":2,"to":3}],
"id": 1
}'

// 返回结果
{
    "jsonrpc": "2.0",
    "id": 1,
    "code": 0,
    "message": "SUCCESS",
    "result": [
        {
            "version": "1.0",
            "number": "0x3",
            "hash": "0x00acc3e13d8124fe799d55d7d2af06223148dc7bbc723718bb
1a88fead34c914",
            "parentHash": "0x2b709670922de0dda68926f96cffbe48c980c4325d41
6dab62b4be27fd73cee9",
            "writeTime": 1481778653997475900,
            "avgTime": "0x2",
            "txcounts": "0x1",
            "merkleRoot": "0xc6fb0054aa90f3bfc78fe79cc459f7c7f268af7eef23
bd4d8fc85204cb00ab6c"
        },
        {
            "version": "1.0",
            "number": "0x2",
            "hash": "0x2b709670922de0dda68926f96cffbe48c980c4325d416dab62
b4be27fd73cee9",
            "parentHash": "0xe287c62aae77462aa772bd68da9f1a1ba21a0d044e2c
c47f742409c20643e50c",
            "writeTime": 1481778642328872960,
            "avgTime": "0x2",
            "txcounts": "0x1",
            "merkleRoot": "0xc6fb0054aa90f3bfc78fe79cc459f7c7f268af7eef23
bd4d8fc85204cb00ab6c"
        }
    ]
}
```

7.2 平台部署

Hyperchain 区块链平台使用基于 PBFT 的改进算法 RBFT 作为平台的共识算法。该算法要求 Hyperchain 集群至少需要 4 台机器才能够正常启动。Hyperchain 平台部署机器的配置需求如表 7.12 所示。

表 7.12 Hyperchain 基本配置需求表

硬件及网络设施	配置需求
处理器	Intel Xeon CPU E5-26xx v3
	2 GHz,4 核及其以上
内存	8 GB 及其以上
硬盘	1 TB HDD
带宽	1000 Mbit/s

7.2.1 Hyperchain 配置

在正式部署 Hyperchain 系统之前,需要对其相关参数进行配置。解压 Hyperchain 安装包 hyperchain.tar.gz 之后,修改其主要配置文件。

- **peerconfig.json:配置节点 IP 以及端口号**

将 4 个节点的 IP 地址以及 gRPC 通信端口(默认 8001)进行设置,确保所有的端口均为可用。

- **pbft.yaml:配置共识算法**

修改相应的节点数目 Nodes(默认值为 4),修改 batch size 大小(默认为 500),表示 500 条 tansaction 将会被打包成一个区块;修改 timeout:batch 大小(默认值为 100ms),即当交易并发数量较小,未达到 batch size 上限时,节点每隔 100ms 打包一个区块。

- **global.yaml:全局配置**

请在了解了每个配置项的意义后,根据需求修改。如无特殊需求,可以直接使用默认配置。

- **LICENSE:Hyperchain 授权证书**

由 Hyperchain 公司颁发,用于合法授权使用,有一定的使用期限,如果得到了更加高级的授权证书,可以将默认的 LICENSE 文件覆盖。

其他具体配置信息可以根据企业要求、硬件环境等信息进行具体的选择配置。

7.2.2 Hyperchain 部署

首先安装好 Hyperchain 节点,然后对网络配置文件进行修改。

- **LICENSE 文件**

由于 LINCESE 文件和 Hyperchain 安装包是分开发放的,所以在启动节点前,需要检查 LICENSE 文件是否已经更新为正确版本。LICENSE 文件位于 Hyperchain 节点的根目录下,文件名即 LICENSE(请依次检查所有节点,如果不确定是否是最新版本,可以用原始的 LICENSE 文件再覆盖一遍)。

```
# 解压缩
cd ~
tar xvf LICENSE-20180701.tar.gz
# 解压后，LICENSE 文件夹的名字可能是 License-20180701
# 更新所有节点的 LICENSE
# 根据实际情况修改 License-20180701/LICENSE-abcdef 和/opt/hyperchain
# 复制命令的目标文件名，一定是 LICENSE
cp License-20180701/LICENSE-abcdef/opt/hyperchain/LICENSE
```

- 网络配置文件 **host.toml**

```
hosts = [
"node1 127.0.0.1:50011",
"node2 127.0.0.1:50012",
"node3 127.0.0.1:50013",
"node4 127.0.0.1:50014"]
```

配置规则很简单：hostname ip_address:port 将所有节点的节点名称和 IP 地址端口配置好即可（port 为节点间通信的端口）。

修改方法：将每行的 127.0.0.1 替换为 4 台服务器各自的 IP 地址，每行的 5001x 端口换成每个 Hyperchain 节点自己的 grpc 端口。

- 网络配置文件 **addr.toml**

```
# 本节点所在域的域名
domain = "domain1"
# 其他域的节点连接本节点时，访问的本节点地址
addrs = [
"domain1 127.0.0.1:50011",
"domain2 172.16.100.112:50011",
"domain3 10.21.14.2:50011",
"domain4 220.11.2.54:50011"]
# 这里在配置时需要注意，配置的是其他节点访问本节点时使用的本节点的 IP 地址。例如，如果节点 2 属
于域 domain2，那么节点 2 访问节点 1 时需要用节点 1 声明的在 domain2 域中对外暴露的地址，换句话说，
节点 2 访问本节点时用的地址是 172.16.100.112:50011。
# 需要注意的是，这里的域的数目可以比 host 数目少
self = "node1"
```

- 逻辑网络配置文件 **peerconfig.toml**

```
[self]
n = 4
hostname = "node1"
vp = true
caconf = "config/namespace.toml"
new = false
[[nodes]]
hostname = "node1"
score = 10
[[nodes]]
hostname = "node2"
score = 10
[[nodes]]
```

7

```
hostname = "node3"
score = 10
[[nodes]]
hostname = "node4"
score = 10
```

- 全局配置文件 global.toml

通常我们拿到默认的配置文件后，只需要修改其中的 port 小节，其内容如下：

```
[port]
jsonrpc = 8081
restful = 9001
websocket = 10001
jvm = 50081
ledger = 50051
grpc = 50011 # p2p
```

注意，在对上述 LICENSE 文件和 4 个配置文件进行修改后，还要对所有节点的配置文件进行检查，避免因节点较多而存在疏漏。

7.2.3 Hyperchain 运行

Hyperchain 平台的运行方式比较简单，对于初次启动的 Hyperchain 平台而言，分别进入 4 台 Hyperchain 节点的 hyperchain 目录下运行./start.sh ，启动相应的 Hyperchain 服务，其启动成功的标志如图 7.1 所示。

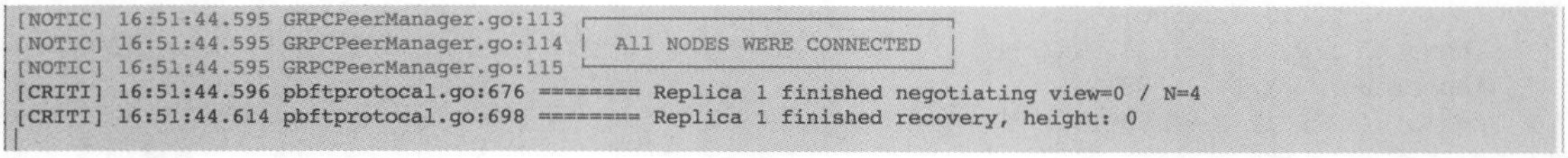

```
[NOTIC] 16:51:44.595 GRPCPeerManager.go:113 ┌─────────────────────────────┐
[NOTIC] 16:51:44.595 GRPCPeerManager.go:114 │ All NODES WERE CONNECTED     │
[NOTIC] 16:51:44.595 GRPCPeerManager.go:115 └─────────────────────────────┘
[CRITI] 16:51:44.596 pbftprotocal.go:676 ========= Replica 1 finished negotiating view=0 / N=4
[CRITI] 16:51:44.614 pbftprotocal.go:698 ========= Replica 1 finished recovery, height: 0
```

图 7.1 Hyperchain 启动日志

Hyperchain 启动时，日志可能会显示某些异常情况，下列是一些启动异常情况及其处理方案。

- 通信异常

当单个节点出现图 7.2 中的错误时，说明 Hyperchain 集群中有一个节点宕机或者网络通信出现问题，这时可以通过 restart.sh 脚本重启该节点，如图 7.2 所示，可以通过 IP 知道具体出现问题的节点。

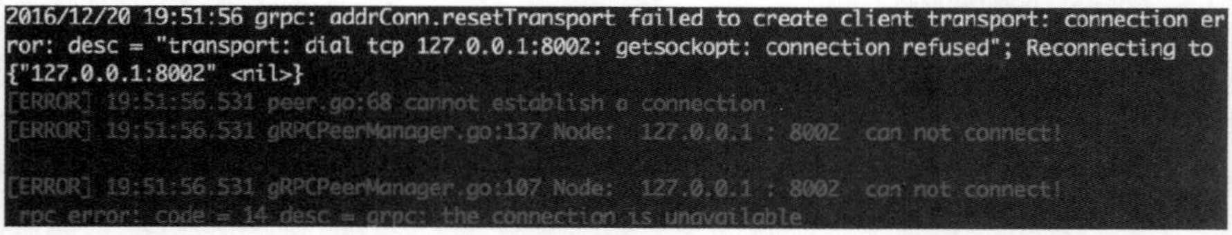

```
2016/12/20 19:51:56 grpc: addrConn.resetTransport failed to create client transport: connection er
ror: desc = "transport: dial tcp 127.0.0.1:8002: getsockopt: connection refused"; Reconnecting to
{"127.0.0.1:8002" <nil>}
[ERROR] 19:51:56.531 peer.go:68 cannot establish a connection .
[ERROR] 19:51:56.531 gRPCPeerManager.go:137 Node: 127.0.0.1 : 8002 can not connect!

[ERROR] 19:51:56.531 gRPCPeerManager.go:107 Node: 127.0.0.1 : 8002 can not connect!
rpc error: code = 14 desc = grpc: the connection is unavailable
```

图 7.2 Hyperchain 通信异常

当多个节点都出现以上问题时，需要停止发送交易，先关闭所有节点（stop.sh），在所有节点上运行 start.sh 重启。

- **ViewChange 异常**

如图 7.3 所示，当在所有节点上看到这条消息，且消息都是来自相同的节点（例如节点 2）时，说明节点 2 发生了异常情况，触发了 ViewChange，这时候不用做额外处理，当节点 2 发送 10 次 ViewChange 都不成功时，会自动触发 recovery，最终达成一致。

> Replica 1 already has a view change message for view 3 from replica 2

图 7.3　Hyperchain ViewChange 异常

当在所有节点都看到类似消息而且不断出现时，先关闭所有节点（stop.sh），再用 start.sh 一一启动。

- **Ignore duplicate 异常**

如果偶尔出现如图 7.4 所示的信息，是正常情况，可能是某一个节点的 CPU 负荷过高或网络通信不畅造成的。

> Replica 2 ignoring prepare for view=2/seqNo=10: not in-wv, in view 1, low water mark 20

图 7.4　Hyperchain Ignore duplicate 异常

如果一直出现，可能是一个节点处理速度过慢使处理落后了，可以等节点自动发现后恢复（需要等待一段时间，落后 50 个块会触发恢复），也可以通过将落后的节点重启来恢复。

7.3　第一个 Hyperchain 应用

前面介绍了 Hyperchain 平台对外提供的相关服务，本节将通过一个模拟银行的具体案例，分析如何使用 Hyperchain 平台构建区块链应用。该案例要求能够模拟银行内部的存款、取款以及储户之间的转账业务。对于这种核心的金融业务，我们需要将用户资产相关数据的操作处理都通过区块链进行操作，并记录在区块链上。本案例实现了一个智能合约对用户资产进行管理，智能合约内部实现了存款、取款和转账逻辑。

7.3.1　编写智能合约

Hyperchain 平台目前支持使用 Java 语言、Solidity 语言等多语言进行智能合约的开发，这里以 Solidity 语言为例进行智能合约的编写。Solidity 是一种类似于 JavaScript 语言的智能合约编写语言，在 Solidity 中，合约由一组函数和数据定义组成，通过数据定义实现对用户资产的抽象描述，通过合约函数实现对用户数字资产操作规则的制定。具体请参考 Solidity 语法规范。

　　Solidity 智能合约的每个合约以 contract 关键字修饰。这和 Java 语言中的 class 概念类似，在 contract 代码内部可以定义该 contract 的数据和操作器数据的相关函数。本例中声明了银行相关的属性：银行名（bankName）、银行编号（bankNum）以及银行状态字段（isInvalid）等。除此之外，合约中还存储了一个 Address 字段修饰的合约创建者地址，记录合约创建者可以实现合约调用的权限控制。合约代码如下：

```
contract SimulateBank{
    address owner;
    bytes32 bankName;
    uint bankNum;
    bool isInvalid;
    mapping(address => uint) public accounts;
    function SimulateBank(bytes32 _bankName, uint _bankNum, bool _isInvalid) {
        bankName = _bankName;
        bankNum = _bankNum;
        isInvalid = _isInvalid;
        owner = msg.sender;
    }
    function issue(address addr, uint number) return (bool) {
        if(msg.sender == owner) {
            accounts[addr] = accounts[addr] + number;
            return true;
        }
        return false;
    }
    function transfer(address addr1, address addr2, uint amount) return (bool) {
        if(accounts[addr1] >= amount) {
            accounts[addr1] = accounts[addr1] - amount;
            accounts[addr2] = accounts[addr2] + amount;
            return true;
        }
        return false;
    }
    function getAccountBalance(address addr) return(uint) {
        return accounts[addr]; }}
```

　　上述代码中使用了一个 map 结构维护用户及其资产的映射关系，issue 函数实现了用户存款的业务，transfer 实现了用户之间资产转账的业务，而 getAccountBalance 函数实现了用户余额的查询功能。至此，模拟银行合约的编写结束，接下来继续阐述如何对该合约进行编译、部署和调用。

7.3.2　部署与合约调用

　　智能合约的部署和调用都应该通过区块链平台的共识算法，使合约能够部署到区块链上，并且合约资产状态的改变应该实现多节点同步。Hyperchain 对外提供的 Java SDK 能够方便地进行智能合约的调用，下面是利用 Hyperchain 的 Java SDK 进行 SimulateBank 的 issue 方法调用的例子。

```
String contractSourceCode = "SimulateBank source code";
String ownerAddr = "0x00acc3e13d8124fe799d55d7d2af06223148dc7bbc723718bb1a88fead34c914"
// 1. 编译合约
HyperchainAPI api = new HyperchainAPI(
"http://localhost:8081", HttpProvider.INTERNET, false);
    ComplileReturn result = api.ComplileContract(contractSourceCode, 1);
// 2. 部署合约
SingleValueReturn deployRs = api.deployContract(
    ownerAddr, result.getBin().get(0), null, "password123", 1);
String contractAddr = api.getTransactionReceipt(
    deployRs.toString(), 1).getContractAddress();
// 3. 调用合约
FuncParamReal addr = new FuncParamReal(
    "address", "0x23acc3e13sd8124fe799d55d7d2af06223148dc7bbc7723718bb1a88fead34c914");
FuncParamReal number = new FuncParamReal("uint", "10000");
String input = FuncParamReal.encodeFunction("issue", addr, number);
api.invokeContrat(ownerAddr, contractAddr, input, null, "password123", 1);
```

在这段代码中，我们首先实例化了一个 HyperchainAPI 的实例，其次使用该实例进行合约的编译、部署和调用。合约编译之后只能返回一个交易哈希，需要通过该哈希去查询交易的结果，如上述代码部署合约中拿到的交易回执里的合约地址。合约地址是调用合约的一个必选项。此外，在进行方法调用之前，要将需调用的方法及其参数进行编码，最后通过 invokeContract 方法进行具体的合约调用。

7.4 小结

本章主要介绍了 Hyperchain 区块链上应用开发的相关内容。首先，本章从交易调用、合约管理以及区块查询等方面介绍了 Hyperchain 平台对外提供的主要接口；其次，从 Hyperchain 集群的配置、部署和运行等方面介绍了如何搭建一个可运行的企业级区块链系统 Hyperchain；最后，以模拟银行为例介绍了如何在 Hyperchain 平台上进行智能合约应用的开发。

7

第四部分

区块链应用案例

❏ 第 8 章　以太坊应用实战案例详解
❏ 第 9 章　Hyperledger Fabric 应用实战案例详解
❏ 第 10 章　企业级区块链应用实战案例详解

以太坊应用实战案例详解

　　区块链技术作为当下有潜力触发颠覆性革命浪潮的核心技术，在金融领域的应用将有可能改变常规的交易流程和记录保存方式，从而大幅降低交易成本，提升效率。由于区块链安全、透明及不易篡改的特性，金融体系间的信任模式不再依赖中介，很多业务都将"去中心化"，实现实时数字化的交易。以太坊是知名的图灵完备的开源区块链平台，基于以太坊智能合约可以实现所有可计算的逻辑操作。众多区块链创新应用和初创公司的创新产品基于以太坊平台开发，本书前面的章节已经对以太坊的核心原理和开发实践进行了详细梳理，本章将更加贴近实战，介绍两个基于以太坊的区块链实际应用项目案例：通用积分系统和电子优惠券系统。其中，通用积分系统案例直接在以太坊底层平台上开发 DApp 应用，通过以太坊提供的 web3.js 接口，直接调用智能合约的方法，发送交易或读取数据，并在网页上展示给用户；而电子优惠券系统，整体架构是一个使用 SSM 框架的 Java Web 项目，在应用层引入区块链技术，自主封装与以太坊平台交互的接口工具，使用以太坊平台和数据库互相配合存储数据，并开发智能合约，将实际的后台业务逻辑作为交易记录到区块链上。

8.1　基于以太坊的通用积分系统案例分析

　　奖励积分是银行、大型超市、证券公司等用以提高用户忠诚度的营销手段，这种传统的积分机制具有使用限制多、兑换烦琐、难以流通等缺点，已不适应现今人们的消费习惯。本积分系统基于区块链技术实现不同用户之间积分的转让，并且引入线下商家，提供丰富的积分兑换奖品和服务。以太坊是目前最为流行的底层区块链平台之一，已经有大量的项目基于以太坊来进行开发。把以太坊平台与银行积分系统进行结合具有一定的实际意义。

8.1.1　项目简介

　　区块链作为一种不易篡改的分布式数据库账本技术，其存储的数据分布于网络的每一个节点，从而决定了其安全性。每一个区块链上的用户都将拥有自己的私钥，每一笔交易都是通过私钥签名的，经过全网节点认证后方可存入区块链，并且一经存储将不得修改，保证流通过程中的安全性，使得积分设计不再"鸡肋"，大大改善了用户体验，增加了用户黏性。

本系统的核心业务为银行积分的流通,简要流程为:银行可以向本行内的客户发行积分,客户可以将自己账户内的积分转让给其他客户或者商户,同时可以使用积分购买积分商城中的商品。商户可以向积分商城发布商品,每售出一件商品都可以获得相应的积分,商户可以向银行发起积分清算,把积分兑换成货币。系统的整体流程图如图 8.1 所示。

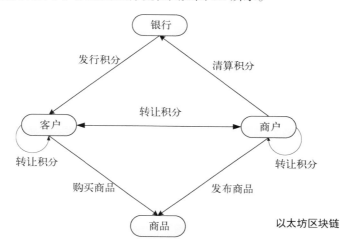

图 8.1 积分系统流程图

8.1.2 系统功能分析

本系统主要涉及三类用户:客户、商户和银行。银行可以直接和商户进行交互,银行可以进行积分的发行,商户可以向银行发起积分清算。商户和客户之间也可以直接进行积分的流通,客户–客户、商户–商户、商户–客户两两之间都可以进行积分的转让,同时客户可以购买商户的商品,对应额度的积分会从客户账户流入商户账户。不同的用户可以进行常见的查询操作。各个用户的具体功能如表 8.1 所示。

表 8.1 通用积分系统需求要点

	需求要点	备 注
客户	注册	客户注册账户
	登录	客户登录积分系统
	转让积分	客户转让积分给其他用户(客户或商户)
	兑换商品	客户使用积分兑换商品
	查询已购买商品	客户查询已购买的商品数组
	查询积分	客户查询积分余额

（续）

需求要点		备　　注
商户	注册	商户注册账户
	登录	商户登录积分系统
	转让积分	商户转让积分给其他用户（客户或商户）
	发起清算	商户与银行进行积分清算
	发布商品	商户发布商品
	查询已发布商品	商户查询已发布的商品数组
	查询积分	商户查询积分余额
银行	注册	银行注册管理员账户
	登录	银行登录积分系统
	发行积分	银行发行积分给客户
	查询已发行积分	银行查询已发行积分总额
	查询已清算积分	银行查询已经与商户清算的积分总额

8.1.3　系统总体设计

本案例的总体设计主要包括方案选型和总体架构设计。方案选型包括以太坊客户端的选型、开发框架的选型和以太坊接口的选型；总体架构设计主要是底层区块链平台与上层业务之间的设计。良好的系统总体设计能为后续的智能合约设计和系统实现提供保障。

1. 方案选型

方案选型主要包括以太坊客户端、开发框架和接口类型。

（1）以太坊客户端

在目前开发去中心化应用（DApp）中，Ganache 和 geth 这两种以太坊客户端使用较为普遍，本案例可以同时运行部署在 Ganache（即原先的 TestRPC）和 geth 中。但是在测试开发中，推荐 Ganache。Ganache 是基于 Node.js 开发的以太坊客户端，整个区块链的数据驻留在内存，发送给 Ganache 的交易会被马上处理而不需要等待挖矿时间。Ganache 可以在启动时创建一堆存有资金的测试账户，它的运行速度也更快，因此更适合开发和测试。打开 Ganache 的命令行界面如下：

```
➜  ~
ganache-cli
Ganache CLI v6.1.0 (ganache-core: 2.1.0)

Available Accounts
==================
(0) 0xfdba43f72cc5a093e99db2cc7138f7308d4f19e8
(1) 0xa5d53b7b0a86638c3e267a2e4a7bc67bb6876f9b
(2) 0x0eae90fd6b146483e87e7d5a3576c77be7ddf4fb
(3) 0x266f2795b7dd6375b74198535bc86e7aeadcd129
```

```
(4) 0x1c82f13f0ede4a870fdd06dde4591e643f226161
(5) 0xbbe8a9c67eb776421957b90c10ed59bea7705d21
(6) 0xcde95925e6843f694f5d3c2060b66d04060746c3
(7) 0x7826c380d0fd1bbd6db5e62e6cbd500f97b5d3dd
(8) 0x7d24e70c174992e3147a788961db20952f4ee8d6
(9) 0x37acb234a2df883b524b9c60241899af67abcd7a

Private Keys
==================
(0) a70bda70d68493eb4dea07c45dc213a170382916bc8c9365f50937ce81d45afb
(1) a0285b66a67692ac5eddb2530de374ae5370d77a12ba8b5295d90fcb12dc53f8
(2) 1288b4166da62e7e9d470c2605ca02fb6a2be34c3a25492a2ecd07d096099d9b
(3) cb436c744c12b5805ca6098e4cbb3302c45fc9fae5b37d100ce178774cd621f4
(4) 0e0a5fe159e2982a9dbd737b898d906ef6cb478435da599d31cadbf0457454b7
(5) 4aa7d0feaf9011a2bcae5dee8a24e206780a3aaa7cad1f2fa64a31674bb278af
(6) f40fdc6364a7a90c17a0d8add7e52061419caf5d063f45ca60f49a67a9676317
(7) 4bd8f62190734395580c196ca0e6880a35863bdba4c019794c418aa89b36fa41
(8) f678ff9c401f8279be50a37da6499b9e1d379b190e8c9eabbc1f7c22cecf5df3
(9) 3a0fbed195feab0a2e992559e2625c2f0845ca56b1874b240262221e667c1867

HD Wallet
==================
Mnemonic:      story random fox secret visit seek cook renew connect slice isolate deal
Base HD Path:  m/44'/60'/0'/0/{account_index}

Listening on localhost:8545
```

(2) 开发框架

本案例使用 Truffle 开发工具。Truffle 是基于以太坊的智能合约开发工具，支持对合约代码的单元测试，非常适合测试驱动开发。同时内置了智能合约编译器，只要使用脚本命令就可以完成合约的编译、部署、测试等工作，大大简化了合约的开发生命周期。

(3) 以太坊接口

目前以太坊提供有 JSON-RPC 和 web3.js 两种接口。如果我们使用了 Truffle 框架，就默认使用了 web3.js 接口，因为 Truffle 包装了 web3.js 的一个 JavaScript Promise 框架 ether-pudding，可以非常方便地使用 JavaScript 代码异步调用智能合约中的方法。

2. 总体架构

本案例的系统架构如图 8.2 所示，底层使用以太坊区块链，本地使用 Ganache 来开启以太坊，通过 Truffle 工具，把智能合约部署在以太坊上。积分系统使用 web3.js 接口来调用智能合约中的方法。用户可以使用前端页面来非常方便地使用积分系统中的功能。

8

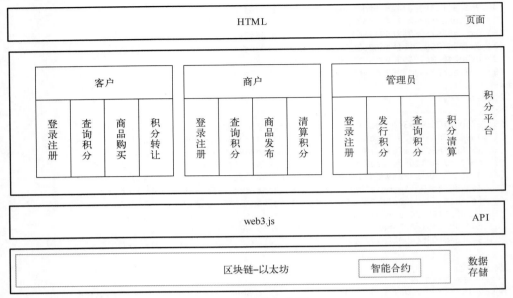

图 8.2 系统架构图

8.1.4 智能合约设计

以太坊智能合约可以使用多种语言来编写，如 Solidity、Serpent、LLL 等，目前官方推荐使用 Solidity。智能合约的设计一般有两种方案：第一种方案就是项目中的一个实体对应一个合约，这样项目中可能就会有多个合约，比如对客户实体、商户实体、银行实体分别设计 3 个合约，这样比较符合面向对象的思想；另一种方案是只设计一个合约，不同的对象通过结构体和映射的方式存储在一个合约中。相对来说，第二种方案较为容易理解，测试较为简单，后续的扩展维护也较为方便，因此本案例使用第二种方案。

1. 工具合约

在该案例中，因为合约会不断与前端页面交互，涉及一些数据类型转换，前端传进来的常常是 string 类型，而在合约中使用 bytes32 较多，所以要在合约中处理 string 和 bytes32 的相互转化。这里我们建立一个工具类合约，之后的工具方法可以直接加入该合约，然后让真正的主合约继承这个工具类合约即可：

```solidity
pragma solidity >=0.4.22 <0.6.0;
contract Utils {

    function stringToBytes32(string memory source)  internal pure returns (bytes32 result) {
        assembly {
            result := mload(add(source, 32))
        }
    }
```

```solidity
function bytes32ToString(bytes32 x) internal pure returns (string memory result) {
    bytes memory bytesString = new bytes(32);
    uint charCount = 0;
    for (uint j = 0; j < 32; j++) {
        byte char = byte(bytes32(uint(x) * 2 ** (8 * j)));
        if (char != 0) {
            bytesString[charCount] = char;
            charCount++;
        }
    }
    bytes memory bytesStringTrimmed = new bytes(charCount);
    for (uint j = 0; j < charCount; j++) {
        bytesStringTrimmed[j] = bytesString[j];
    }
    return string(bytesStringTrimmed);
}
}
```

2. 合约状态设计

目前合约中的对象有客户、商户、管理员和商品。由于只有一个主合约，我们把管理员作为该主合约的"拥有者"，把管理员的状态作为这个合约的公共状态：

```solidity
address owner; // 合约的拥有者，银行
uint issuedScoreAmount; // 银行已经发行的积分总数
uint settledScoreAmount; // 银行已经清算的积分总数
```

客户、商户和商品使用 struct 结构体进行封装，把这些对象的属性加入结构体中。客户有账户地址、密码、积分余额、已购买的商品数组 4 种属性；商户有账户地址、密码、积分余额、已发布的商品数组 4 种属性；商品有 ID、价格、所属的商户地址 3 种属性。

```solidity
struct Customer {
    address customerAddr; // 客户 address
    bytes32 password; // 客户密码
    uint scoreAmount; // 积分余额
    bytes32[] buyGoods; // 购买的商品数组
}
struct Merchant {
    address merchantAddr; // 商户 address
    bytes32 password; // 商户密码
    uint scoreAmount; // 积分余额
    bytes32[] sellGoods; // 发布的商品数组
}
struct Good {
    bytes32 goodId; // 商品 ID;
    uint price; // 价格;
    address belong; // 商品属于哪个商户 address;
}
```

合约中应该建立一种映射，通过账户地址可以查找到客户和商户，或者通过 ID 找到商品。Solidity 提供了这种映射的键值对的查找方式：

```
mapping (address=>Customer) customer; // 根据客户的 address 查找某个客户
mapping (address=>Merchant) merchant; // 根据商户的 address 查找某个商户
mapping (bytes32=>Good) good; // 根据商品 ID 查找该件商品
```

同时建立客户、商户和商品数组，存储所有的已注册或已添加的对象：

```
address[] customers; // 已注册的客户数组
address[] merchants; // 已注册的商户数组
bytes32[] goods; // 已经上线的商品数组
```

3. 合约方法设计

合约的方法设计主要是针对每个功能模块中对外提供的方法进行设计，包括客户/商户注册方法、判断是否注册的方法、商户/客户登录方法、转让积分方法等。

(1) 构造方法

每个合约会有一个默认的构造函数，构造函数会在合约被初始化的时候调用。我们也可以重写构造方法，对参数做初始化操作，该案例把合约的调用者作为银行管理员的账户地址，重写构造方法如下：

```
// 构造函数
constructor() public {
    owner = msg.sender;
}
```

(2) 客户/商户注册

智能合约中有两种类型的方法：交易方法和 constant 方法。交易方法会对区块链上的状态变量进行修改，会在区块上产生一次真正的交易记录。constant 方法一般用作获取变量的操作，不会对变量修改，也不会在区块上产生交易记录，一般 get 方法是 constant 方法。注册客户方法应该是一个交易方法，并使用 event 事件把值返回。在使用 web3.js 接口时，交易方法无法直接使用 returns 返回值，默认的返回值是交易哈希，所以我们只能使用 event 发送事件的方式返回值。与此相反，constant 方法可以使用 returns 直接返回数据，所以 constant 方法一般不写 event 事件。客户/商户注册实现如下：

```
// 注册一个客户
    event NewCustomer(address sender, bool isSuccess, string password);

    function newCustomer(address _customerAddr, string memory _password) public {
        // 判断是否已经注册
        if (!isCustomerAlreadyRegister(_customerAddr)) {
            // 还未注册
            customer[_customerAddr].customerAddr = _customerAddr;
            customer[_customerAddr].password = stringToBytes32(_password);
            customers.push(_customerAddr);
            emit NewCustomer(msg.sender, true, _password);
            return;
        }
        else {
```

```
            emit NewCustomer(msg.sender, false, _password);
            return;
        }
    }


    // 注册一个商户
    event NewMerchant(address sender, bool isSuccess, string message);

    function newMerchant(address _merchantAddr,
        string memory _password) public {

        // 判断是否已经注册
        if (!isMerchantAlreadyRegister(_merchantAddr)) {
            // 还未注册
            merchant[_merchantAddr].merchantAddr = _merchantAddr;
            merchant[_merchantAddr].password = stringToBytes32(_password);
            merchants.push(_merchantAddr);
            emit NewMerchant(msg.sender, true, "注册成功");
            return;
        }
        else {
            emit NewMerchant(msg.sender, false, "该账户已经注册");
            return;
        }
    }
```

(3) 判断客户/商户是否注册

有些方法只需要在合约内部调用，对外部接口是不可见的，可以使用 internal 关键字修饰这类方法。由于要防止客户/商户的同一账号重复注册，应该在每一次注册之前进行判断，判断是否注册的方法如下：

```
    // 判断一个客户是否已经注册
    function isCustomerAlreadyRegister(address _customerAddr) internal view returns (bool) {
        for (uint i = 0; i < customers.length; i++) {
            if (customers[i] == _customerAddr) {
                return true;
            }
        }
        return false;
    }

    // 判断一个商户是否已经注册
    function isMerchantAlreadyRegister(address _merchantAddr) public view returns (bool) {
        for (uint i = 0; i < merchants.length; i++) {
            if (merchants[i] == _merchantAddr) {
                return true;
            }
        }
        return false;
    }
```

8

(4) 客户/商户登录

该合约案例中，使用智能合约方法获得登录对象的密码，判断是否登录成功的逻辑在
JavaScript 代码中进行，Solidity 的方法中直接可以使用 return 返回多个值。在合约中获得登录者
密码方法实现如下：

```
// 查询用户密码
    function getCustomerPassword(address _customerAddr) public view returns (bool, bytes32) {
        // 先判断该用户是否注册
        if (isCustomerAlreadyRegister(_customerAddr)) {
            return (true, customer[_customerAddr].password);
        }
        else {
            return (false, "");
        }
    }

    // 查询商户密码
    function getMerchantPassword(address _merchantAddr) public view returns (bool, bytes32) {
        // 先判断该商户是否注册
        if (isMerchantAlreadyRegister(_merchantAddr)) {
            return (true, merchant[_merchantAddr].password);
        }
        else {
            return (false, "");
        }
    }
```

(5) 发行积分

在本案例中，银行管理员可以向任何一位客户发行积分，已发行的积分数额记录在合约的
issuedScoreAmount 变量中，客户积分增长相应的数额。方法实现如下：

```
// 银行发送积分给客户,只能被银行调用，且只能发送给客户
    event SendScoreToCustomer(address sender, string message);

    function sendScoreToCustomer(address _receiver,
        uint _amount) public onlyOwner {

        if (isCustomerAlreadyRegister(_receiver)) {
            // 已经注册
            issuedScoreAmount += _amount;
            customer[_receiver].scoreAmount += _amount;
            emit SendScoreToCustomer(msg.sender, "发行积分成功");
            return;
        }
        else {
            // 还没注册
            emit SendScoreToCustomer(msg.sender, "该账户未注册，发行积分失败");
            return;
        }
    }
```

(6) 转让积分

积分可以在任意两个账户之间实现转让,这里用同一个合约方法实现。由于需要判断调用者是客户还是商户,参数_senderType=0 表示积分发送者是客户, _senderType=1 表示积分发送者是商户。方法实现如下:

```
// 两个账户转移积分,任意两个账户之间都可以转移,客户商户都调用该方法
  // _senderType 表示调用者类型,0 表示客户,1 表示商户
  event TransferScoreToAnother(address sender, string message);

  function transferScoreToAnother(uint _senderType,
      address _sender,
      address _receiver,
      uint _amount) public {

      if (!isCustomerAlreadyRegister(_receiver) && !isMerchantAlreadyRegister(_receiver)) {
          // 目的账户不存在
          emit TransferScoreToAnother(msg.sender, "目的账户不存在,请确认后再转移! ");
          return;
      }
      if (_senderType == 0) {
          // 客户转移
          if (customer[_sender].scoreAmount >= _amount) {
              customer[_sender].scoreAmount -= _amount;

              if (isCustomerAlreadyRegister(_receiver)) {
                  // 目的地址是客户
                  customer[_receiver].scoreAmount += _amount;
              } else {
                  merchant[_receiver].scoreAmount += _amount;
              }
              emit TransferScoreToAnother(msg.sender, "积分转让成功! ");
              return;
          } else {
              emit TransferScoreToAnother(msg.sender, "你的积分余额不足,转让失败! ");
              return;
          }
      } else {
          // 商户转移
          if (merchant[_sender].scoreAmount >= _amount) {
              merchant[_sender].scoreAmount -= _amount;
              if (isCustomerAlreadyRegister(_receiver)) {
                  // 目的地址是客户
                  customer[_receiver].scoreAmount += _amount;
              } else {
                  merchant[_receiver].scoreAmount += _amount;
              }
              emit TransferScoreToAnother(msg.sender, "积分转让成功! ");
              return;
          } else {
              emit TransferScoreToAnother(msg.sender, "你的积分余额不足,转让失败! ");
              return;
          }
```

8

```
        }
    }
```

(7) 发布商品

商户可以向合约中增加一件商品，每件商品用 ID 来标识，不能重复添加相同 ID。被添加的商品会使用 mapping 映射增加对象，并加入商户属性的 sellGoods 数组中。方法实现如下：

```
// 商户添加一件商品
event AddGood(address sender, bool isSuccess, string message);

function addGood(address _merchantAddr, string memory _goodId, uint _price) public {
    bytes32 tempId = stringToBytes32(_goodId);

    // 首先判断该商品 Id 是否已经存在
    if (!isGoodAlreadyAdd(tempId)) {
        good[tempId].goodId = tempId;
        good[tempId].price = _price;
        good[tempId].belong = _merchantAddr;

        goods.push(tempId);
        merchant[_merchantAddr].sellGoods.push(tempId);
        emit AddGood(msg.sender, true, "创建商品成功");
        return;
    }
    else {
        emit AddGood(msg.sender, false, "该件商品已经添加，请确认后操作");
        return;
    }

}
```

(8) 购买商品

客户可以输入商品 ID 来购买一件商品，如果拥有的积分额度大于等于商品所需的积分，则购买商品成功，否则购买失败。购买成功后，会把商品 ID 加入到客户的 buyGoods 数组中。方法实现如下：

```
// 用户用积分购买一件商品
event BuyGood(address sender, bool isSuccess, string message);

function buyGood(address _customerAddr, string memory _goodId) public {
    // 首先判断输入的商品 Id 是否存在
    bytes32 tempId = stringToBytes32(_goodId);
    if (isGoodAlreadyAdd(tempId)) {
        // 该件商品已经添加，可以购买
        if (customer[_customerAddr].scoreAmount < good[tempId].price) {
            emit BuyGood(msg.sender, false, "余额不足，购买商品失败");
            return;
        }
        else {
            // 对这里的方法抽取
            customer[_customerAddr].scoreAmount -= good[tempId].price;
```

```
                    merchant[good[tempId].belong].scoreAmount += good[tempId].price;
                    customer[_customerAddr].buyGoods.push(tempId);
                    emit BuyGood(msg.sender, true, "购买商品成功");
                    return;
                }
            }
            else {
                // 没有这个 Id 的商品
                emit BuyGood(msg.sender, false, "输入商品 Id 不存在, 请确定后购买");
                return;
            }
        }
```

8.1.5 系统实现

以上我们进行了总体设计和智能合约设计, 下面就进行系统实现。创建项目主要是用 Truffle 来进行构建, 详细实现是在 8.1.4 节合约方法设计之后, 使用 web3.js 接口实现与合约方法对接, 与设计方案中的方法接口一一对应。

1. 创建项目

本案例项目是使用 Truffle 框架来构建的, 首先需要新建一个文件夹, 然后使用终端命令行进入该文件夹, 执行 `truffle unbox webpack` 命令, 此时就会自动创建一个基于 Truffle 的以太坊去中心化应用。项目创建完成后的目录结构如图 8.3 所示。

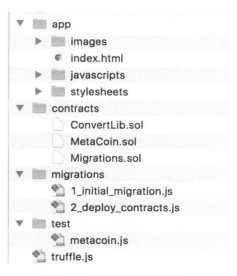

图 8.3 项目创建目录结构

app 文件夹中主要包含前端页面和 JavaScript 代码, 我们实现的主要代码会在其中的 javascripts 文件夹中; contracts 文件夹包含了智能合约, Truffle 默认会生成 3 个合约, 我们自己实现的合约也会放入这个文件夹；migrations 文件夹是关于合约部署配置的，在把合约部署到以太坊之前需要修改里面的 2_deploy_contracts.js 文件；test 文件夹用于写智能合约的测试代码；truffle.js 用于配置以太网网络；webpack.config.js 用于配置前端工程相关的 js 文件和 html 文件。

2. 详细实现

详细实现需要编写的 JavaScript 代码包括连接以太坊、客户/商户注册接口、客户/商户登录接口、转让积分接口等。

(1) 连接以太坊

应用需要在页面启动的时候获得部署在以太坊上的合约实例，然后才能去调用合约内的方法。由于 Truffle 已经默认集成了 web3.js 接口，所以我们可以直接使用 web3.eth 下的所有方法。首先监听页面加载事件，在页面加载时调用 window.App 的 init 方法用以获得以太坊上可用的账户和合约实例，在 App.js 中实现如下：

```
window.App = {
    // 获得合约实例
    init: function () {
        // 设置 web3 连接
        ScoreContract.setProvider(window.web3.currentProvider)
        // 获取初始账户余额用以显示
        window.web3.eth.getAccounts(function (err, accs) {
            if (err != null) {
                window.App.setStatus('There was an error fetching your accounts.')
                return
            }

            if (accs.length === 0) {
                window.App.setStatus('Couldn\'t get any accounts! Make sure your Ethereum client
                    is configured correctly.')
                return
            }
            accounts = accs
            account = accounts[0]
        })

        ScoreContract.deployed().then(function (instance) {
            ScoreInstance = instance
        }).catch(function (e) {
            console.log(e, null)
        })
    },
    ...
}
window.addEventListener('load', function () {
    // 设置 web3 连接 http://127.0.0.1:8545
    window.web3 = new Web3(new Web3.providers.HttpProvider('http://127.0.0.1:9545'))
    window.App.init()
})
```

(2) 客户/商户注册

注册页面在主页面 index.html 中，客户和商户可以输入合法的以太坊账户地址和密码来注册一个账户。注册的前端 HTML 代码实现如下：

```
<div class="block">
    <h3>客户注册</h3>
    <label for="customerAddress">客户账户</label><input type="text" id="customerAddress"
        placeholder="e.g., 0x93e66d9baea28c17d9fc393b53e3fbdd76899dae"/>
    <br/><label for="customerPassword">密码</label><input type="text" id="customerPassword"
                                                 placeholder="e.g., 123456"/>
    <button onclick="App.newCustomer()">客户注册</button>
</div>
```

客户注册的简单前端页面如图 8.4 所示。

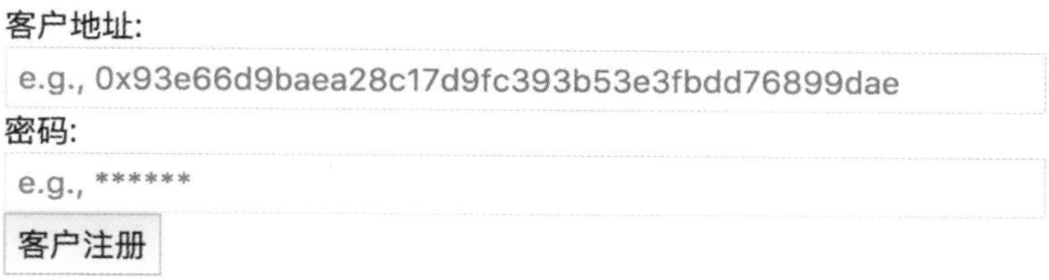

客户地址：

e.g., 0x93e66d9baea28c17d9fc393b53e3fbdd76899dae

密码：

e.g., ******

客户注册

图 8.4   客户注册前端页面

在 app.js 文件中进行逻辑代码的实现如下：

```
// 注册一个客户：需要指定 gas，默认 gas 值会出现 out of gas
newCustomer: function (ScoreInstance, account) {
    const address = document.getElementById('customerAddress').value
    const password = document.getElementById('customerPassword').value
    console.log(address + ' ' + password)
    ScoreInstance.newCustomer(address, password, { from: account, gas: 3000000 }).then(function () {
    // 调用 event
    ScoreInstance.NewCustomer(function (e, r) {
        if (!e) {
            console.log(r)
            console.log(r.args)
            if (r.args.isSuccess === true) {
                window.App.setStatus('注册成功')
            } else {
                window.App.setStatus('账户已经注册')
            }
        } else {
            console.log(e)
        }
    })
    })
}
```

8

(3) 客户/商户登录

登录操作同样在 index.js 主页面中进行，已经注册的客户/商户输入正确的账户密码可以成功登录，并跳转到客户页面或者商户页面。登录的前端 HTML 代码实现如下：

```
<div class="block">
    <h3>客户登录</h3>
    <label for="customerLoginAddr">客户地址</label><input type="text" id="customerLoginAddr"
        placeholder="e.g., 0x93e66d9baea28c17d9fc393b53e3fbdd76899dae">
    <br><label for="customerLoginPwd">密码</label><input type="text" id="customerLoginPwd"
                                            placeholder="e.g., ******">
    <button id="customerLogin" onclick="App.customerLogin()">客户登录</button>

</div>
```

客户登录的简单前端页面如图 8.5 所示。

图 8.5　客户登录前端页面

在 app.js 中进行逻辑代码的实现，根据输入的账户地址去区块链上查找指定账户的密码，并和输入密码对比是否匹配。代码实现如下：

```
customerLogin: function (ScoreInstance, account) {
    const address = document.getElementById('customerLoginAddr').value
    const password = document.getElementById('customerLoginPwd').value
    ScoreInstance.getCustomerPassword(address, { from: account, gas: 3000000 }).then(function
        (result) {
    if (result[0]) {
        // 查询密码成功
        if (password.localeCompare(utils.hexCharCodeToStr(result[1])) === 0) {
            console.log('登录成功')
            // 跳转到用户界面
            window.location.href = 'customer.html?account=' + address
        } else {
            console.log('密码错误，登录失败')
            window.App.setStatus('密码错误，登录失败')
        }
    } else {
        // 查询密码失败
        console.log('该用户不存在，请确定账号后再登录！')
        window.App.setStatus('该用户不存在，请确定账号后再登录！')
    }
    })
}
```

(4) 发行积分

在本案例中，管理员可以直接使用合约调用者的地址进行登录。下面命令行界面显示的第一个地址就是调用当前合约的账户，也是该案例默认的管理员账户。每次开启 Ganache 时产生的测试账户都是不同的。可以直接使用该账号登录到管理员页面。

```
➜  ~
ganache-cli
Ganache CLI v6.1.0 (ganache-core: 2.1.0)

Available Accounts
==================
(0) 0x13f1cc81ce166ef8d14047e21ad347cdffdf5224
```

管理员登录后会跳转到管理员页面 bank.html。之后每次新建 html 文件，都需要按如下方式修改 webpack.config.js 文件的 plugins：

```
plugins: [
    new CopyWebpackPlugin([
        { from: './app/index.html', to: 'index.html' }
    ]),
    new CopyWebpackPlugin([
        { from: './app/customer.html', to: 'customer.html' }
    ]),
    new CopyWebpackPlugin([
        { from: './app/bank.html', to: 'bank.html' }
    ]),
    new CopyWebpackPlugin([
        { from: './app/merchant.html', to: 'merchant.html' }
    ])
]
```

bank.html 发行积分代码实现如下：

```
<div class="block">
    <h3>发行积分</h3>
    <label for="customerAddress">客户地址</label><input type="text" id="customerAddress"
        placeholder="e.g., 0x93e66d9baea28c17d9fc393b53e3fbdd76899dae">
    <br><label for="scoreAmount">积分数量</label><input type="text" id="scoreAmount"
        placeholder="e.g., ******">
    <br>
    <button onclick="App.sendScoreToCustomer()">发行积分</button>
</div>
```

银行发行积分的简单前端页面如图 8.6 所示。

客户地址:

```
e.g., 0x93e66d9baea28c17d9fc393b53e3fbdd76899dae
```

积分数量:

```
e.g., ******
```

发行积分

图 8.6　管理员发行积分前端页面

bank.js 发行积分方法实现如下:

```
sendScoreToCustomer: function (ScoreInstance, account) {
    const address = document.getElementById('customerAddress').value
    const score = document.getElementById('scoreAmount').value
    ScoreInstance.sendScoreToCustomer(address, score, { from: account })
    ScoreInstance.SendScoreToCustomer(function (e, r) {
        if (!e) {
            console.log(r.args.message)
            window.App.setStatus(r.args.message)
        }
    })
}
```

(5) 转让积分

登录成功后,客户或商户可以在自己的积分额度内转让积分,如果要转让的积分数量超过已有的额度,则转让失败。客户–客户、客户–商户、商户–商户,两两之间可以进行该操作。这里以在客户中的实现为例,新建 customer.js 和 customer.html。

customer.html 实现如下:

```
<div class="block">
    <h3>转让积分</h3>
    <label for="anotherAddress">转让地址</label><input type="text" id="anotherAddress"
        placeholder="e.g., 0x93e66d9baea28c17d9fc393b53e3fbdd76899dae">
    <br><label for="scoreAmount">积分数量</label><input type="text" id="scoreAmount"
        placeholder="e.g., ******">
    <br>
    <button onclick="App.transferScoreToAnotherFromCustomer(currentAccount)">转让积分</button>
</div>
```

转让积分页面与银行发行积分页面基本相同。

customer.js 转让积分方法实现如下:

```
// 客户实现任意的积分转让
transferScoreToAnotherFromCustomer: function (currentAccount, ScoreInstance, account) {
    const receivedAddr = document.getElementById('anotherAddress').value
    const amount = parseInt(document.getElementById('scoreAmount').value)
    ScoreInstance.transferScoreToAnother(0, currentAccount, receivedAddr, amount, { from:
        account })
    ScoreInstance.TransferScoreToAnother(function (e, r) {
```

```
        if (!e) {
            console.log(r.args)
            window.App.setStatus(r.args.message)
        }
    })
}
```

(6) 发布商品

已登录的商户可以发布多个不同 ID 的商品，商品 ID 不能重复。商品会指定所需购买的积分额度。发布成功后，会把该件商品 ID 加入到商户的已购买商品数组中。在某些方法中，我们会在参数中指定 gas 值，其实在执行交易方法的时候，方法会自带一个默认的 gas，但是如果这个方法较大，代码较多，导致默认的 gas 值不够，执行方法时就会发生 out of gas 的错误，导致交易方法失败。所以在本案例中，一些方法会显式定义 gas 值。以下代码分别是在 merchant.html 和 merchant.js 中的实现。

merchant.html：

```
<div class="block">
    <h3>添加商品</h3>
    <br><br><br><label for="goodId">商品 ID</label><input type="text" id="goodId">
    <br><label for="goodPrice">商品价格</label><input type="text" id="goodPrice">
    <br>
    <button onclick="App.addGood(currentAccount)">添加商品</button>
    <button onclick="App.getGoodsByMerchant(currentAccount)">查看已添加商品</button>
</div>
```

merchant.js：

```
// 商户增加一件商品
addGood: function (currentAccount, ScoreInstance, account) {
    const goodId = document.getElementById('goodId').value
    const goodPrice = parseInt(document.getElementById('goodPrice').value)
    ScoreInstance.addGood(currentAccount, goodId, goodPrice, { from: account, gas:
        2000000 }).then(function () {
        ScoreInstance.AddGood(function (error, event) {
            if (!error) {
                console.log(event.args.message)
                window.App.setStatus(event.args.message)
            }
        })
    })
}
```

(7) 购买商品

客户可以在自己的积分额度内通过输入商品 ID 购买一件商品，如果商品所需积分大于客户的积分余额，则购买失败。购买成功后，把该件商品加入到客户的已购买商品数组中。以下代码分别是在 customer.html 和 customer.js 中的实现。

Customer.html：

```html
<div class="block">
    <h3>购买商品</h3>
    <label for="goodId">购买商品 Id</label><input type="text" id="goodId">
    <br>
    <button id="buyGood" onclick="App.buyGood(currentAccount)">购买商品</button>
</div>
```

Customer.js：

```js
// 客户购买商品
buyGood: function (currentAccount, ScoreInstance, account) {
    const goodId = document.getElementById('goodId').value
    ScoreInstance.buyGood(currentAccount, goodId, { from: account, gas: 1000000 }).then(function () {
        ScoreInstance.BuyGood(function (error, event) {
            if (!error) {
                console.log(event.args.message)
                window.App.setStatus(event.args.message)
            }
        })
    })
}
```

图 8.7 到图 8.9 展示了部分功能模块实现的结果。

图 8.7　客户注册成功

图 8.8　银行发行积分成功

图 8.9　客户转让积分成功

8.1.6 系统部署

前面我们使用 `truffle unbox webpack` 命令初始化项目后，会自动生成一些不需要的示例代码，我们可以手动删除，如 contracts/文件夹下面的 ConvertLib.sol、MetaCoin.sol 这两个文件，但保留 Migrations.sol，该文件在部署时需要用到，与之对应的是 migrations/文件夹下的 1_initial_migration.js。我们把所有的 html 文件直接放入 app/文件夹，把所有的 JavaScript 文件放入 app/javascripts 文件夹，把写好的智能合约保存成后缀 sol 格式放入 contracts 文件夹。完成本案例后的项目目录如图 8.10 所示。

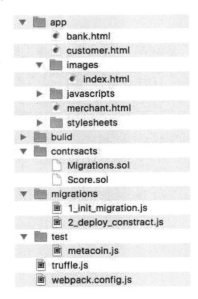

图 8.10　项目完成目录结构

1. 项目配置

项目基本完成以后，需要进行简单的配置才能部署，包括合约的配置和整体配置，整体配置主要是 HTML 页面和 JavaScript 脚本的配置。

(1) 合约配置

合约需要被编译部署到以太坊客户端上，如 Ganache 中，migrations/2_deploy_contracts.js 是合约的部署文件，需要把我们的目标合约配置进去(已经删除默认合约的代码)，2_deploy_contracts.js 配置信息如下：

```
var Score = artifacts.require("./Score.sol");
module.exports = function(deployer) {
    deployer.deploy(Score);
};
```

(2) 整体配置

由于我们创建了多个 html 文件, 因此需要在项目根目录中的 webpack.config.js 中把这些文件注册进去, 配置如下:

```
plugins: [
    new CopyWebpackPlugin([
        { from: './app/index.html', to: 'index.html' }
    ]),
    new CopyWebpackPlugin([
        { from: './app/customer.html', to: 'customer.html' }
    ]),
    new CopyWebpackPlugin([
        { from: './app/bank.html', to: 'bank.html' }
    ]),
    new CopyWebpackPlugin([
        { from: './app/merchant.html', to: 'merchant.html' }
    ])
]
```

我们使用的 Ganache 客户端默认使用 8545 端口, 但是如果使用其他的客户端, 可能对应不同的 host 和 port。因此, 在 truffle.js 中可以对不同的以太坊网络配置, 并在运行部署命令时使用 —network 参数选择相应的网络。truffle.js 配置如下:

```
require('babel-register')

module.exports = {
    networks: {
        truffle: {
            host: '127.0.0.1',
            port: 9545,
            network_id: '*'
        },
        develop: {
            host: '127.0.0.1',
            port: 8545,
            network_id: '*'
        }
    }
}
```

2. 项目部署

Truffle 项目只需要使用简单的命令行就可以完成合约的编译, 合约部署到以太坊, 并把整个项目部署到本地服务器, 然后使用前端页面就可以实现和区块链的交互。在部署项目之前, 必须要在一个命令行终端先开启 Ganache 服务, 然后在另一个终端命令行进入项目根目录, 分别执行以下命令。

❑ truffle compile: 编译智能合约, 如果合约存在语法错误, 编译将失败, 并提示错误信息。如果只修改一个合约, 但是项目有多个合约, 想要修改后同时编译所有合约, 可以执行 trufflecompile --compile-all 命令。

❑ truffle migrate：部署智能合约，把编译完成的合约部署到以太坊客户端 Ganache 中。
如果该命令由于异常执行失败，可能是之前已经进行过部署，则可以执行 truffle migrate
--reset 命令，如果在 truffle.js 中配置了多个网络，则执行 truffle migrate --network name
--reset 进行选择性部署，其中 name 即是在 truffle.js 中配置的 develop 和 truffle 网络。

❑ npm run dev：开启 Truffle 本地服务器，默认使用 8080 端口，并把项目自动化部署到 Truffle
服务器中。

部署步骤的命令行界面实现如下：

```
➜  Ethereum-Score-Hella git:(master) X truffle compile --compile-all
Compiling ./contracts/Migrations.sol...
Compiling ./contracts/Score.sol...
Writing artifacts to ./build/contracts

➜  Ethereum-Score-Hella git:(master) X truffle migrate --network develop --reset
Using network 'develop'.

Running migration: 1_initial_migration.js
    Deploying Migrations...
    ... 0xc08c61fa40122887f66f7cc14ebdd73f03bede29c3308d8069cc7c31d37f2342
    Migrations: 0x160d5c8a432fb2880cd8c66f8537f08d5d05868a
Saving successful migration to network...
    ... 0x81985c1bd8fff18f2231f2c220a5618b086f5528eb0189768b2a406933c8d7d2
Saving artifacts...
Running migration: 2_deploy_contracts.js
    Deploying Score...
    ... 0x34b2ca22fa2025188f0036b86093d35922160a38fbe9fb8b8ae2c1dc9964fc1a
    Score: 0xd88cd5030af17dcaed3d088d9cd160457e1da7e0
Saving successful migration to network...
    ... 0x07caa3f1eeb89cac93638872a34b0c4bfdeb581705ccd3707419732e1193d9e7
Saving artifacts...
➜  Ethereum-Score-Hella git:(master) X npm run dev

> truffle-init-webpack@0.0.2 dev /Users/username/truffleProjects/Ethereum-Score-Hella
> webpack-dev-server

Project is running at http://localhost:8080/
```

同时在另一个开启 Ganache 的终端中，会打印出区块链日志，日志包括被调用的方法、交易
哈希、区块号、花费的 gas 值等信息。Ganache 打印的命令行日志如下：

```
Listening on localhost:8545
net_version
eth_accounts
eth_accounts
net_version
net_version
eth_sendTransaction

    Transaction: 0xc08c61fa40122887f66f7cc14ebdd73f03bede29c3308d8069cc7c31d37f2342
    Contract created: 0x160d5c8a432fb2880cd8c66f8537f08d5d05868a
```

```
Gas usage: 277462
Block Number: 1
Block Time: Mon Jun 18 2018 12:08:25 GMT+0800 (CST)
```

执行完以上步骤后，在浏览器中输入"http://localhost:8080"就可以访问积分系统了。

8.2 基于以太坊的电子优惠券系统案例分析

本项目将区块链技术应用到了电子优惠券系统，旨在使用区块链技术简化优惠券流通过程，消除第三方平台，实现商户真正自主地发行通用优惠券。本系统使用以太坊平台，搭建以银行和商户为节点的联盟链，通过开发的智能合约实现业务逻辑。系统切实发挥了区块链技术的 P2P 通信、去中介以及记录不易篡改的特性，为"优惠券"这一金融消费应用提供了一种新的解决方案。

8.2.1 项目简介

电子优惠券是目前市场上广泛应用的金融促销工具，在提升商家知名度和促进销售增长的过程中发挥了较为明显的作用，也为消费者带来了便利和优惠。但是，商家发行的电子优惠券一般会受限于有效期和发行数量，缺乏灵活的流通能力。将区块链技术应用于通用电子优惠券，商户的自主性将会更高，不需要再依赖于中心平台，不用再支付额外的佣金或抽成；而对于用户来说，电子优惠券在手中的支配性更强，优惠券的意义也会有所提升。此外，区块链技术在该领域的应用，可以将商户与用户的数据从互联网巨头的数据垄断中解放出来，实现真正的数据自由和数据透明。

基于区块链的电子优惠券，是将区块链技术用于认定交易承诺的真实性，基于区块链技术的共识机制，电子优惠券的发行、流通和使用无须中心机构，既可以防止欺诈事件，又为商家提供了更为便利、自主、高效和低成本的服务。

本案例主要将区块链技术用作确权和记账工具，并使用智能合约记录部分系统数据，而对于系统中其他数据的管理，仍使用数据库作为存储工具。在本案例中，银行既是系统业务的参与者，也是系统的管理员，负责数据库的部署和维护，因此本系统并不是完全意义上的去中心化，但使用区块链技术将系统中的业务作为交易，在区块链上记录，同时数据库中涉及系统核心功能的数据，都可以通过区块链技术溯源认证，也切实体现了将区块链技术应用于本案例的优势。

本系统核心业务为结算券和优惠券的流通，简要流程为：银行审批商户的结算券申请，并发放相应数额的结算券；商户根据结算券余额，发行优惠券，发放给消费者；消费者使用属于自己的优惠券，在消费时向商家支付，也可以向其他消费者转赠。系统整体的流程图如图 8.11 所示。

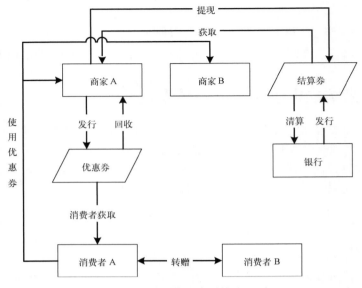

图 8.11　通用优惠券系统流程图

8.2.2　系统功能分析

系统主要涉及 3 种用户，其中银行和商户直接交互，使用结算券作为交互媒介；商户和消费者直接交互，使用优惠券作为交互媒介。此外，银行还作为管理员对系统中的用户进行监控和管理。各个用户的具体功能如表 8.2 所示。

表 8.2　通用电子优惠券系统功能模块表

	需求要点	备　　注
消费者	注册	消费者注册账户
	登录	消费者登录系统
	申请优惠券	消费者消费后，向商家申请优惠券
	使用优惠券支付	消费者向商家申请本次消费使用自己已有的优惠券
	查看优惠券钱包	消费者查询自己的优惠券钱包
	转赠优惠券	消费者之间互相转赠优惠券
商户	注册	商户注册账户
	登录	商户登录积分系统
	申请结算券	商户申请结算券，作为发行优惠券的基础金额
	结算券提现	商户向银行申请将结算券提现
	查看结算券流水	商户查看结算券的申请和提现流水

（续）

	需求要点	备　　注
商户	发行优惠券	商户自行制定优惠券发行规则和数量
	发放优惠券	商户同意消费者的请求优惠券的申请，将优惠券发放给消费者
	同意消费者优惠券支付申请	商户批准消费者的优惠券使用申请
	终止发行	商户终止本次优惠券发行
	查看发行状态	商户查看当前优惠券的发行状态
银行	注册	银行注册管理员账户
	登录	银行登录管理系统
	初审、复审结算券申请	批准或拒绝商户结算券申请，如统一申请，则发放等额结算券
	商户注册审批	银行批准商户入链申请
	消费者管理	银行根据消费者的行为可以冻结或解冻相应的消费者账户
	优惠券查询	查询系统中所有的优惠券

8.2.3　系统总体设计

本系统的总体设计主要包括方案设计、架构设计以及底层数据存储的设计。方案设计主要明确了本系统的层次结构以及各层之间的交互设计；架构设计部分主要分析了系统的功能架构；此外，由于本系统使用了数据库与区块链一同作为底层数据存储工具，系统的底层数据存储设计部分明确了数据存储的边界，即哪些数据使用区块链存储，哪些数据使用数据库存储。综合上述 3 部分的设计分析，一同搭建出了本系统的基本框架。

1. 方案设计

本系统业务逻辑处理部分为 JavaWeb 系统，使用 SSM 框架整合，为了使用区块链技术作为确权工具及实现记账功能，本系统在应用层引入了区块链技术。系统使用 geth 客户端接入以太坊平台。通过工具类构建 web3.js 风格接口给 Java 后台应用层调用，与以太坊平台进行交互，工具类内部实际使用 Jersey 框架通过 JSON-RPC 建立与以太坊客户端的通信。本系统在服务器上搭建以太坊私链环境进行开发测试。私链数据存储在服务器上指定的文件目录下（见"系统部署"部分）。

2. 系统架构设计

本系统底层使用以太坊平台，节点通过 geth 客户端接入区块链网络，自行设计智能合约部署在区块链上，并在系统的应用层自己封装 Web3 工具类，提供 web3.js 风格接口（应用中可直接调用的接口），在 Web3 工具类中实际使用以太坊客户端的 JSON-RPC 接口与 geth 客户端交互。由于区块链在本系统中有确权作用，因此本系统将使用部署在区块链上的智能合约中存储的 storage 值结合数据库一同存储系统数据。

结算券与优惠券是本系统核心业务的交互媒介，二者相关的操作都作为交易，写入区块链来确权，因此本系统的智能合约应能够覆盖结算券申请、发行和提现等相关操作和优惠券发行、发

8

放和使用等相关操作。由于区块链的不易篡改特性，系统中能反映当下状态的数据应该从区块链中读取。

系统除了核心业务数据外，还有用户的注册信息、合约对应的实体用户或者对象在区块链上的身份凭证和区块链上的合约地址，这些信息应使用数据库来存储。同时，为方便银行以管理员身份监管系统用户和运行状态，银行对于系统中的历史记录性质数据，直接从区块链上读取。而这些信息都可以通过区块链技术来溯源，因此真实性仍然可以得到保证。系统整体架构如图8.12所示。

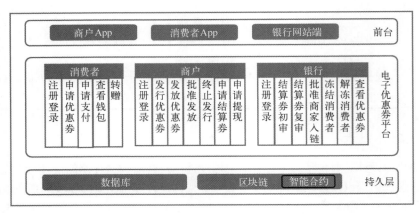

图 8.12　银行通用电子优惠券系统架构图

3. 系统数据存储划分

数据读取包括从数据库和区块链两种持久化存储中读取。其中，历史流水、账单类的数据（如商户的结算券申请和提现流水、银行查询所有的系统中出现过的优惠券，等等），都采用数据库数据进行显示；对于交易相关的状态数据和系统当前的状态值类数据（如商户的当前结算券余额、当前正在发行的优惠券相关信息、消费者拥有的优惠券，等等），都从区块链上读取。本项目中两者的分类如表8.3所示。

表 8.3　电子优惠券系统数据存储分类

从数据库中获取的数据	从区块链上获取的数据
商户的结算券申请与提现流水	商户管理的当前发行中的所有优惠券信息
银行管理系统读取的商户列表、消费者列表	商户的结算券余额
银行管理系统读取所有的优惠券	消费者的钱包中的优惠券
系统用户登录系统时的身份认证信息以及注册时的详细信息	优惠券发行、发放以及使用过程中的优惠券详细信息
系统中的银行、商户、消费者和优惠券的公钥	系统中当前正发行的优惠券的详细信息

8.2.4 智能合约设计

本系统的智能合约设计分为概要设计、合约状态设计以及合约方法设计 3 个部分。其中概要设计主要讨论了合约的种类以及每种合约的主要职责，合约状态设计主要分析了合约中应该存储哪些状态值来保证合约功能完整性和提供必要的数据访问功能，最后合约方法设计部分分析了哪些系统实际业务应该被区块链记账以及如何将这些业务映射为合约方法。

1. 概要设计

本案例是基于区块链技术的电子优惠券系统，首先考虑系统用户。主要用户有 3 种：银行职员、商户和消费者。由于用户是各种业务操作的发起者，这 3 种用户显然应该作为合约对象在区块链中存储。

除了系统用户外，系统中存在一个重要的参与要素——优惠券，因为优惠券的发放、支付和转赠操作均需要区块链技术确权，因此本案例中将优惠券也作为合约对象，该合约主要是被动地更改状态来配合系统的业务逻辑操作。

本系统中，银行除了用户之外，还有管理员身份，因此银行合约的部署应该在系统运行前进行，银行合约地址在项目启动后应该可以直接使用。综上，本案例系统中共有 4 份合约，具体的设计如表 8.4 所示。

表 8.4 通用电子优惠券系统概要设计表

合约名称	说　明	功　能
Bank	银行合约要手动部署到区块链上，与项目部署同时进行	负责审批商户的结算券相关操作
Merchant	存储商户的创建者地址，自身合约地址，维护自己的未发放、已发放、已使用的优惠券数组，并维护一个历史优惠券数组	商户可以使用合约完成发行优惠券、终止优惠券的发行；暴露接口给银行端，完成结算券申请与结算券提现功能；存储自己的结算券余额以备查询，维护优惠券数组以备溯源
Coupon	由商户创建，存储整个生命周期的所有相关状态值	一般为被动的状态改变，通过商户或消费者的操作被动更改自身状态
Consumer	存储消费者的账户地址，当前状态以及自己钱包中的优惠券	转赠优惠券到其他消费者账户

2. 合约状态设计

本系统中，交易相关数据应从区块链上读取，以此来发挥区块链的确权作用。在合约设计时，应综合考虑业务逻辑与数据记录两个方面，具体的状态值设计如下。

❑ Bank 合约：Bank 合约应该维护自己批准入链的所有商户，并将银行的公钥作为本合约的"所有者"，具体设计如下。

```
Contract Bank{
    address owner;  // 存储银行的公钥
    address[] merchants;  // 维护所有由自己审批入链的商户合约地址
}
```

8

❑ Merchant 合约：商户合约自身应存储自己的公钥（owner 字段）对外提供身份认证，以及审批自己入链的银行合约地址，委托银行来完成结算券的相关操作的审批（后文方法设计中会详细说明）。

商户本身作为结算券相关操作的申请者和优惠券相关操作的审批者，应该维护这两方面的数据。首先，从结算券的角度，商户应该记录自己的结算券余额；从优惠券角度，商家要发行优惠券，发放优惠券，处理使用优惠券支付请求。因此，商家应维护当前正在发行的已发行未发放、已发放未使用、已使用的 3 种优惠券的数组。此外，为保证优惠券的整个生命周期可查，还要维护一个历史优惠券数组。

```
contract Merchant{
    address owner;
    address banker;
    uint settlementBalance;
    address[] unusedCoupons;    // 已发放未使用的优惠券
    address[] usedCoupons;    // 已使用的优惠券
    address[] notGivenCoupons;    // 已发行未发放的优惠券
    address[] historyCoupons;    // 历史优惠券

    // 以下两个状态值为查询数据操作设计，后文方法设计中会详细说明
    address[] curGrant;
    mapping(bytes32 => address[]) grantPair;
}
```

❑ Consumer 合约：消费者应存储自己的公钥（作为 owner）、当前在系统中的状态（是否被冻结）以及自己钱包中可用的优惠券数组。此外，由于消费者会被冻结与解冻，因此还要存储可以更改自己状态的银行合约地址，将冻结与解冻操作交付给银行执行。

```
contract Consumer{
    address owner;
    address banker;    // 可冻结、解冻消费者的银行对应的合约地址
    uint state;
    address[] coupons;
}
```

❑ Coupon 合约：优惠券合约的数据主要用于查询和被动进行状态更改，因此，其状态值设计更多考虑数据的查询和整个生命周期各个阶段的状态标识，具体的字段与对应的意义如下所示。

```
contract Coupon{
    address owner;    // owner 存储所有人的合约地址，发行时为商户合约地址，发放后为
                      // 消费者的合约地址，如果发生转赠，则 owner 的值应该对应更改
    address granter;    // 发行商户的和合约地址
    uint value;    // 优惠券面值
    uint limit;    // 发行规则中的"满"字段
    bytes32 startDate;    // 发行规则中规定的有效起始日期
    bytes32 endDate;    // 发行规则中规定的有效截止日期
    uint obtainValue;    // 消费者获得优惠券时的消费金额
    bytes32 obtainDate;    // 消费者获得优惠券的时间
```

```
        bytes32 consumeDate;  // 消费者使用优惠券支付的日期
        uint consumeValue;  // 消费者使用优惠券支付时的消费金额
        uint state;  // 优惠券的状态（1为已发行，2为已发放，3为已使用）
    }
```

3. 合约方法设计

下面我们主要从构造方法、功能性方法和读取区块链存储数据3个方面来详细介绍合约方法设计。

(1) 构造方法

在系统中，构造方法负责合约的初始化和部署，4种合约对象各自的构造方法的使用如下。

❑ Bank 合约：在系统运行前，通过 geth 客户端发起交易直接部署（具体见"项目部署"部分），获得合约地址在系统中作为常项使用。

❑ Merchant 合约：构造方法由 Bank 合约调用，在系统中对应银行同意商户入链后，银行作为交易发起人调用 Merchant 合约的构造方法，获得 Merchant 的合约地址。具体代码如下。

```
contract Bank{
    ...
    modifier OnlyOwner{
        if(msg.sender == owner) // 方法修饰符，仅当方法调用者为 owner 时，方法才执行
            _;
    }

    function createMerchant(address merchantAccount) public OnlyOwner {
        merchants.push(new Merchant(merchantAccount)); // 传入商户公钥，创建并部署商户合约
    }
}
contract Merchant{
    constructor(address merchantAccount) public {
        owner = merchantAccount;
        banker = msg.sender;
    }
}
```

❑ Consumer 合约：系统中消费者不作为节点入链，只拥有公钥和合约地址，此外还需要明确可以修改其状态的银行管理员合约账号，其构造方法如下。

```
contract Consumer{
    constructor(address bankAccount) public {
        owner = msg.sender;
        banker = bankAccount;
        state = 1; // 账户未被冻结
    }
}
```

❑ Coupon 合约：Coupon 合约 owner 字段应存储系统中持有该优惠券的用户，在商户发行优惠券时，合约被创建，其构造方法如下。

8

```
contract Coupon{
    constructor(uint _value, uint _limit, bytes32 _startDate, bytes32 _endDate) public {
        value = _value;
        limit = _limit;
        owner = msg.sender;
        startDate = _startDate;
        endDate = _endDate;
        consumeValue = 0;
        state = 1; // 合约创建时，优惠券一定是发行未发放状态
    }
}
```

(2) 功能性方法

本系统中的功能性方法主要有结算券相关、优惠券相关和消费者转赠 3 种。

A. 结算券相关

结算券相关的功能性方法主要是银行批准商户的结算券申请，在商户中定义 settlementApprove()
方法，并设置方法修饰符 OnlyBanker，即只能由 banker 地址调用，在银行中定义 approve()方法，
调用商户的 settlementApprove()方法，具体代码如下。

```
contract Bank{
    function approve(address merchantAddress, uint amount) public OnlyOwner {
        Merchant m = Merchant(merchantAddress);
        m.settlementApprove(amount);
    }
}
contract Merchant{
    function settlementApprove(uint amount) public OnlyBanker {
        settlementBalance += amount;
    }
}
```

B. 优惠券相关

❑ **优惠券发行**：商家发行优惠券，即创建相应数量的优惠券合约，并将合约地址存入
notGivenCoupons 数组，具体代码如下。

```
contract Merchant{
    function issueCoupon(uint value, uint limit, uint quantity, bytes32 startDate, bytes32
        endDate) public OnlyOwner {
        // 传入参数依次为：优惠券面值、发行规则的"满"字段，有效期的开始截止日期
        if(settlementBalance >= (value*quantity)) {
            for(uint i = 0; i < quantity; i++) {
                notGivenCoupons.push(new Coupon(value, limit, startDate, endDate));
                settlementBalance -= value; // 注意在发行时相应地改变商户结算券余额
            }
        }
    }
}
```

❑ **优惠券终止发行**：商户可以在发行优惠券后，随时终止优惠券发行。终止发行时，需要
将 notGivenCoupons 数组、unusedCoupons 数组和 usedCoupons 数组中的优惠券全部移至

historyCoupons 数组，并将未发放的优惠券的总额加回自己的结算券余额中。如果终止发行时发现有已发放的优惠券超出了有效期，则应将该优惠券收回。

```
contract Merchant{
    function terminateCoupon(bytes32 curDate) public OnlyOwner {
    // 对于未发放的优惠券，移至 historyCoupons 数组并将金额加回自己的结算券余额
        for(uint k=0;k < notGivenCoupons.length;k++){
            historyCoupons.push(notGivenCoupons[k]);
            Coupon c = Coupon(notGivenCoupons[k]);
            settlementBalance += c.getValue();
        }
        delete notGivenCoupons;
        // 对于已发放未使用的优惠券，如果未过期，只移至 historyCoupons 数组，
        // 金额不加回结算券余额；如果已过期，则将金额加回结算券数组
        for(uint i=0;i<unusedCoupons.length;i++){
            Coupon c1 = Coupon(unusedCoupons[i]);
            if(c.getEndDate() < curDate){
                settlementBalance += c1.getValue();
            }
        historyCoupons.push(unusedCoupons[i]);
    }
    delete unusedCoupons;
    // 对于已使用的优惠券，直接移至 historyCoupons 数组即可
    for(uint j=0;j<usedCoupons.length;j++){
        historyCoupons.push(usedCoupons[j]);
    }
        delete usedCoupons;
    }
}
```

❑ **优惠券发放**：商户按照传入的优惠券张数从 notGivenCoupons 数组中从后向前取相应数目的地址，将这些地址上的 Coupon 合约的 owner 设置为发放对象（消费者），将该合约地址由 notGivenCoupons 数组移至 unusedCoupons 数组，最后使用 mapping 数据结构，方便 Java 端读取区块链上的数据（在下文"读取区块链存储数据"部分有详细介绍），具体代码如下。

```
Contract Merchant{
    function grant(address _consumer, uint quantity, bytes32 date, bytes32 mark,
        uint obtainValue) public OnlyOwner {
        // 传入参数依次为：发放对象的合约地址、发放张数、发放日期、标识
        // 和本次发放操作对应的消费金额
        if(quantity<=notGivenCoupons.length) {
            Consumer consumer = Consumer(_consumer);// 获取发放对象
            for(uinti=notGivenCoupons.length1;i>=
                notGivenCoupons.length-quantity;i--){
                Coupon couponTemp = Coupon(notGivenCoupons[i]);
                // 设置被发放的优惠券的相应信息
                couponTemp.setObtainDate(date);
                couponTemp.setState(2);
                couponTemp.setObtainValue(obtainValue);
                couponTemp.setGranter(couponTemp.getOwner());
                couponTemp.setOwner(_consumer);
```

8

```
        consumer.addCoupon(notGivenCoupons[i]);

        // 将发放出的优惠券在数组中做移动
        unusedCoupons.push(notGivenCoupons[i]);
        curGrant.push(notGivenCoupons[i]);

        // 因为变量 i 为 uint 类型, 当商户最后一张优惠券发放完时, 通过判断 i==0 跳出循环
        if(i == 0){ break;}
    }

    // 把本次的优惠券发放操作存入 mapping 由参数 mark 标识, 方便取值
    grantPair[mark] = curGrant;
    delete curGrant;
    notGivenCoupons.length = notGivenCoupons.length - quantity;
        }
    }
}
```

❑ **优惠券支付**: 商户将指定的优惠券从 unusedCoupons 数组移至 usedCoupons 数组 (如果该优惠券已被终止发行, 应将该优惠券直接移至 historyCoupons 数组), 并从 Consumer 合约中将该优惠券移除, 同时, 将该优惠券的面值加到商户的账户余额中, 具体代码如下。

```
Contract Merchant{
    function confirmCouponPay(uint consumeValue, bytes32 consumeDate,
        address couponAddr, address _consumer) public OnlyOwner{
        Coupon coupon = Coupon(couponAddr);
        if(consumeValue>=coupon.getLimit()){  // 如果本次消费金额可使用优惠券

            // 设置该优惠券的相关状态
            coupon.setConsumeValue(consumeValue);
            coupon.setConsumeDate(consumeDate);
            coupon.setState(3);

            // 执行 consumer 的 couponPay 方法, 将该优惠券移出消费者的优惠券数组
            Consumer consumer = Consumer(_consumer);
            consumer.couponPay(couponAddr);

            // 判断该优惠券是否为当前商户正在发行的优惠券, 是则移至 UsedCoupons 数组,
            // 否则, 无论是不是当前商户发行的, 还是是当前商户发行但已终止的,
            // 都直接移至 historyCoupons 数组
            uint i = unusedCoupons.length;
            for(i=0;i<unusedCoupons.length;i++){
                if(unusedCoupons[i] == couponAddr){
                    break;
                }
            }
            if(i!=unusedCoupons.length){
                for(uint j=i;j<unusedCoupons.length-1;j++){
                    unusedCoupons[j] = unusedCoupons[j+1];
                }
                unusedCoupons.length -= 1;
                usedCoupons.push(couponAddr);
                settlementBalance += coupon.getValue();
```

```
        }else{
            settlementBalance += coupon.getValue();
            Merchant m = Merchant(coupon.getGranter());
            if(m.getOwner() != owner){
                m.addToUsedCoupons(couponAddr);
            }
        }
    }
}
```

C. 消费者转赠

优惠券转赠很简单，将指定优惠券从赠出方的优惠券数组移至被赠方优惠券数组，并更改优惠券的 owner 字段，具体代码如下。

```
Contract Consumer{
    function transfer(address newConsumer, address _coupon) public OnlyOwner{
        Coupon coupon = Coupon(_coupon);
        coupon.setOwner(newConsumer);
        Consumer to = Consumer(newConsumer);
        to.addCoupon(_coupon);
        uint i = 0;
        for(;i<coupons.length;i++){
            if(coupons[i] == _coupon){
                break;
            }
        }
        for(uint j=i;j<coupons.length-1;j++){   // 将该优惠券对应位置后面的数组元素，
                                                 // 每一项前移一位
            coupons[j] = coupons[j+1];
        }
        coupons.length -= 1;
    }
}
```

(3) 读取区块链存储数据

读取区块链存储数据主要有以下两种方法。

❑ 通过 getter 方法直接读取数据，格式如下。

```
// 其中 constant 字段指出该方法为单纯地读取数据，不需要作为交易调用方法
function getValue()public view returns(dataType){
    return value;
}
```

❑ 对于系统中的特定场景，需要使用一些技巧来获取数据。在银行批准商家入链时，银行端发送交易创建商户合约，并将合约的地址存入自己维护的 merchants 数组，在读取本次新创建的商户合约的地址时，不能简单地读取数组最后一个字段，而是需要通过传入当前商户公钥，遍历 merchants 数组，找出公钥匹配的商户并返回，具体设计如下。

```
Contract Bank{
    function getCorrespondingMerchant(address merchantAccount) public view returns(address){
        uint i = merchants.length;
        for(i=merchants.length-1;i>=0;i--){
            Merchant m = Merchant(merchants[i]);
            if(merchantAccount == m.getOwner()){
                break;
            }
        }
        return merchants[i];
    }
}
```

同样，对于本次发放优惠券操作，为方便获得本次发放的所有优惠券，使用 mapping 数据结构，用传入的 mark 字段来标识本次发放的优惠券的数组（代码见前文"优惠券相关"部分）。

8.2.5 系统实现与部署

本节首先对本系统的整体部署情况进行了说明，接着给出了系统运行需要的软硬件环境，最后详细介绍了如何为本系统搭建区块链环境。

1. 系统部署图

系统部署图如图 8.13 所示。

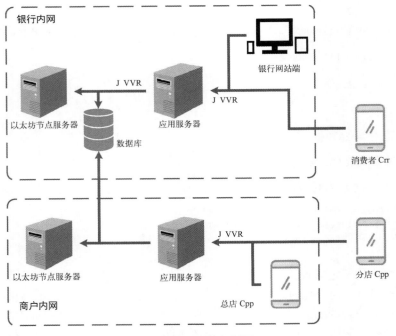

图 8.13 系统部署图

本案例区块链底层基于以太坊平台，银行和商户可以作为节点接入以太坊平台，消费者通过银行节点接入以太坊。在商户用户中，总店可以建立自己的以太坊节点，分店可以通过总店接入，加盟店可以分别自行接入。如果以太坊节点使用了多台服务器，则这些服务器应处于同一网段，对外提供统一接口，确保服务器间通信无阻。另外，对于每一个商户节点而言，只能获得区块链上自己的交易信息，但所有交易信息底层都处于以太坊平台上。

2. 部署的软硬件环境

(1) 软件环境

服务端：Linux 操作系统（Ubuntu 14.04）；Tomcat 8 服务器软件；MySQL 5.7.6 数据库管理系统以上；JDK 1.7。

客户端：安装 Chrome 或者 Firefox 浏览器。

移动端：苹果手机或 iPad。

(2) 硬件环境

阿里云服务器、双核 CPU、4GB 内存、500GB 可用存储空间。

3. 区块链环境搭建

对于一台初始化的服务器，可按照以下步骤搭建区块链环境。

(1) 安装 curl 命令

```
apt-get update
apt-get install git
apt-get install curl
```

(2) 安装 Go 环境（此处安装的是 Go1.5.1 版本）

```
curl -O https://storage.googleapis.com/golang/go1.5.1.linux-amd64.tar.gz
Unpack it to the /usr/local  (有可能需要 sudo 权限)
tar -C /usr/local -xzf go1.5.1.linux-amd64.tar.gz
```

(3) 配置 Go 的环境变量

```
mkdir -p ~/go; echo "export GOPATH=$HOME/go">> ~/.bashrc
echo "export PATH=$PATH:$HOME/go/bin:/usr/local/go/bin">> ~/.bashrc
source ~/.bashrc
```

(4) 安装 Node.js、npm

```
curl -sL https://deb.nodesource.com/setup_4.x | sudo -E bash -
apt-get install Node.js
```

(5) 验证 Node.js、npm

```
Node.js -v
npm -v
```

(6) 安装 Ethereum

```
bash <(curl -L https://install-geth.ethereum.org)
```

如果发生错误，可以使用以下命令：

```
sudo apt-get install software-properties-common
sudo add-apt-repository -y ppa:ethereum/ethereum
sudo add-apt-repository -y ppa:ethereum/ethereum-dev
sudo apt-get update
sudo apt-get install ethereum
```

(7) 安装 solc

```
sudo add-apt-repository ppa:ethereum/ethereum
sudo apt-get update
sudo apt-get install solc
which solc
```

(8) 创建账户（公钥）

在控制台输入以下命令 3 次，可以创建 3 个账号。

```
geth account new
```

(9) 编写创始块文件

在根目录（~/）下创建 test-genesis.json 文件。注意，可以通过设置 alloc 中的账号地址给你刚刚申请的公钥分配足够多的余额。

```
{
    "config": {
      "chainID": 1024,
      "homesteadBlock": 0,
      "eip155Block": 0,
      "eip158Block": 0
    },
    "alloc": {
        "08aac788e0e6146586f61f57419b6e3b0868de22": {
            "balance": "200000098000000000000000000000"
        },
        "66f148b982869acf19175c6da47f3e1a9d2e90f8": {
            "balance": "200000098000000000000000000000"
        },
        "782a5127ff1ca2995b919e2166f566a61acd09a8": {
            "balance": "200000098000000000000000000000"
        }
    },
    "coinbase": "0x0000000000000000000000000000000000000000",
    "difficulty": "0x400",
    "extraData": "0x00",
    "gasLimit": "0x2fefd8",
    "nonce": "0x0000000000000042",
    "mixhash": "0x0000000000000000000000000000000000000000000000000000000000000000",
    "parentHash": "0x0000000000000000000000000000000000000000000000000000000000000000",
    "timestamp": "0x00"
}
```

(10) 初始化创始块

```
geth --datadir "~/.ethereum" init ./test-genesis.json
```

(11) 配置自动解锁账号的脚本

进入~/.ethereum 目录，创建 password 文件，并在该文件中输入刚刚创建的每个账号对应的密码，每个密码一行，只需要输入密码即可。

(12) 编写以太坊启动脚本

创建启动脚本文件 private_blockchain.sh 文件，并在文件中配置如下内容：

```
geth --rpc --rpcaddr "127.0.0.1" --rpcport "8545" --rpccorsdomain "*" --unlock 0,1,2 --password
~/Library/Ethereum/password --maxpeers 5 --datadir '~/Library/Ethereum' console
```

以后每次启动 geth 节点时，只需要通过以下命令即可：

```
bash private_blockchain.sh
```

(13) 部署 Bank 合约，并获得 abi 文件

由于 go-ethereum 在其 1.6.0 版本中放弃使用 eth_compileSolidity 方法，所以 eth.compile.solidity 方法现在不能获取 abi，因此使用 3.2 节中提到的 Remix 进行在线编译合约，得到最重要的数据字节码和 abiDefinition 数据。

至此，在运行 JavaWeb 项目前，所有区块链相关的部署已全部完成。

注意，本项目中银行、商户和消费者的以太坊账号需要通过步骤(8)所示的方法自行创建。创建好的账号目前存储在项目资源目录下的 account.propertie 文件中，代码中如果使用到这些账户信息，都是从配置文件中读取的。

8.3　小结

本章介绍了两个基于以太坊的实际项目案例，每个案例的介绍均包括项目简介、系统功能分析、系统总体设计、智能合约设计、系统实现和部署等。基于前面章节所学习的以太坊基础知识和开发技术，读者可对照本章的内容，一步一步地动手实践，在实战过程中更好地理解相关概念和技术，从而为自己基于以太坊构建区块链应用项目打好基础。

## 第 9 章

Hyperledger Fabric 应用 实战案例详解

Hyperledger Fabric 提供了较为完备的权限控制和安全保障机制，基于此平台可以开发具有不易篡改、可溯源等特性的企业级应用。本章我们将从两个实战案例入手，结合本书前面所学知识，深入 Fabric 世界，理解 Fabric 项目原理，为自主开发 Fabric 项目打下坚实的基础。

9.1 基于 Fabric 的社会文物管理平台案例分析

文物是人类宝贵的历史文化遗产，具有历史、艺术和科学价值。文物的收藏管理和科学研究，对于人们认识历史具有重要的意义，越来越多的人对文物的收藏展现出了兴趣，我国也出台了相关政策保护文物及文物的合法交易。但文物数量众多，对文物的管理越来越复杂，这给文物的鉴定以及价值的评估增加了困难。而文物一旦进入流转过程，则必须有合乎法规的价值评估和安全流转来做保障，这正是目前待解决的问题。

本节针对文物收藏的现存问题与实际需求，设计并实现了基于区块链的社会文物管理平台。主要目的在于给读者提供一个简单直观的区块链应用开发实例，让读者熟悉区块链应用开发的流程及操作，因此本案例的讲解将简化业务流程及实现的复杂度，旨在提供一种落地实践的经验。我们对实际业务和需求进行了智能合约的编写，并结合最终业务对值的索取需求采用了 CouchDB 作为底层数据库。

9.1.1 项目背景分析

当前在文物流通管理中存在诸多问题，如文物流向难以把控，文物风险评估预防机制不健全，文物鉴定流程烦琐，缺乏有效的文物鉴定结果登记和查询平台，公众认知文物价值有难度，缺乏文物价值认证平台，文物流向难以追溯等，这一系列痛点都使文物收藏的进步受到限制。

区块链是一种基于加密和共识算法的分布式数据库，通过数据加密、时间戳、分布式共识和经济激励等方法，在节点不存在相互信任的情况下，完成各个节点之间的点对点交易。区块链技术的去中心化、不易篡改性、时间戳等特性能够很好地解决文物流通过程中的流通溯源、价值认知和风险评估等问题。

在文物风险评估与预防方面，文物流向信息被记录在区块中，区块链的不易篡改和时间戳等特性可为社会文物管理提供有效的技术支撑，提高文物的市场活力。在文物流通管理方面，区块链的时间戳特性为文物流向的实时记录提供了可能。文物流向信息可记录在区块链中，监管部门可以实时追踪文物的最新动向，实现文物流向的一站式管理，有利于加强非国有博物馆馆藏品管理，规范民间合法收藏和流通监管。在文物价值认知方面，文物管理部门、民间机构、监管部门等以联盟链的形式加入区块链，建立民间文物收藏领域诚信体系，联通数据库，打破信息孤岛，实现信息共享，解决信息不对称的问题，保障合法权益，活跃市场流通。文物在联盟链中鉴定通过后，将获得带有唯一区块链编码标识的数字证书，联盟链中的各节点提供信用背书，且链中信息不易篡改，这些机制保证了文物的真实性及可靠性。传统的文物价值鉴定困难，上链的文物信息可为需求者提供参考，解决了文物价值认知的难题，还可以作为文物市场交易者的权威参考，降低了交易风险，有利于规范文物鉴定，引导理性收藏，文物合法规范流通。

9.1.2 系统功能分析

基于区块链的社会文物管理平台从功能上主要划分为 3 个模块，分别是：政府管理模块、对外接口模块和普通用户模块。

(1) 政府管理模块的主要功能是对申请入链的机构及用户进行审核，审查该文物交易机构是否具有权威有效的鉴定人员，对于审核通过的机构生成唯一身份证书，并保存到区块链上。只有审核通过的鉴定机构出具的文物价值证书才具有参考性。政府管理模块对于用户之间的交易设有预警机制，一旦发现存在非法交易，就会报警提醒监管部门进行审查。拒绝非法交易，只将合法交易记录到区块链上，规范文物拍卖与民间合法收藏。

(2) 对外接口模块的主要功能是记录文物信息，文物流通信息需要上链，存储到区块链上供查询。文物鉴定机构提供鉴定服务，需要采集信息并进行入链审核，将艺术品的照片、高清扫描、三维数据模型等实物信息采集存储到数据库中，并将这些信息生成一个哈希值，作为艺术品的唯一标识存储到链上。

(3) 普通用户模块提供用户平台的文物信息管理，包括用户个人信息、用户所收藏文物信息，还可对链上文物进行查询，并对非法交易进行申诉。

基于区块链的文物管理系统从用户角色上来看又分为监管工作者、交易者和鉴定人员。监管工作者对想要加入区块链网络的用户做信息审核；交易者指的是普通用户，可以通过系统对审核通过的文物进行合法交易；鉴定人员对文物的真伪及来源进行甄别，把审核通过的文物加入区块链网络。

同时，在系统模块中还包含拍卖机构，本节中所说的拍卖机构包含：文化馆、博物馆、画廊、拍卖行、拍卖所等，拍卖机构所持有的文物通过鉴定机构鉴定后即可上链交易。

按照系统角色的划分如图 9.1 所示。

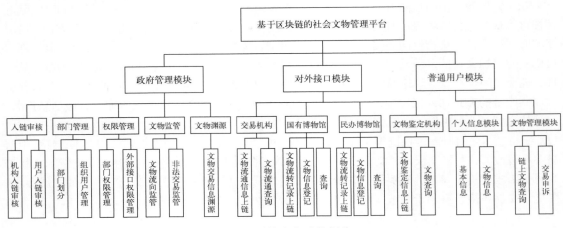

图 9.1　系统角色功能划分

9.1.3　系统总体设计

下面我们就针对区块链技术如何实际应用到社会文物管理方面进行探索，通过利用现有在区块链方面的技术储备与成熟可控的区块链底层平台，结合具体的社会文物行业现状和特性，实现多种场景下的应用。如实现馆藏文物的相互交流机制的流程简化和过程监管加强，让文物"活"起来；依托区块链底层技术建立社会文物登记备案系统和民间文物收藏领域诚信体系，引导理性收藏，文物合法规范流通；建立基于区块链的社会文物流通管理体系，提升社会文物流通管理服务水平。

1. 总体思路

(1) 形成真实可信的文物信息流：利用区块链分布式存储、不易篡改等特性，解决信息不对称问题，建立文物数字证书，记录文物流通交易信息，实现有效的风险评估和预防。区块链上的文物数字证书、流通记录等信息共享，解决信息不对称问题，实现各参与方之间文物信息交叉验证、信用相互背书。

(2) 提升文物流通管理能力：引入监管节点，提高对社会文物交易、流通的管控能力，通过区块链构造一个可靠的社会文物管理网络，确保区块链中文物交易、流转全程可溯源。

(3) 提供社会文物参与机构之间协作的基础设施：区块链作为一种分布式账本，为各参与方提供了平等协作、相互监督的平台，多方协作鉴定文物及保护文物，可以极大地减少文物鉴定所耗费的人力物力资源，规范社会文物管理，增强数据可信度。

2. 应用架构

图 9.2 展示了系统结构，主要分为两大块：Web 应用模块和区块链存储模块。Web 应用模块主要提供系统业务的流转，为用户提供系统服务，采用了 Spring 框架处理业务逻辑，并配合 Mybatis 技术实现对数据库的操作；区块链存储模块主要提供数据的可靠存储，保证记录可信不易篡改，避免数据垄断，达到去中心化的目的。

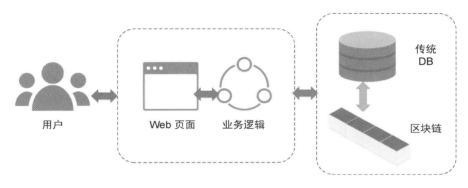

图 9.2　系统结构图

图 9.3 展示了系统功能架构，系统主要包括基础服务、中台服务、业务服务、对接方式、参与机构 5 大模块。

图 9.3　系统功能架构图

a. 基础服务

基础服务包括区块链节点、消息队列服务、第三方服务、缓存服务、数据库服务。

b. 中台服务

中台服务包括区块数据中台、智能合约中台、服务聚合中台。

c. 业务服务

业务服务包括通用服务、社会文物管理服务、数据可视化、后台管理 4 大模块。

d. 对接方式

对接方式采用移动客户端、移动浏览器、API 的方式。

e. 参与机构

参与机构包括文物局、博物馆和鉴定机构。

9.1.4　智能合约总体设计

智能合约和传统的应用程序的区别在于：智能合约一旦发布在区块链网络中则难以修改，就算智能合约中出现了问题或者需要进行变更业务逻辑，新的智能合约也不能直接修改原智能合约，因此在设计智能合约时要达到以下几点目标：完善的业务功能、精悍的逻辑代码、优秀的模块设计、清晰的合约结构、合理的安全机制以及完备的升级方案。

智能合约通过 Init 方法来初始化各个参数，每当节点需要查询或者修改参数的值时，都需要调用 Invoke 方法。Invoke 方法中的参数是将要调用的智能合约应用程序的方法名称。这里调用 ChaincodeStubInterface 接口中的 GetFunctionAndParameters 方法来提取方法名和智能合约发起交易的参数。验证方法名并调用对应智能合约应用程序的方法，最后根据执行结果，返回 shim.Success 或者 shim.Error。

9.1.5　核心功能合约设计

1. 智能合约中的合同对象

在这里使用 JSON 标签，主要是因为在存储状态的时候，状态的值是以字符数组的形式存储的，那么就需要把业务实体序列化之后再进行存储，而序列化的最好方法就是用 JSON，当然也可以使用 messagepack 和 protobuf，这里为了方便我们使用 JSON，以便于在使用 CouchDB 时更好地支持富查询。

```
type RelicOrder struct {
    // 交易信息
    OrderID                 string `json:"orderID"`          // 交易 ID
    OrderValue              string `json:"orderValue"`       // 交易金额
    OrderDate               string `json:"orderDate"`        // 交易时间
```

```
    OrderStatus              string `json:"orderStatus"`        // 交易状态
    ProvideID                string `json:"provideID"`          // 交易提供方 ID
    BuyerID                  string `json:"buyerID"`            // 买方 ID
    SellerID                 string `json:"sellerID"`           // 卖方 ID
                                                                // 文物详情
    RelicID                  string `json:"relicID"`            // 文物 ID
    GovNum                   string `json:"govNum"`             // 文物的国家认证编号
    RelicName                string `json:"relicName"`          // 文物名称
    RelicDescribe            string `json:"relicDescribe"`      // 文物描述
    RelicDataURL             string `json:"relicDataURL"`       // 文物原始数据 URL
    ImageURL                 string `json:"imageURL"`           // 文物图片 URL
    InputDate                string `json:"inputDate"`          // 录入时间
    JudgeName                string `json:"judgeName"`          // 鉴定者姓名
    JudgeNum                 string `json:"judgeNum"`           // 鉴定者身份证号
    JudgeOrgID               string `json:"judgeOrgID"`         // 鉴定单位 ID
    Evaluation               string `json:"evaluation"`         // 文物估价值
    EvaluationName           string `json:"evaluationName"`     // 估价人姓名
    EvaluationNum            string `json:"evaluationNum"`      // 估价人身份证号
    NewValue                 string `json:"newValue"`           // 最新成交价格
    NewValueDate             string `json:"newValueDate"`       // 最新成交价格时间
    OwnerID                  string `json:"ownerID"`            // 文物所有者 ID
    RelicStatus              string `json:"relicStatus"`        // 文物状态
}
```

2. 智能合约的初始化方法

Init 方法在智能合约实例化的时候调用，其作用是实现数据的初始化。另外智能合约在升级的时候也会调用这个函数来重置或迁移数据。

```
func (t *RelicChaincode) Init(stub shim.ChaincodeStubInterface) peer.Response {
    return shim.Success([]byte("Success Init"))
}
```

3. 新建交易

通过 AddNewOrder 方法新建交易，将交易信息及文物信息存储到区块链上。

```
func AddNewOrder(stub shim.ChaincodeStubInterface, orderData []string) (string, error) {
    // 判断参数正确性
    if len(orderData) != 24 {
        return "", fmt.Errorf("the number of args is %d, not 24", len(orderData))
    }
    // 存入数据
    relicOrder := new(RelicOrder)
    relicOrder.OrderID = orderData[0]
    relicOrder.OrderValue = orderData[1]
    relicOrder.OrderDate = orderData[2]
    relicOrder.OrderStatus = orderData[3]
    relicOrder.ProvideID = orderData[4]
    relicOrder.BuyerID = orderData[5]
    relicOrder.SellerID = orderData[6]
    relicOrder.RelicID = orderData[7]
    relicOrder.GovNum = orderData[8]
    relicOrder.RelicName = orderData[9]
```

9

```
relicOrder.RelicDescribe = orderData[10]
relicOrder.RelicDataURL = orderData[11]
relicOrder.ImageURL = orderData[12]
relicOrder.InputDate = orderData[13]
relicOrder.JudgeName = orderData[14]
relicOrder.JudgeNum = orderData[15]
relicOrder.JudgeOrgID = orderData[16]
relicOrder.Evaluation = orderData[17]
relicOrder.EvaluationName = orderData[18]
relicOrder.EvaluationNum = orderData[19]
relicOrder.NewValue = orderData[20]
relicOrder.NewValueDate = orderData[21]
relicOrder.OwnerID = orderData[22]
relicOrder.RelicStatus = orderData[23]

data1, err := stub.GetState(relicOrder.OrderID)
if data1 != nil && err == nil {
    return "", errors.New(fmt.Sprintf("relic order : %s has been existed ", relicOrder.OrderID))
}
// 序列化数据
data, err := json.Marshal(relicOrder)
if err != nil {
    return "", errors.New("relic order marshal is failed for " + err.Error())
}
// 存入数据
err = stub.PutState(relicOrder.OrderID, data)
// 检查是否存入成功
if err != nil{
    return "", errors.New(fmt.Sprintf("put State for relic order %s failed", relicOrder.OrderID))
}
return "add relic order success", nil
}
```

4. 读取交易记录信息

如下合约代码函数实现了从区块链数据块中读取记录信息，从而可根据交易的 ID 进行基本的查询操作。

```
func GetOrder(stub shim.ChaincodeStubInterface, orderID []string) (string, error) {
    // 判断参数正确性
    if len(orderID) != 1 {
        return "", fmt.Errorf("the number of args is %d, not 1", len(orderID))
    }
    // 验证数据是否存在
    relicData, err := stub.GetState(orderID[0])
    if err != nil{
        return "", fmt.Errorf("geting relic order %s error for %s", orderID[0], err.Error())
    }
    if relicData == nil {
        return "", fmt.Errorf("relic order %s is not exist", orderID[0])
    }
    return string(relicData[:]), nil
}
```

5. 查询文物交易记录

该函数提供调用者查询文物交易记录，调用该函数需要提供文物 ID。使用查询语句 {\"selector\":{\"relicID\":\"%s\"}：

```go
func GetOrderbyRelicID(stub shim.ChaincodeStubInterface, relicID []string) (string, error) {
    if len(relicID) != 1{
        return "", fmt.Errorf("the number of args is %d, not 1", len(relicID))
    }
    queryString := fmt.Sprintf("{\"selector\":{\"relicID\":\"%s\"}}", relicID[0])
    queryResults, err := getQueryResultForQueryString(stub, queryString)
    if err != nil {
        return "", err
    }
    return string(queryResults), nil
}
```

9.1.6　工具合约设计

该函数为自定义查询的具体实现函数。

```go
func getQueryResultForQueryString(stub shim.ChaincodeStubInterface, queryString string)
    ([]byte, error) {
    fmt.Printf("- getQueryResultForQueryString queryString:\n%s\n", queryString)
    resultsIterator, err := stub.GetQueryResult(queryString)
    if err != nil {
        return nil, err
    }
    defer resultsIterator.Close()
    buffer, err := constructQueryResponseFromIterator(resultsIterator)
    if err != nil {
        return nil, err
    }
    fmt.Printf("- getQueryResultForQueryString queryResult:\n%s\n", buffer.String())

    return buffer.Bytes(), nil
}

func constructQueryResponseFromIterator(resultsIterator shim.StateQueryIteratorInterface)
(*bytes.Buffer, error) {
    // buffer 是包含查询结果集的 JSON 数组
    var buffer bytes.Buffer
    buffer.WriteString("[")

    bArrayMemberAlreadyWritten := false
    for resultsIterator.HasNext() {
        queryResponse, err := resultsIterator.Next()
        if err != nil {
            return nil, err
        }

        if bArrayMemberAlreadyWritten == true {
            buffer.WriteString(",")
```

9

```
        }
        buffer.WriteString("{\"Key\":")
        buffer.WriteString("\"")
        buffer.WriteString(queryResponse.Key)
        buffer.WriteString("\"")
        buffer.WriteString(", \"Record\":")
        buffer.WriteString(string(queryResponse.Value))
        buffer.WriteString("}")
        bArrayMemberAlreadyWritten = true
    }
    buffer.WriteString("]")

    return &buffer, nil
}
```

9.1.7　部署实现

本项目在部署安装的过程采用了 Fabric 的开发者模式进行测试合约代码，旨在给读者展现一个简单的部署流程。读者可根据项目需求对平台的通道与节点进行配置。

合约代码在整个过程的生命周期分为：安装、实例化、升级、打包、签名过程。

1. 安装前的准备工作

在启动开发者模式之前，需先下载 fabric-samples 文件及 Docker 镜像，详情请参考第 5 章 CLI 应用实例。将含有智能合约的文件夹（relic）放置在 fabric-samples/chaincode 下。

（1）启动开发者模式

在 "开发者模式"（fabric-sample）下，合约代码由用户构建并启动。同时需提醒开发者，在使用开发者模式运行合约代码过程需要用到 3 个终端，终端 1 负责管理开发模式的网络环境，终端 2 负责管理 chaincode 容器，终端 3 负责管理 cli 容器，3 个终端都需进入 chaincode-docker-devmode 文件夹。

```
$ cd ~ /go/src/github.com/hyperledger/fabric-samples/chaincode-docker-devmode
// 终端 1 启动开发网络环境
$ docker-compose  -f docker-compose-simple.yaml  up
```

2. 合约代码操作

（1）终端 2 进入 chaincode 容器

```
$ docker exec -it chaincode bash  #进入 chaincode 容器
```

（2）编译项目

```
$ cd relic
$ go build
```

（3）运行 chaincode

```
$ CORE_PEER_ADDRESS=peer:7052 CORE_CHAINCODE_ID_NAME=relic:0 ./relic
```

(4) 终端 3 安装及实例化

```
$ docker exec -it cli bash #进入 cli 容器
#安装
$ peer chaincode install -p chaincodedev/chaincode/relic -n relic -v 0
$ peer chaincode instantiate -n relic -v 0 -C myc -c '{"Args":["init"]}'
#插入单个交易
$ peer chaincode invoke -n relic -c
'{"Args":["addneworder","10001","456.5","2019-3-6","1","20001","888123201903068888","88812320
1903067777","30001","zjureliccode","rules","the rules of zju","www.zju.edu.cn",
"www.relicimages.com//zjurules","2019-3-6","tomas","888123201903066666","40001","456.5",
"tomas","888123201903066666","456.5","2019-3-6","888123201903067777","1"]}' -C myc
$ peer chaincode invoke -n relic -c '{"Args":["addneworder","10002","500.5","2019-3-7","1",
"20001","888123201903067777","888123201903068888","30001","zjureliccode","rules","the rules of
zju","www,zju.edu.cn","www.relicimages.com//zjurules","2019-3-6","tomas","888123201903066666"
,"40001","456.5","tomas","888123201903066666","456.5","2019-3-6","888123201903068888","1"]}'
-C myc
$ peer chaincode invoke -n relic -c '{"Args":["addneworder","10003","456.5","2019-3-7","1",
"20001","888123201903068888","888123201903067777","30001","zjureliccode","rules","the rules of
zju","www.zju.edu.cn","www.relicimages.com//zjurules","2019-3-6","tomas","888123201903066666"
,"40001","456.5","tomas","888123201903066666","456.5","2019-3-6","888123201903067777","1"]}'
-C myc
#查询单个交易
$ peer chaincode query -n relic -c '{"Args":["getorder","10001"]}' -C myc
$ peer chaincode query -n relic -c '{"Args":["getorder","10002"]}' -C myc
$ peer chaincode query -n relic -c '{"Args":["getorder","10003"]}' -C myc
```

(5) 打包

通过封装与合约代码相关的数据，可以实现打包及签名操作：

```
$ peer chaincode package -n relic -p chaincodedev/chaincode/relic -v 0 -s -S -i "AND('OrgA.admin')"
    relic.out
```

部分命令解释如下。

❑ -s：创建角色支持的 CC 部署规范包，而不是原始的 CC 部署规范。

❑ -S：如果创建 CC 部署规范方案角色支持，也要使用本地的 MSP 对其进行签名。

❑ -i：指定实例化策略。

(6) 签名

```
$ peer chaincode signpackage relic.out signedRelic.out
```

9.2 基于 Fabric 的高端食品安全系统案例分析

随着社会经济的快速发展，人民的生活水平迅速提高，大家对食品安全的重视程度越来越高，尤其是高端食品，其安全程度尤为引人关注。虽然大部分高端食品已有溯源系统，但溯源系统基于原有的中心化系统架构，后台数据很容易被篡改，向民众公开呈现的信息并不可信。区块链是一种多方协同记账、信息不易篡改的新型分布式数据存储技术，特别适合支撑高端食品安全溯源系统的开发。

　　本节案例针对高端食品流转运输中的现存问题与实际需求，设计并实现了基于区块链的高端食品安全系统，给读者提供一个简单直观的区块链应用开发实例，结合食品安全溯源这一具体应用，让读者熟悉区块链应用开发的流程及操作。由于本案例的目的是为读者提供一个易于上手实践的简洁案例，因此我们将简化业务流程及实现的复杂度。

9.2.1　背景分析

　　在生活中，很多人崇尚健康饮食，低热、营养的食品渐渐受到人们的青睐，高端食品在加工、运输和交易过程中往往要比普通食品有着更高的标准和要求，从食材的引入、加工的过程，到最后的食品配送和交易，都需要严格的监管。

　　随着互联网的不断发展，食品选材、加工和销售过程变得更加透明，消费者有了更多的知情权。一些食品安全问题也屡遭曝光，高端食品行业同样存在很多加工和食品配送过程中的卫生问题。然而，出了问题的食品，往往难以追踪其过程，在问题处理过程中也会出现难以索赔的问题。

　　这些问题中的任何一个缺乏有效的监督，都会给消费者的健康带来隐患。我们希望能够可信地记录食品生产及流转的每一个过程，将其即时地展现给消费者，那么我们要保证记录信息的真实有效可追溯，而且不可被篡改。对于这样一个业务场景，基于区块链的应用将给予实际可行的解决方案。

9.2.2　方案提出

　　(1) 高端食品的供应和生产

　　食品配送行业与区块链技术结合，在入链身份审核过程中，所有食品配送平台的店铺均需链上有关机构的审核，只有符合国家食品安全及工商审核等要求才准许入链。在该过程中，区块链平台确保店铺、店铺工作人员、店铺的原材料供应商家均符合国家有关规定（证书认证），同时将食品配送生产过程的参与机构及个体的认证信息上链存储。

　　(2) 高端食品供应链记录

　　消费者通过食品配送平台可看到食物原材料的来源等质量保证信息，在消费者通过食品配送平台下单后，会把这个订单信息实例化在区块链网络中，商家店铺在接到食品配送订单然后进行生产的过程中，需要将订单中食品所需的原材料信息通过食品配送平台录入，数据最终沉淀在区块链网络中。从订单发起到消费者签收的整个过程，消费者均可以通过客户端查看区块链中该订单的信息。

　　(3) 高端食品安全可追溯

　　食品配送的食材来源、加工制作工程以及配送过程都时时记录并保存在区块链上。方便消费者在遇到食物问题时可迅速准确地追溯到责任的承担方,维护自己的合法权益。同时保证链上的信息真实有效,不易篡改,精确追溯和责任界定。让消费者直观准确地获取食品的制作及运转过程。同时使用区块链加密算法和授权访问机制,保证数据安全和隐私。

9.2.3　系统功能分析

1. 总体功能图

系统总体功能如图 9-4 所示。

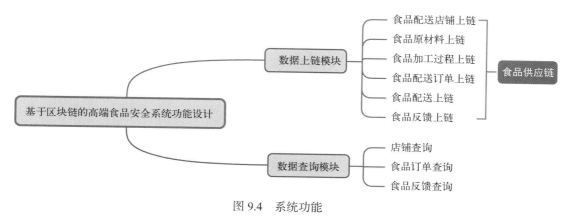

图 9.4　系统功能

2. 系统功能说明

(1) 食品配送店铺上链,店铺上传身份材料,通过审核方可上链。可由食品监督平台进行认证担保。

(2) 食品原材料上链,店铺需将订单涉及产品所需的食材上链,包括采购、质保等信息,保证食材的信息的透明度。

(3) 食品加工过程上链,食品加工信息指食品的制作过程信息,包括制作负责人的信息。

(4) 食品配送订单上链,一方面是记录食品的交易情况,另一方面是在食品出问题时,可追溯到责任相关的店主和店铺负责人。

(5) 食品配送上链,配送员和配送路径均需上链。

(6) 食品反馈上链,消费者因食品配送食品导致的问题,可以通过反馈对其进行举报,以追责相关的人员。

(7) 店铺查询,消费者一方面可以查询商铺信息,另一方面可以查看商铺收到的反馈,以及商铺的合法合规信息。

9

(8) 食品订单查询，一方面供商家和消费者查询与自己有关的订单，另一方面是方便追溯食品安全问题。

(9) 食品反馈查询，方便顾客对商铺的营业情况共享。

9.2.4 系统总体设计

1. 系统总体架构

如图 9.5 所示，本系统基于区块链进行开发，整个服务与中心化的系统有较大区别。系统将提供区块链、消息队列、第三方、缓存和数据库等基础服务，基础服务为上层应用提供基础支持，主要满足最基本的数据分布式存储、数据传输和数据查询等基础服务。

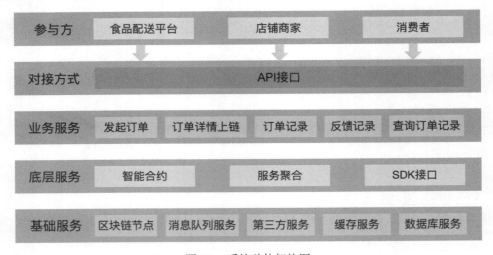

图 9.5 系统总体架构图

在基础服务之上，针对通用业务提供了区块链平台的 SDK 服务，即底层服务。底层服务允许用户自行建立图灵完备的智能合约并将智能合约通过一系列便捷的接口部署到区块链上，同时将通用的区块链服务进行封装，给出一系列通用的调用查询接口，供通用业务调用。

在业务服务中，实现各个功能的 API，供食品配送机构调用，存储和查询相关的信息，达到食品安全可溯源的目的。

2. 系统流程图

图 9.6 为系统流程图，描述了从商家上链到食品供应链的上链，再到食品评价上链的整个过程，详细记录了每一笔订单的信息，保证了高端食品的高度透明和可追溯。

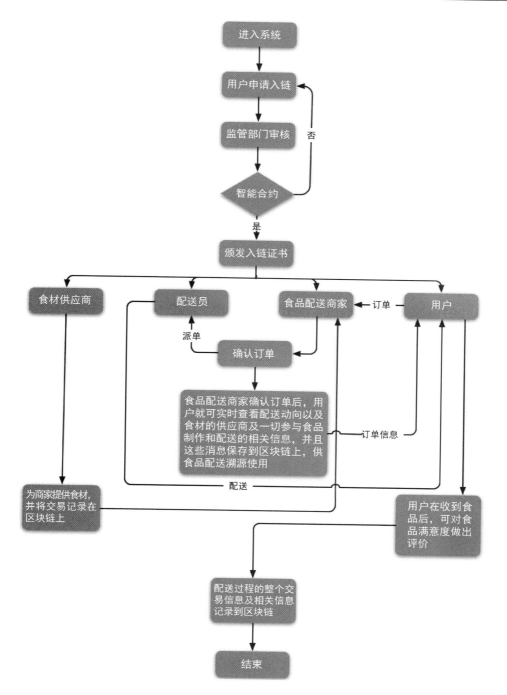

图 9.6 系统总体流程图

9.2.5　API 设计

　　API 设计分为 3 个部分，分别为数据加密模块、数据上链模块和数据查询模块，如图 9.7 所示。数据加密模块提供数据的对称加密以及非对称加密的功能，数据上链模块提供食品订单相关信息的上链的功能，数据查询模块提供订单数据的查询功能。

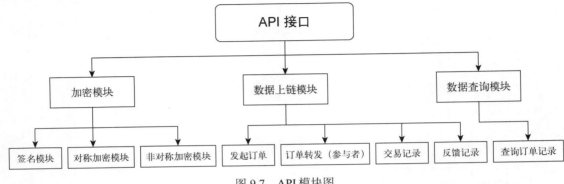

图 9.7　API 模块图

9.2.6　智能合约设计

　　通过上一节的案例，相信读者已经了解智能合约的设计需要遵循的几点规范，在此简单回顾一下：由于智能合约一旦发布在区块链网络中则无法篡改，因此我们在设计智能合约时要保证智能合约拥有完备的业务功能、精悍的逻辑代码、良好的模块设计、清晰的合约结构、合理的安全检查以及完备的升级方案。

1. 核心功能合约设计

(1) 智能合约中的合同对象

　　同样地，我们在这里使用 JSON 标签，主要是在存储状态的时候，状态的值是以字符数组的形式存储的，那么就需要把业务实体序列化之后再进行存储，而序列化的最好方法就是用 JSON。当然也可以使用 messagepack 和 protobuf，这里为了方便我们使用 JSON，以便于在使用 CouchDB 时更好地支持富查询。

```go
// 用户
type User struct {
    Name             string   `json:"name"`
    Id               string   `json:"id"`
    Ingredients []string `json:"ingredients"`
    Foods            []string `json:"foods"`
}
// 食品
type Food struct {
    Name             string   `json:"name"`
```

```
    Id              string  `json:"id"`
    Metadata    string  `json:"metadata"`
    Ingredients []string `json:"ingredients"`
}
// 食材
type Ingredient struct {
    Name        string `json:"name"`
    Id              string `json:"id"`
    Metadata string `json:"metadata"`
}
// 食材流通
type IngredientHistory struct {
    IngredientId      string `json:"ingredient_id"`
    OriginOwnerId    string `json:"origin_owner_id"`
    CurrentOwnerId string `json:"current_owner_id"`
}
// 食品配送流通
type FoodHistory struct {
    FoodId              string `json:"food_id"`
    OriginOwnerId    string `json:"origin_owner_id"`
    CurrentOwnerId string `json:"current_owner_id"`
}
```

(2) 智能合约的初始化方法

Init 方法在智能合约实例化的时候调用，其作用是实现数据的初始化。另外智能合约在升级的时候也会调用这个函数来重置或迁移数据。

```
func (c *IngredientsExchangeCC) Init(stub shim.ChaincodeStubInterface) pb.Response {
    return shim.Success(nil)
}
```

(3) 智能合约 Invoke 方法

在 Invoke 方法中有用户注册、删除用户、注册食材、生成食品清单、食材登记、食品流通、食材流通历史记录变更查询、食品配送历史记录变更查询。

```
func (c *IngredientsExchangeCC) Invoke(stub shim.ChaincodeStubInterface) pb.Response {
    funcName, args := stub.GetFunctionAndParameters()

    switch funcName {
    case "userRegister":
        return c.userRegister(stub, args)
    case "userDestroy":
        return c.userDestroy(stub, args)
    case "ingredientEnroll":
        return c.ingredientEnroll(stub, args)
    case "foodEnroll":
        return c.foodEnroll(stub, args)
    case "ingredientExchange":
        return c.ingredientExchange(stub, args)
    case "foodExchange":
        return c.foodExchange(stub, args)
```

9

```
    case "ingredientExchangeFood":
        return c.ingredientExchangeFood(stub, args)
    case "queryUser":
        return c.queryUser(stub, args)
    case "queryIngredient":
        return c.queryIngredient(stub, args)
    case "queryFood":
        return c.queryFood(stub, args)
    case "queryIngredientHistory":
        return c.queryIngredientHistory(stub, args)
    case "queryFoodHistory":
        return c.queryFoodHistory(stub, args)
    default:
        return shim.Error(fmt.Sprintf("unsupported function: %s", funcName))
    }
}
```

(4) 用户注册

在用户注册时，先检查注册用户所需要的参数个数是否正确，然后验证参数的正确性，还要查询一下用户是否已经被注册，这些条件都满足后将用户信息写入到区块链，最后返回成功执行的结果。

```
// 用户注册
func (c *IngredientsExchangeCC) userRegister(stub shim.ChaincodeStubInterface, args []string)
    pb.Response {
    // 检查参数的个数
    if len(args) != 2 {
        return shim.Error("not enough args")
    }
    // 验证参数的正确性
    name := args[0]
    id := args[1]
    if name == "" || id == "" {
        return shim.Error("invalid args")
    }
    // 验证数据是否存在
    if userBytes, err := stub.GetState(constructUserKey(id)); err == nil && len(userBytes) != 0 {
        return shim.Error("user already exist")
    }
    // 写入状态
    user := &User{
        Name:        name,
        Id:          id,
        Ingredients: make([]string, 0),
        Foods:       make([]string, 0),
    }
    // 序列化对象
    userBytes, err := json.Marshal(user)
    if err != nil {
        return shim.Error(fmt.Sprintf("marshal user error %s", err))
    }
    if err := stub.PutState(constructUserKey(id), userBytes); err != nil {
```

```
        return shim.Error(fmt.Sprintf("put user error %s", err))
    }
    // 成功返回
    return shim.Success(nil)
}
```

(5) 删除用户

如下合约代码函数实现了删除区块上用户的操作。第一步是验证参数的个数和正确性，第二步是查询要删除的用户是否存在，如果存在则将用户删除，然后改变状态，最后再把用户名下的食材一并删除。

```
// 删除用户
func (c *IngredientsExchangeCC) userDestroy(stub shim.ChaincodeStubInterface, args []string)
    pb.Response {
    // 检查参数的个数
    if len(args) != 1 {
        return shim.Error("not enough args")
    }
    // 验证参数的正确性
    id := args[0]
    if id == "" {
        return shim.Error("invalid args")
    }
    // 验证数据是否存在
    userBytes, err := stub.GetState(constructUserKey(id))
    if err != nil || len(userBytes) == 0 {
        return shim.Error("user not found")
    }
    // 写入状态
    if err := stub.DelState(constructUserKey(id)); err != nil {
        return shim.Error(fmt.Sprintf("delete user error: %s", err))
    }
    //  删除用户名下的食材
    user := new(User)
    if err := json.Unmarshal(userBytes, user); err != nil {
        return shim.Error(fmt.Sprintf("unmarshal user error: %s", err))
    }
    for _, ingredientid := range user.Ingredients {
        if err := stub.DelState(constructIngredientKey(ingredientid)); err != nil {
            return shim.Error(fmt.Sprintf("delete ingredient error: %s", err))
        }
    }
    return shim.Success(nil)
}
```

(6) 食材登记

食材登记就是把食材记录到区块链上，第一步检查参数的个数和验证参数的正确性以及查看食材是否被登记过，第二步将食材登记到用户名下，创建食材变更记录，为将来食材历史记录查询提供数据。

```go
// 食材登记
func (c *IngredientsExchangeCC) ingredientEnroll(stub shim.ChaincodeStubInterface, args []string)
    pb.Response {
    // 检查参数的个数
    if len(args) != 4 {
        return shim.Error("not enough args")
    }
    // 验证参数的正确性
    ingredientName := args[0]
    ingredientId := args[1]
    metadata := args[2]
    ownerId := args[3]
    if ingredientName == "" || ingredientId == "" || ownerId == "" {
        return shim.Error("invalid args")
    }
    // 验证数据是否存在
    userBytes, err := stub.GetState(constructUserKey(ownerId))
    if err != nil || len(userBytes) == 0 {
        return shim.Error("user not found")
    }
    if ingredientBytes, err := stub.GetState(constructIngredientKey(ingredientId)); err == nil &&
        len(ingredientBytes) != 0 {
        return shim.Error("ingredient already exist")
    }
    // 写入状态
    ingredient := &Ingredient{
        Name:     ingredientName,
        Id:       ingredientId,
        Metadata: metadata,
    }
    ingredientBytes, err := json.Marshal(ingredient)
    if err != nil {
        return shim.Error(fmt.Sprintf("marshal ingredient error: %s", err))
    }
    if err := stub.PutState(constructIngredientKey(ingredientId), ingredientBytes); err != nil {
        return shim.Error(fmt.Sprintf("save ingredient error: %s", err))
    }
    user := new(User)
    // 反序列化用户
    if err := json.Unmarshal(userBytes, user); err != nil {
        return shim.Error(fmt.Sprintf("unmarshal user error: %s", err))
    }
    user.Ingredients = append(user.Ingredients, ingredientId)
    // 序列化用户
    userBytes, err = json.Marshal(user)
    if err != nil {
        return shim.Error(fmt.Sprintf("marshal user error: %s", err))
    }
    if err := stub.PutState(constructUserKey(user.Id), userBytes); err != nil {
        return shim.Error(fmt.Sprintf("update user error: %s", err))
    }
    // 食材变更历史
    history := &IngredientHistory{
        IngredientId:    ingredientId,
```

```
            OriginOwnerId:  originOwner,
            CurrentOwnerId: ownerId,
    }
    historyBytes, err := json.Marshal(history)
    if err != nil {
        return shim.Error(fmt.Sprintf("marshal ingredient history error: %s", err))
    }
    historyKey, err := stub.CreateCompositeKey("history", []string{
        ingredientId,
        originOwner,
        ownerId,
    })
    if err != nil {
        return shim.Error(fmt.Sprintf("create key error: %s", err))
    }
    if err := stub.PutState(historyKey, historyBytes); err != nil {
        return shim.Error(fmt.Sprintf("save ingredient history error: %s", err))
    }
    return shim.Success(nil)
}
```

(7) 食品创建

将食品创建完成后登记到相应的用户名下，并创建食品变更记录。

```
// 食品登记
func (c *IngredientsExchangeCC) foodEnroll(stub shim.ChaincodeStubInterface, args []string)
    pb.Response {
    // 检查参数的个数
    if len(args) != 4 {
        return shim.Error("not enough args")
    }
    // 验证参数的正确性
    foodName := args[0]
    foodId := args[1]
    metadata := args[2]
    ownerId := args[3]
    if foodName == "" || foodId == "" || ownerId == "" {
        return shim.Error("invalid args")
    }
    // 验证数据是否存在
    userBytes, err := stub.GetState(constructUserKey(ownerId))
    if err != nil || len(userBytes) == 0 {
        return shim.Error("user not found")
    }
    if foodBytes, err := stub.GetState(constructFOODKey(foodId)); err == nil && len(foodBytes) != 0 {
        return shim.Error("food already exist")
    }
    // 写入状态
    food := &Food{
        Name:     foodName,
        Id:       foodId,
        Metadata: metadata,
    }
```

```go
    foodBytes, err := json.Marshal(food)
    if err != nil {
        return shim.Error(fmt.Sprintf("marshal food error: %s", err))
    }
    if err := stub.PutState(constructFoodKey(foodId), foodBytes); err != nil {
        return shim.Error(fmt.Sprintf("save food error: %s", err))
    }
    user := new(User)
    // 反序列化用户
    if err := json.Unmarshal(userBytes, user); err != nil {
        return shim.Error(fmt.Sprintf("unmarshal user error: %s", err))
    }
    user.Foods = append(user.Foods, foodId)
    // 序列化用户
    userBytes, err = json.Marshal(user)
    if err != nil {
        return shim.Error(fmt.Sprintf("marshal user error: %s", err))
    }
    if err := stub.PutState(constructUserKey(user.Id), userBytes); err != nil {
        return shim.Error(fmt.Sprintf("update user error: %s", err))
    }
    // 食品配送变更历史
    history := &FoodHistory{
        FoodId:         foodId,
        OriginOwnerId:  originOwner,
        CurrentOwnerId: ownerId,
    }
    historyBytes, err := json.Marshal(history)
    if err != nil {
        return shim.Error(fmt.Sprintf("marshal food history error: %s", err))
    }
    historyKey, err := stub.CreateCompositeKey("history", []string{
        foodId,
        originOwner,
        ownerId,
    })
    if err != nil {
        return shim.Error(fmt.Sprintf("create key error: %s", err))
    }
    if err := stub.PutState(historyKey, historyBytes); err != nil {
        return shim.Error(fmt.Sprintf("save food history error: %s", err))
    }
    return shim.Success(nil)
}
```

(8) 食材流通

该函数实现的是用户之间的食材流通，也就是食材销售商之间的流通，并将变更的记录保存到区块链上。

```go
// 食材变更
func (c *IngredientsExchangeCC) ingredientExchange(stub shim.ChaincodeStubInterface, args
    []string) pb.Response {
    // 检查参数的个数
```

```go
if len(args) != 3 {
    return shim.Error("not enough args")
}
// 验证参数的正确性
ownerId := args[0]
ingredientId := args[1]
currentOwnerId := args[2]
if ownerId == "" || ingredientId == "" || currentOwnerId == "" {
    return shim.Error("invalid args")
}
// 验证数据是否存在
originOwnerBytes, err := stub.GetState(constructUserKey(ownerId))
if err != nil || len(originOwnerBytes) == 0 {
    return shim.Error("user not found")
}
currentOwnerBytes, err := stub.GetState(constructUserKey(currentOwnerId))
if err != nil || len(currentOwnerBytes) == 0 {
    return shim.Error("user not found")
}
assetBytes, err := stub.GetState(constructIngredientKey(ingredientId))
if err != nil || len(assetBytes) == 0 {
    return shim.Error("asset not found")
}
// 校验原始拥有者确实拥有当前变更的食材
originOwner := new(User)
// 反序列化用户
if err := json.Unmarshal(originOwnerBytes, originOwner); err != nil {
    return shim.Error(fmt.Sprintf("unmarshal user error: %s", err))
}
aidexist := false
for _, aid := range originOwner.Ingredients {
    if aid == ingredientId {
        aidexist = true
        break
    }
}
if !aidexist {
    return shim.Error("ingredient owner not match")
}
// 写入状态
ingredientIds := make([]string, 0)
for _, aid := range originOwner.Ingredients {
    if aid == ingredientId {
        continue
    }
    ingredientIds = append(ingredientIds, aid)
}
originOwner.Ingredients = ingredientIds
originOwnerBytes, err = json.Marshal(originOwner)
if err != nil {
    return shim.Error(fmt.Sprintf("marshal user error: %s", err))
}
if err := stub.PutState(constructUserKey(ownerId), originOwnerBytes); err != nil {
    return shim.Error(fmt.Sprintf("update user error: %s", err))
}
```

9

```
}
// 当前拥有者插入食材 id
currentOwner := new(User)
// 反序列化用户
if err := json.Unmarshal(currentOwnerBytes, currentOwner); err != nil {
    return shim.Error(fmt.Sprintf("unmarshal user error: %s", err))
}
currentOwner.Ingredients = append(currentOwner.Ingredients, ingredientId)
currentOwnerBytes, err = json.Marshal(currentOwner)
if err != nil {
    return shim.Error(fmt.Sprintf("marshal user error: %s", err))
}
if err := stub.PutState(constructUserKey(currentOwnerId), currentOwnerBytes); err != nil {
    return shim.Error(fmt.Sprintf("update user error: %s", err))
}
// 插入食材变更记录
history := &IngredientHistory{
    IngredientId:   ingredientId,
    OriginOwnerId:  ownerId,
    CurrentOwnerId: currentOwnerId,
}
historyBytes, err := json.Marshal(history)
if err != nil {
    return shim.Error(fmt.Sprintf("marshal ingredient history error: %s", err))
}
historyKey, err := stub.CreateCompositeKey("history", []string{
    ingredientId,
    ownerId,
    currentOwnerId,
})
if err != nil {
    return shim.Error(fmt.Sprintf("create key error: %s", err))
}
if err := stub.PutState(historyKey, historyBytes); err != nil {
    return shim.Error(fmt.Sprintf("save ingredient history error: %s", err))
}
return shim.Success(nil)
}
```

(9) 食品流通

该函数实现了食品的流通，即食品店到食品派送员以及食品派送员到订食品的用户之间的流通，并会把在此过程中的流通记录创建并保存到区块链上。

```
// 食品配送变更
func (c *IngredientsExchangeCC) foodExchange(stub shim.ChaincodeStubInterface, args []string)
    pb.Response {
    // 检查参数的个数
    if len(args) != 3 {
        return shim.Error("not enough args")
    }
    // 验证参数的正确性
    ownerId := args[0]
    foodId := args[1]
```

```go
currentOwnerId := args[2]
if ownerId == "" || foodId == "" || currentOwnerId == "" {
    return shim.Error("invalid args")
}
// 验证数据是否存在
originOwnerBytes, err := stub.GetState(constructUserKey(ownerId))
if err != nil || len(originOwnerBytes) == 0 {
    return shim.Error("user not found")
}
currentOwnerBytes, err := stub.GetState(constructUserKey(currentOwnerId))
if err != nil || len(currentOwnerBytes) == 0 {
    return shim.Error("user not found")
}
foodBytes, err := stub.GetState(constructFoodKey(foodId))
if err != nil || len(foodBytes) == 0 {
    return shim.Error("food not found")
}
// 校验原始拥有者确实拥有当前变更的食品配送
originOwner := new(User)
// 反序列化用户
if err := json.Unmarshal(originOwnerBytes, originOwner); err != nil {
    return shim.Error(fmt.Sprintf("unmarshal user error: %s", err))
}
aidexist := false
for _, aid := range originOwner.Foods {
    if aid == foodId {
        aidexist = true
        break
    }
}
if !aidexist {
    return shim.Error("food owner not match")
}
// 写入状态
foodIds := make([]string, 0)
for _, aid := range originOwner.Foods {
    if aid == foodId {
        continue
    }
    foodIds = append(foodIds, aid)
}
originOwner.Foods = foodIds
originOwnerBytes, err = json.Marshal(originOwner)
if err != nil {
    return shim.Error(fmt.Sprintf("marshal user error: %s", err))
}
if err := stub.PutState(constructUserKey(ownerId), originOwnerBytes); err != nil {
    return shim.Error(fmt.Sprintf("update user error: %s", err))
}
// 当前拥有者插入食品配送 id
currentOwner := new(User)
// 反序列化用户
if err := json.Unmarshal(currentOwnerBytes, currentOwner); err != nil {
    return shim.Error(fmt.Sprintf("unmarshal user error: %s", err))
```

```
    }
    currentOwner.Foods = append(currentOwner.Foods, foodId)
    currentOwnerBytes, err = json.Marshal(currentOwner)
    if err != nil {
        return shim.Error(fmt.Sprintf("marshal user error: %s", err))
    }
    if err := stub.PutState(constructUserKey(currentOwnerId), currentOwnerBytes); err != nil {
        return shim.Error(fmt.Sprintf("update user error: %s", err))
    }
    // 插入食品配送变更记录
    history := &FoodHistory{
        FoodId:          foodId,
        OriginOwnerId:   ownerId,
        CurrentOwnerId:  currentOwnerId,
    }
    historyBytes, err := json.Marshal(history)
    if err != nil {
        return shim.Error(fmt.Sprintf("marshal food history error: %s", err))
    }
    historyKey, err := stub.CreateCompositeKey("history", []string{
        foodId,
        ownerId,
        currentOwnerId,
    })
    if err != nil {
        return shim.Error(fmt.Sprintf("create key error: %s", err))
    }
    if err := stub.PutState(historyKey, historyBytes); err != nil {
        return shim.Error(fmt.Sprintf("save food history error: %s", err))
    }
    return shim.Success(nil)
}
```

(10) 用户查询、食材查询、食品配送查询

这几个模块比较相似，这里就放在一起介绍，不一一讲解了。用户查询可以查询到用户的基本信息以及用户拥有的食材和食品。食材查询可以查询到食材的基本信息。食品查询可以查询到食品的基本信息，包括是由哪些食材做的。

```
// 用户查询
func (c *IngredientsExchangeCC) queryUser(stub shim.ChaincodeStubInterface, args []string)
    pb.Response {
    // 检查参数的个数
    if len(args) != 1 {
        return shim.Error("not enough args")
    }
    // 验证参数的正确性
    ownerId := args[0]
    if ownerId == "" {
        return shim.Error("invalid args")
    }
    // 验证数据是否存在
    userBytes, err := stub.GetState(constructUserKey(ownerId))
```

```
    if err != nil || len(userBytes) == 0 {
        return shim.Error("user not found")
    }
    return shim.Success(userBytes)
}
// 食材查询
func (c *IngredientsExchangeCC) queryIngredient(stub shim.ChaincodeStubInterface, args []string)
    pb.Response {
    // 检查参数的个数
    if len(args) != 1 {
        return shim.Error("not enough args")
    }
    // 验证参数的正确性
    ingredientId := args[0]
    if ingredientId == "" {
        return shim.Error("invalid args")
    }
    // 验证数据是否存在
    ingredientBytes, err := stub.GetState(constructIngredientKey(ingredientId))
    if err != nil || len(ingredientBytes) == 0 {
        return shim.Error("ingredient not found")
    }
    return shim.Success(ingredientBytes)
}
// 食品查询
func (c *IngredientsExchangeCC) queryFood(stub shim.ChaincodeStubInterface, args []string)
    pb.Response {
    // 检查参数的个数
    if len(args) != 1 {
        return shim.Error("not enough args")
    }
    // 验证参数的正确性
    foodId := args[0]
    if foodId == "" {
        return shim.Error("invalid args")
    }
    // 验证数据是否存在
    foodBytes, err := stub.GetState(constructFoodKey(foodId))
    if err != nil || len(foodBytes) == 0 {
        return shim.Error("food not found")
    }
    return shim.Success(foodBytes)
}
```

(11) 食材流通记录查询、食品流通记录查询

食材流通记录查询可按照时间顺序查询到食材在食材商之间的流通以及食材最后用于做成什么食品。食品流通记录查询能够查询到食品从创建到最后送到订食品者手中的流通记录。

```
// 食材变更历史查询
func (c *IngredientsExchangeCC) queryIngredientHistory(stub shim.ChaincodeStubInterface, args
    []string) pb.Response {
    // 检查参数的个数
    if len(args) != 2 && len(args) != 1 {
```

```go
        return shim.Error("not enough args")
    }
    // 验证参数的正确性
    ingredientId := args[0]
    if ingredientId == "" {
        return shim.Error("invalid args")
    }
    queryType := "all"
    if len(args) == 2 {
        queryType = args[1]
    }
    if queryType != "all" && queryType != "enroll" && queryType != "exchange" {
        return shim.Error(fmt.Sprintf("queryType unknown %s", queryType))
    }
    // 验证数据是否存在
    ingredientBytes, err := stub.GetState(constructIngredientKey(ingredientId))
    if err != nil || len(ingredientBytes) == 0 {
        return shim.Error("ingredient not found")
    }
    // 查询相关数据
    keys := make([]string, 0)
    keys = append(keys, ingredientId)
    switch queryType {
    case "enroll":
        keys = append(keys, originOwner)
    case "exchange", "all":
    default:
        return shim.Error(fmt.Sprintf("unsupport queryType: %s", queryType))
    }
    result, err := stub.GetStateByPartialCompositeKey("history", keys)
    if err != nil {
        return shim.Error(fmt.Sprintf("query history error: %s", err))
    }
    defer result.Close()
    histories := make([]*IngredientHistory, 0)
    for result.HasNext() {
        historyVal, err := result.Next()
        if err != nil {
            return shim.Error(fmt.Sprintf("query error: %s", err))
        }
        history := new(IngredientHistory)
        if err := json.Unmarshal(historyVal.GetValue(), history); err != nil {
            return shim.Error(fmt.Sprintf("unmarshal error: %s", err))
        }
        // 过滤掉不是食材转让的记录
        if queryType == "exchange" && history.OriginOwnerId == originOwner {
            continue
        }
        histories = append(histories, history)
    }
    historiesBytes, err := json.Marshal(histories)
    if err != nil {
        return shim.Error(fmt.Sprintf("marshal error: %s", err))
    }
```

```go
        return shim.Success(historiesBytes)
}
// 食材变更历史查询
func (c *IngredientsExchangeCC) queryFoodHistory(stub shim.ChaincodeStubInterface, args []string)
    pb.Response {
    // 检查参数的个数
    if len(args) != 2 && len(args) != 1 {
        return shim.Error("not enough args")
    }
    // 验证参数的正确性
    foodId := args[0]
    if foodId == "" {
        return shim.Error("invalid args")
    }
    queryType := "all"
    if len(args) == 2 {
        queryType = args[1]
    }
    if queryType != "all" && queryType != "enroll" && queryType != "exchange" {
        return shim.Error(fmt.Sprintf("queryType unknown %s", queryType))
    }
    // 验证数据是否存在
    foodBytes, err := stub.GetState(constructFoodKey(foodId))
    if err != nil || len(foodBytes) == 0 {
        return shim.Error("food not found")
    }
    // 查询相关数据
    keys := make([]string, 0)
    keys = append(keys, foodId)
    switch queryType {
    case "enroll":
        keys = append(keys, originOwner)
    case "exchange", "all":
    default:
        return shim.Error(fmt.Sprintf("unsupport queryType: %s", queryType))
    }
    result, err := stub.GetStateByPartialCompositeKey("history", keys)
    if err != nil {
        return shim.Error(fmt.Sprintf("query history error: %s", err))
    }
    defer result.Close()
    histories := make([]*FoodHistory, 0)
    for result.HasNext() {
        historyVal, err := result.Next()
        if err != nil {
            return shim.Error(fmt.Sprintf("query error: %s", err))
        }
        history := new(FoodHistory)
        if err := json.Unmarshal(historyVal.GetValue(), history); err != nil {
            return shim.Error(fmt.Sprintf("unmarshal error: %s", err))
        }
        // 过滤掉不是食材转让的记录
        if queryType == "exchange" && history.OriginOwnerId == originOwner {
            continue
```

```
        }
        histories = append(histories, history)
    }
    historiesBytes, err := json.Marshal(histories)
    if err != nil {
        return shim.Error(fmt.Sprintf("marshal error: %s", err))
    }
    return shim.Success(historiesBytes)
}
```

9.2.7　利用 Node.js SDK

本案例通过 Node.js SDK 实现后端与区块链的交互，并使用 Express 框架实现数据前端操作。其中 SDK 中的部分核心函数如下所示：

```
// 初始化
var express = require('express')
var bodyParser = require('body-parser')
var app = express()
// 使用 public 文件夹下的静态文件
app.use(express.static('public'));
app.use('/', express.static(__dirname + '/public'));
app.use(bodyParser.urlencoded({ extended: false }))
app.use(bodyParser.json())
// 定义路由
app.post('/users',function (req,res) {...})// 用户注册
app.get('/users',function (req,res) {...})// 用户查询
app.post('/ingredients/enroll',function(req,res){...})// 食材登记
app.get('/ingredients/get/:id',function (req,res){...})// 食材查询
app.post('/ingredients/exchange',function(req,res){...})// 食材转让交易
app.get('/ingredients/exchange/history',function(req,res){...})// 食材交易历史查询
app.post('/foods/enroll',function(req,res){...})// 食品配送登记
app.post('/foods/exchange',function(req,res){...})// 食品配送流通
app.get('/foods/exchange/history',function(req,res){...})// 食品流通历史查询
app.delete('/deleteusers',function(req,res){...}) // 用户销户

// 区块链管理部分
var options = {
    user_id: 'Admin@org1.zjucst.com',  // 操作用户的 id
    msp_id:'Org1MSP',
    channel_id: 'assetschannel',  // 通道名称
    chaincode_id: 'assets',
    network_url: 'grpc://localhost:27051',  // peer 节点的通信地址
    peer_url: 'grpc://localhost:27051',
    orderer_url: 'grpc://localhost:7050', // orderer 节点的通信地址
    privateKeyFolder:   ,
    signedCert:  ,
    peer_tls_cacerts:,
    orderer_tls_cacerts:,
    tls_cacerts:,
    server_hostname: "peer0.org1.zjucst.com"
};
```

　　上述代码中的 privateKeyFolder、signedCert、peer_tls_cacerts、orderer_tls_cacerts 和 tls_cacerts 为相关证书地址。

　　接下来是连接区块链的操作：

```
console.log("Load privateKey and signedCert");
    client = new hfc();
    // 根据上文设置的地址创建用户对象
    var createUserOpt = {
        username: options.user_id,
        mspid: options.msp_id,
        cryptoContent: { privateKey: getKeyFilesInDir(options.privateKeyFolder)[0],
        signedCert: options.signedCert }
    }
    const store = await sdkUtils.newKeyValueStore({
        path: "/tmp/fabric-client-stateStore/"
    });
    client.setStateStore(store);
    let user = await client.createUser(createUserOpt);
    channel = client.newChannel(options.channel_id);
    let data = fs.readFileSync(options.tls_cacerts);
    let peer = client.newPeer(options.network_url,
        {
            pem: Buffer.from(data).toString(),
            'ssl-target-name-override': options.server_hostname
        }
    );
    peer.setName("peer0");
    channel.addPeer(peer);  // 将 peer 节点加入通道

// 生成交易请求，向区块链提交，获取结果
let transaction_id = await client.newTransactionID();
    console.log("Assigning transaction_id: ", transaction_id._transaction_id);
    const request = {
        chaincodeId: options.chaincode_id,
        txId: transaction_id,
        fcn: fcn,
        args: args
    };
    let query_responses = await channel.queryByChaincode(request);
```

　　如果是向区块链提交查询请求，返回的 query_responses 是此次查询的结果。如果查询成功，返回查询的信息，在路由函数中返回给前端页面。

```
// 查询功能，在 query 函数中
if (!query_responses.length) {
        console.log("No payloads were returned from query");
    } else {
        console.log("Query result count = ", query_responses.length)
    }
    if (query_responses[0] instanceof Error) {
        console.error("error from query = ", query_responses[0]); // 出错处理
    }
    return query_responses[0].toString(); // 将结果以 string 形式返回
```

如果向区块链提交的是写入数据的请求，返回的 query_result 包含了此次修改请求的合法性。如果合法，将新建一个事件对象，向区块链注册事件，返回注册结果。

```
let eh = await channel.newChannelEventHub('localhost:27051'); // 设置事件监听端口
    let data = fs.readFileSync(options.peer_tls_cacerts);
    let grpcOpts = {
        pem: Buffer.from(data).toString(),
        'ssl-target-name-override': options.server_hostname
    } // 设置连接属性
    eh.connect();
    // 设置连接时限
    let txPromise = new Promise((resolve, reject) => {
        let handle = setTimeout(() => {
            eh.disconnect();
            reject();
        }, 30000);
        eh.registerTxEvent(transactionID, (tx, code) => {
            clearTimeout(handle);
            eh.unregisterTxEvent(transactionID);
            eh.disconnect();

            if (code !== 'VALID') {
                console.error(
                    'The transaction was invalid, code = ' + code);
                reject();
             } else {
                console.log(
                    'The transaction has been committed on peer ' +
                    eh.getPeerAddr());
                resolve();
            }
        });
    });
    eventPromises.push(txPromise);
    var sendPromise = await channel.sendTransaction(requests);
    return Promise.all([sendPromise].concat(eventPromises)).then((result) => {
        console.log(' event promise all complete');
        return result;  // 合约代码执行完成，返回结果
    }).catch((err) => {
        console.error(
            'Failed to send transaction and get notifications within the timeout period.'
        );
        return 'Failed to send transaction and get notifications within the timeout period.';
    });
```

修改执行成功后，函数返回执行结果，在路由函数中返回执行状态，进行前端操作。

9.2.8　部署实现

本项目在部署安装的过程中采用了 Fabric 多机部署进行测试合约代码，旨在给读者展现一个简单的部署流程。读者可根据项目需求对平台的通道与节点进行配置。

1. 网络配置

项目启用的网络架构如表 9.1 所示。

表 9.1　项目启用的网络架构

名　　称	IP 地址
orderer.zjucst.com	主机 1 的 IP 地址
peer0.org1.zjucst.com	主机 1 的 IP 地址
peer1.org1.zjucst.com	主机 1 的 IP 地址
peer0.org2.zjucst.com	主机 2 的 IP 地址
peer1.org2.zjucst.com	主机 2 的 IP 地址

注：若启用 raft 多排序节点共识，需增加相应的 order 节点。

(1) 加密配置

进入 my-network 文件夹，首先为组织编写加密配置文件 crypto-config.yaml（参考项目源码），之后在终端执行命令：

```
../bin/cryptogen generate --config=./crypto-config.yaml
```

终端返回两行组织域名表示成功，同时 my-network 文件夹下会多出 crypto-config 文件夹，用于存放加密配置文件。如若启用 ca 机制，则需额外配置环境变量：

```
export BYFN_CA1_PRIVATE_KEY=$(cd crypto-config/peerOrganizations/org1.zjucst.com/ca && ls *_sk)
export BYFN_CA2_PRIVATE_KEY=$(cd crypto-config/peerOrganizations/org2.zjucst.com/ca && ls *_sk)
BYFN_ CA*_PRIVATE_KEY 变量名定义应与 docker-compose-ca.yaml 中的相一致。
```

(2) 通道配置

a) 生成创世块

首先为通道编写配置文件 configtx.yaml（参考项目源码）并创建 channel-artifacts 文件夹，用于存放通道配置文件的文件夹。接下来在终端配置环境变量 FABRIC_CFG_PATH=$PWD，以告诉 configtxgen 工具当前工作目录。最后便可调用 configtxgen 工具创建 genesis 块，在终端执行命令：

```
../bin/configtxgen -profile TwoOrgsOrdererGenesis -channelID byfn-sys-channel
-outputBlock ./channel-artifacts/genesis.block
```

终端返回最后两行 Generating genesis block 和 Writing genesis block 表示成功。

b) 通道配置交易

在终端配置环境变量 export CHANNEL_NAME=mychannel，调用 configtxgen 工具来创建通道配置交易：

```
../bin/configtxgen -profile TwoOrgsChannel -outputCreateChannelTx ./channel-artifacts/
channel.tx -channelID $CHANNEL_NAME
```

终端返回最后两行 Generating new channel configtx 和 Writing new channel tx 表示成功。

c) 定义锚节点

调用 configtxgen 工具来定义各个组织的锚节点：

```
#组织 1
../bin/configtxgen -profile TwoOrgsChannel -outputAnchorPeersUpdate ./channel-artifacts/
Org1MSPanchors.tx -channelID $CHANNEL_NAME -asOrg Org1MSP
#组织 2
../bin/configtxgen -profile TwoOrgsChannel -outputAnchorPeersUpdate ./channel-artifacts/
Org2MSPanchors.tx -channelID $CHANNEL_NAME -asOrg Org2MSP
```

终端返回最后两行 Generating anchor peer update 和 Writing anchor peer update 表示成功。

(3) 启动所有容器

首先在 my-network 目录下配置 .env 文件（参考项目源码）。在终端执行命令：

```
docker-compose -f docker-compose-cli.yaml up -d 2>&1
```

如若启用 CA 机制以及 RAFT 共识机制，则需额外添加对应的参数：-f [配置文件名]。使用 docker ps 命令检查容器启动情况，至少应有 4 个容器正在运行：cli、orderer.zjucst.com、peer0.org1.zjucst.com、peer1org1.zjucst.com。

```
#进入 CLI 容器
docker exec -it cli bash
```

a) 配置调用 peer0.org1.zjucst.com 节点的环境变量

```
#在 CLI 容器终端里执行命令：
CORE_PEER_MSPCONFIGPATH=/opt/gopath/src/github.com/hyperledger/fabric/peer/crypto/peerOrganiz
ations/org1.zjucst.com/users/Admin@org1.zjucst.com/msp
CORE_PEER_ADDRESS=peer0.org1.zjucst.com:7051
CORE_PEER_LOCALMSPID="Org1MSP"
CORE_PEER_TLS_ROOTCERT_FILE=/opt/gopath/src/github.com/hyperledger/fabric/peer/crypto/peerOrg
anizations/org1.zjucst.com/peers/peer0.org1.zjucst.com/tls/ca.crt
export CHANNEL_NAME=mychannel
```

b) 创建通道

```
peer channel create -o orderer.zjucst.com:7050 -c $CHANNEL_NAME -f ./channel-artifacts/channel.tx
--tls --cafile /opt/gopath/src/github.com/hyperledger/fabric/peer/crypto/ordererOrganizations/
zjucst.com/orderers/orderer.zjucst.com/msp/tlscacerts/tlsca.zjucst.com-cert.pem
```

终端返回 Received block: 0 表示成功。

```
#peer0.org1.zjucst.com 节点加入通道
peer channel join -b mychannel.block
```

终端返回 Successfully submitted proposal to join channel 表示成功。

```
#安装合约代码至 peer0.org1.zjucst.com 节点
peer chaincode install -n mycc -v 1.0 -p github.com/chaincode/go
```

终端返回 Installed remotely response:<status:200 payload:"OK">表示成功。

(4) 将配置文件备份至 2 号主机

首先确保 1 号主机能够 SSH 免密钥登陆 2 号主机。在 my-network 目录下另开一个终端，之后在终端执行如下命令：

```
IP=2 号主机的 IP 地址
NAME=2 号主机的用户名
CATALOG=文件在 2 号主机的存放目录
scp -r ./channel-artifacts ${NAME}@${IP}:${CATALOG}
scp -r ./crypto-config ${NAME}@${IP}:${CATALOG}
CLI_ID=$(docker ps | grep cli | awk '{print $1}')
docker cp $CLI_ID:/opt/gopath/src/github.com/hyperledger/fabric/peer/mychannel.block./
scp  ./mychannel.block ${NAME}@${IP}:${CATALOG}
```

若传输成功，在 2 号主机的 my-network 文件夹下会看到 channel-artifacts 文件夹、crypto-config 文件夹和 mychannel.block 文件。

(5) 操作 2 号主机

首先在 my-network 目录下配置 .env 文件（内容同 1 号主机）。在终端执行命令：

```
docker-compose -f docker-compose-cli.yaml up -d 2>&1#启动容器
```

执行 docker ps 命令检查容器开启情况，会看到有 3 个容器正在运行。之后执行下列命令复制 mychannel.block 文件至 CLI 容器中：

```
CLI_ID=$(docker ps | grep cli | awk '{print $1}')
docker cp ./mychannel.block  $CLI_ID:/opt/gopath/src/github.com/hyperledger/fabric/peer/
#进入 CLI 容器
docker exec -it cli bash
```

a) 配置调用 peer0.org2.zjucst.com 节点的环境变量

在 CLI 容器终端里执行命令：

```
CORE_PEER_MSPCONFIGPATH=/opt/gopath/src/github.com/hyperledger/fabric/peer/crypto/peerOrganiz
ations/org2.zjucst.com/users/Admin@org2.zjucst.com/msp
CORE_PEER_ADDRESS=peer0.org2.zjucst.com:9051
CORE_PEER_LOCALMSPID="Org2MSP"
CORE_PEER_TLS_ROOTCERT_FILE=/opt/gopath/src/github.com/hyperledger/fabric/peer/crypto/peerOrg
anizations/org2.zjucst.com/peers/peer0.org2.zjucst.com/tls/ca.crt
export CHANNEL_NAME=mychannel
#peer0.org2.zjucst.com 节点加入通道
peer channel join -b mychannel.block
```

终端返回 Successfully submitted proposal to join channel 表示成功。

```
#安装合约代码至 peer0.org2.zjucst.com 节点
peer chaincode install -n mycc -v 1.0 -p github.com/chaincode/go
```

终端返回 Installed remotely response:<status:200 payload:"OK" >表示成功。

(6) 回到 1 号主机实例化合约代码

```
#在 CLI 容器的终端执行命令
peer chaincode instantiate -o orderer.zjucst.com:7050 --tls --cafile
/opt/gopath/src/github.com/hyperledger/fabric/peer/crypto/ordererOrganizations/zjucst.com/ord
erers/orderer.zjucst.com/msp/tlscacerts/tlsca.zjucst.com-cert.pem -C $CHANNEL_NAME -n mycc -v
1.0 -c '{"Args":[]}' -P "AND ('Org1MSP.peer','Org2MSP.peer')"
```

至此网络配置全部完成！

(7) 使用控制台测试

在主机 1 的 my-network 目录下的终端执行命令：docker exec cli scripts/script-test.sh，此脚本创建了一个新用户，执行成功会看到"00001"用户的初始化信息。

在主机 2 的 my-network 目录下的终端执行同样的命令，若也可以输出"00001"用户的信息，则代表多节点配置成功。

目录下的 stop-net.sh 用于关闭网络。

2. 测试过程

(1) 注册用户。该过程演示了注册一个商家用户（user1）及一个消费者用户（user2），图 9.8 所示为注册商家用户的过程。

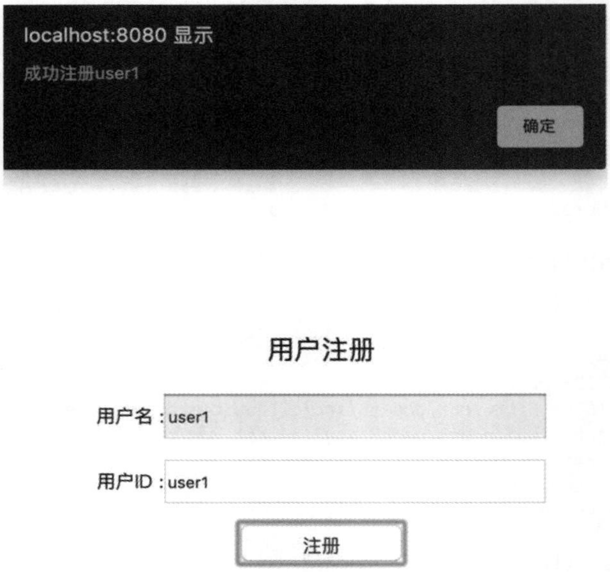

图 9.8　用户注册过程

(2) 查看用户注册结果。如图 9.9 所示，可以看到刚注册的商家名下的食材和食品配送等信息均为空。

localhost:8080 显示

用户信息{"name":"user1","id":"user1","ingredients":[],"foods":[]}

确定

用户查询

用户名 : user1

查询

图 9.9　用户查询结果

(3) 商家店铺新增食材 ingredient1 的实现，结果如图 9.10 所示。

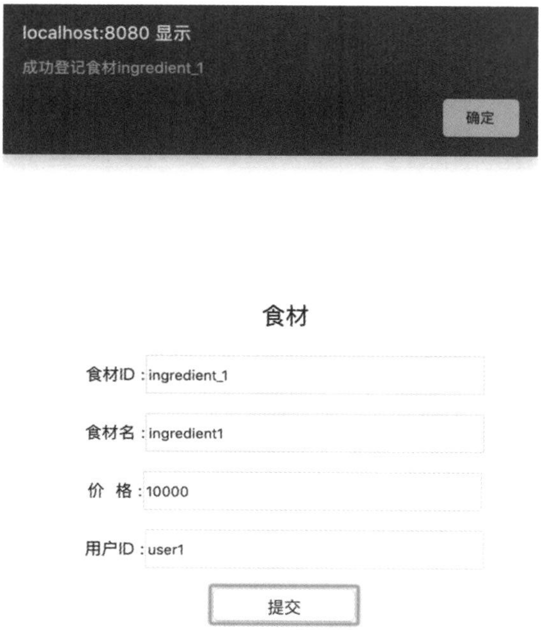

localhost:8080 显示

成功登记食材ingredient_1

确定

食材

食材ID : ingredient_1

食材名 : ingredient1

价　格 : 10000

用户ID : user1

提交

图 9.10　店家新增食材

(4) 食材由食材供应商提供给商家，消费者订购食品，商家制作并安排配送食品。图 9.11 所示为食材转让过程。

图 9.11　食材转让

(5) 食材追溯过程。查询食材的交易信息，如图 9.12 所示。

图 9.12　食材追溯

9.3　小结

本章介绍了两个实战案例，分别是基于区块链的社会文物管理平台案例和高端食品安全系统案例。我们分别演示了 Fabric 在文物管理场景和食品安全管理场景的应用，帮助读者增加落地实践的经验。同时，使用 Fabric 开发者模式测试合约代码以及多机部署网络，让读者可以更好地了解 Fabric 并进行实战。

9

## 第 10 章

企业级区块链应用
实战案例详解

以太坊、Hyperledger 等开源区块链平台目前还处于进一步研发和完善的过程中，在共识效率、隐私保护、大规模存储、监管接入等方面存在不少问题，这一定程度上阻碍了基于开源平台项目的应用落地和商业化进程。Hyperchain 是专门针对企业级应用而设计的联盟链平台，功能完善，技术领先。目前已有多家金融机构基于 Hyperchain 平台开发区块链应用项目，直接对接银行系统。有部分项目已完成落地并进行商业推广。本书前面的章节已经对 Hyperchain 的核心原理和开发实践进行了详细梳理，本章将更加贴近实战，介绍两个基于 Hyperchain 的企业级区块链应用项目案例：应收账款系统和出行打车平台。

10.1 基于 Hyperchain 的应收账款管理系统案例分析

本节基于多家银行和保理公司对应收账款的业务需求，结合趣链科技的区块链技术，综合打造了基于 Hyperchain 的应收账款管理平台。该应收账款管理平台主要为解决企业融资难、融资贵、供应链信息不透明等问题，平台功能包括在线应收账款开具、转让、融资、再融资等。本节设计的应收账款系统可以成为区块链在金融领域的范例，为其他基于区块链的应用提供一定的参考和借鉴。

10.1.1 项目简介

随着监管政策的逐步完善，C 端消费金融行业的发展寒冬已至。相反，B 端供应链金融仍是一片蓝海，凭借与产业高度融合的特点，吸引了众多商业银行、第三方支付机构、电商巨头、物流企业、P2P 公司展开 B 端布局。

一般而言，应收账款融资或预付账款融资的额度是账款总额的 70%~80%，库存融资的额度是货物价值的 30%~50%。结合上市公司应收账款、预付账款和存货 3 个供应链业务场景进行测算可知，2020 年中国供应链金融市场规模将达到 15.86 万亿。随着现有参与者及新加入者深度渗透市场，未来供应链金融将迎来快速发展期，预计 2022 年有望达到 19.19 万亿规模（数据来源：

wind）。但传统线下的应收账款模式存在如下一些痛点。

- ❑ 存在大量的独立信息孤岛。供应链中普遍使用独立的 ERP 系统，企业间信息割裂，产业链条间信息融通困难。
- ❑ 产业链信用传递困难。核心企业信用只能传导至一二级供应商，无法传递给一二级之后的供应商，这些中小企业无法依托核心企业的信用进行融资。
- ❑ 贸易真实性难以证明。链条中中小企业拿到应收账款后，较难证明自身还款能力和证实可靠贸易关系，因此普遍存在融资难、融资贵的问题。
- ❑ 无法有效控制履约风险，道德风险频发。参与方为追逐个人利益，隐瞒企业负面信息以骗取授信、虚构贸易交易以获得贷款、贷款后隐瞒资金真实流向等情况。

为此，趣链科技推出了飞洛供应链平台，提供基于区块链的应收账款多级流转与融资服务，为核心企业、成员企业及其多级供应商提供了可流转的应收账款数字凭证。凭借基于核心企业信用的应收账款凭证，供应商可以便捷地将应收账款进行拆分、转让和融资，并有效惠及除一级供应商外的较难触及的末端供应商；核心企业的信用资源实现了有效的多级传导，通过引入外部金融机构，为供应商持有的应收账款提供低成本融资利率，最终构建起优质资产和资金的桥梁。

该应收账款平台涉及 4 大用户角色：供应商、核心企业、成员企业、保理商/银行。用户间的应收账款流转操作及生命周期如图 10.1 所示。

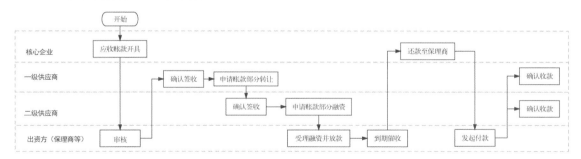

图 10.1 应收账款流转操作及生命周期

下面我们对图 10.1 中的各个流程进行详细说明。

(1) 核心企业根据真实贸易下的应付账款向一级供应商开具应收账款数字凭证。

(2) 保理商对开具的应收账款进行审核。

(3) 一级供应商确认签收应收账款。

(4) 若一级供应商谈判力相对较强，在进行相关贸易时，可以将账款全额或部分转让支付给其上游的二级供应商。

(5) 二级供应商确认签收应收账款。

10

(6) 若二级供应商有资金需求可以向保理商申请全额融资或部分融资，保理商受理融资后将相应的融资金额支付给融资方。

(7) 在账款到期时由保理商向应收款凭证签发方——核心企业发起催收，由核心企业进行还款。

(8) 对于未融资的应收账款，保理商在应收账款到期时，依次支付相应金额给到各级的应收款凭证持有人。

10.1.2　系统功能分析

基于 Hyperchain 搭建的应收账款平台拥有如下功能，如图 10.2 所示。

(1) 链上信息：用户可查询被记录在区块链上的信息，包括交易信息、应收账款信息、区块信息等。

(2) 额度管理：保理商可根据企业信用资质、交易记录等给不同的核心企业设置应收账款凭证签发额度，给不同的供应商设置应收款账款凭证签收额度。

(3) 应收账款业务：包含应收账款数字凭证开具、转让、融资、再融资和兑付托收 5 个子业务。

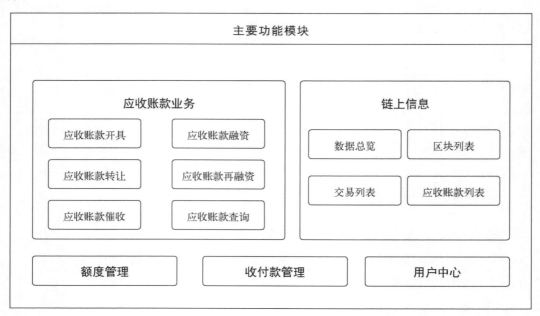

图 10.2　应收账款平台主要功能

1. 应收账款电子凭证开具

在该模块下，核心企业依据其同供应商的真实贸易背景向供应商开具区块链应收账款数字凭证，资金方审核通过后，该凭证就由供应商持有，同时在法律层面完成了应收账款的转让。通过在线开具的方式和电子签章，缩短了材料运送和签章的时间，提高了效率。

2. 应收账款转让支付

应收账款数字凭证的持有人可以在应收账款有效期间，依据真实的贸易关系，将凭证按需拆分转让给其他人，作为支付结算工具，新的持有者同样可以再转让拆分给他的业务方。这种模式下，核心企业的信用在整个供应链中实现了多级穿透；同时，对于持票者而言，无须将传统意义中难变现的应收账款变现再用于支付，而是可以直接使用应收账款凭证进行支付，减少了流通中因变现产生的利息成本。

3. 应收账款融资

应收账款凭证持有人可以在平台上申请融资，平台上的保理商在线上进行审核，通过后即会快速放款。通过在线申请、审核、签署协议的方式，使得融资放款时间从传统的 1 个月缩短到几小时，融资效率大幅度提升。

飞洛应收账款平台目前通过区块链、智能合约等技术，实现了如上所述的应收账款链上开具、转让、融资、再融资、兑付等主要业务流程，同时致力于拓展更多的链上金融场景，比如预付款融资、存货融资、国际信用证等。通过不断积累链上数据，利用历史数据和当下信息搭建衡量指标，提高合约设计的科学性，建立更高效精准的风控模型。飞洛供应链将紧跟政策号召，在合法合规的基础上，通过新科技创新业务模式，开拓更多的金融服务业务场景，构建和谐共荣的链上供应链金融生态圈。

10.1.3　系统总体设计

1. 总体思路

基于区块链的应收账款多级流转平台利用核心企业的信用外溢，以真实的贸易为支撑，构建核心企业上游多级供应商之间发展的产业网络。通过依托一级供应商与核心企业的真实贸易背景形成的应收账款资产凭证，可以为各级供应商提供资金融通、支付结算、流程优化等综合性金融服务。平台提供用户管理、额度管理、应收账款开具、转让支付、融资、催收等功能，让应收款电子凭证可以自由流转。应收账款电子化之后，可以进行拆分流转，企业按需对应收账款电子凭证进行部分融资，等到期后再对剩余的应收账款电子凭证进行催收，降低企业融资成本。平台对接核心企业 ERP 系统，可以直接从 ERP 系统获取贸易数据、发票信息，保证基础资产真实可靠，降低企业基于虚假贸易、不真实发票进行融资的可能性。

平台分为 4 层：客户端层、后端 API 层、后端业务层、底层数据存储层。

❑ 客户端层，PC 端提供浏览器作为用户入口，用户可以通过浏览器进行注册、额度管理、应收账款开具、转让、融资、催收等操作。

- 后端 API 层，一方面为客户端提供接口，让客户端可以获取数据进行展示。同时为其他服务提供接口，让风控系统、贷后管理系统等可以获取应收款融资平台中的贸易数据、还款信息等。
- 后端业务层负责处理各种业务逻辑、调用第三方服务、数据同步（数据库和区块链）等工作。
- 底层数据存储层涉及两部分：传统关系型数据库存储和区块链存储。传统数据库存储了全量信息，一般数据检索操作直接在数据库中进行，弥补了区块链不擅长检索的缺陷。区块链中存储关键数据信息，如账户信息、应收款信息、发票信息、相关操作信息等，应收款的编号、持有人、状态、金额、面值等信息上链。通过将关键信息上链，利用区块链去中心化、不易篡改的特性，保证这些信息的真实可靠。通过真实贸易数据的积累，为风控系统提供可靠的基础数据，这样风控系统利用风控模型计算出的企业评分将更加准确，资金方可以为更多的诚实企业提供授信，形成良性循环。

本节实现的应收款融资平台，通过 Hyperchain 区块链平台的信任机制提升了应收款的可信度，同时通过信息技术将客户从传统线下渠道引导至线上互联网渠道，不仅提升了业务的便利性，同时也将数据进行了积累沉淀。

2. 应用架构

图 10.3 所示为系统模块图，本系统涉及展示模块、核心业务模块、数据存储模块、关联系统 4 大模块。

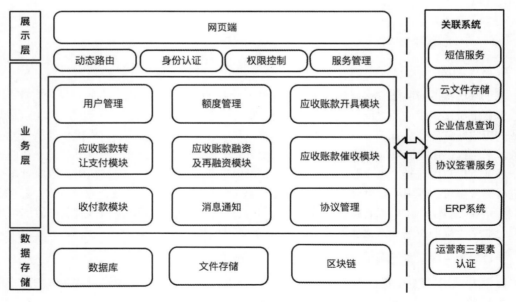

图 10.3　系统模块图

(1) 展示模块

用户可通过 PC 端浏览器完成应收款电子凭证流转操作，通过可视化的页面实现账户管理、额度管理、应收账款开具、转让、融资、催收等操作功能，以及查询应收款、收付款信息等功能。

(2) 核心业务模块

基于区块链实现的应收款融资平台，实现了用户管理、额度管理、应收账款开具、转让、融资、催收等功能。对接核心企业的 ERP，直接获取核心企业与一级供应商之间的贸易数据，更加真实可靠。平台实现了在线电子签章功能，告别纸质合同协议，参与方在线对合同进行签署，降本增效，可加快融资速度。

(3) 数据存储模块

底层基于 Hyperchain 平台，利用区块链上存储的数据具有不可逆和不易篡改的特性，来保证应收账款电子凭证的真实可靠。另外，通过编写在区块链平台运行的智能合约，可以控制应收款的流通与转让，对应收款进行确权。

(4) 关联系统模块

平台对接了很多第三方服务，如文件存储服务，实现文件的安全可靠存储；短信服务，实现短信验证码以及重要节点消息的发送；工商信息查询服务，直接获取企业的工商信息，简化注册流程；手机号、姓名、身份证号三要素认证服务，校验用户信息是否真实。

3. 主要功能设计

本节实现的系统中，功能模块分为用户管理、额度管理、应收账款管理、收付款管理等模块。其中，应收账款管理包含应收账款开具功能、应收账款融资功能、应收账款转让支付功能、应收账款再融资功能、催收功能及应收账款查询功能。下面以核心企业开具应收账款为例，介绍其流程，如图 10.4 所示。

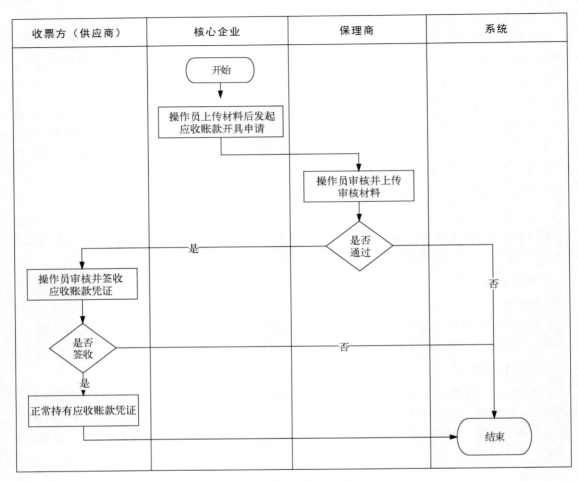

图 10.4　应收账款开具流程

核心企业填写并上传应收账款相关贸易材料后发起应收账款开具申请,保理商对核心企业的应收账款申请进行审核,待保理商上传相关审核材料并审核通过后,收票方(即供应商)可签收通过,正常持有应收账款凭证。在整个应收账款开具流程中,保理商和供应商任意一方若选择驳回应收账款开具申请,则应收账款开具流程结束。

4. 部署架构

本系统为广大供应商、核心企业、保理商、银行等提供服务,整个系统网络分为两层:内网和外网。系统网络拓扑结构如图 10.5 所示。系统应用服务器部署在外网,Hyperchain 区块链平台和数据库服务器部署在内网。

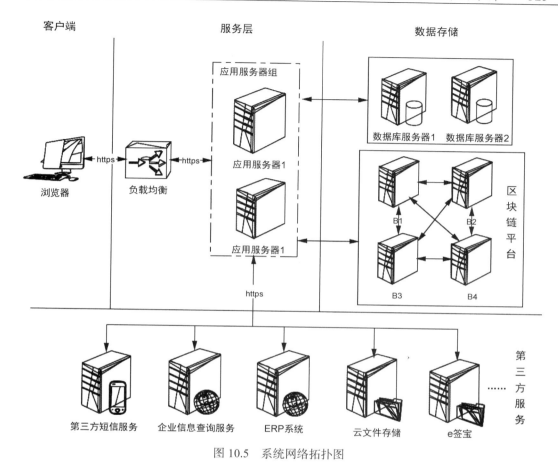

图 10.5 系统网络拓扑图

当其他供应链企业加入联盟链时，对应地也需要部署区块链节点，新加入的区块链节点服务器和原联盟链必须能够相互通信，这样才能与原联盟链中的区块链节点进行共识，形成一个新的联盟。

10.1.4 智能合约设计

区块链应用与传统应用最主要的区别是使用智能合约来实现主体业务逻辑，智能合约既是程序逻辑的主体，也是数据存储的主体，本节着重对应收账款系统智能合约的设计进行阐述和说明。

1. 概要设计

客户具有注册登录、应收账款开具、应收账款融资、应收账款转让、应收账款再融资，应收账款托收等功能。因此，针对系统的业务需求，本节设计的智能合约，包括企业客户结构体、应收账款结构体、业务操作结构体，以及一些业务操作方法核心介绍应收账款开具，应收账款融资

10

以及应收账款转让。关于智能合约的功能详见表 10.1。

表 10.1 智能合约功能说明

结构名称	说 明	功 能
企业客户结构体	用于维护系统的企业信息	功能包括记录企业的链上地址，企业的基本信息
应收账款结构体	开出来的应收账款的基本信息用应收账款结构体进行维护	存储应收账款的基本信息
业务操作结构体	对每个应收账款操作的业务信息都将被记录保存，该结构体维护了应收账款操作的基本信息	存储应收账款操作信息
功能性方法	操作各个结构体的功能性方法	通过操作方法对结构体信息进行记录操作

2. 合约设计

```
contract Filolink{
// 应收账款信息
    struct Bill {
        bytes32 billCode; // 应收账款编号
        bytes32 billType; // 应收账款类型
        bytes32 status; // 应收账款状态
        uint billAmount; // 应收账款金额
        address holdCmyAddress;// 应收账款持有人
    }


    // 企业信息
    struct Company {
        bytes32 cmyCode; // 企业代码
        bytes cmyName; // 企业名称
        address cmyAddress; // 企业 address
        bytes socialCreditCode; // 统一社会信用代码
        bytes licenseNumber; // 营业执照编号
    }

    // 业务记录
    struct Business {
        bytes32 businessNo; // 业务编号
        bytes32 businessType; // 业务类型
        bytes32 billCode; // 应收账款编号
        uint businessDate; // 交易时间
        uint amount; // 涉及金额
        address[] cmyAddress; // 交易参与方 Address
    }

    // 应收账款编号 => 应收账款
    mapping(bytes32 => Bill) _Bill_Table;

    // 企业地址 => 企业信息
```

```
    mapping(address => Company) _Company_Table;

    // 业务编号 => 业务信息
  mapping(bytes32 => Business) _Buiness_Table;
}
```

3. 合约方法设计

(1) 功能性方法

业务信息上链通用方法。

```
function BusinessUpdate(bytes32 businessNo, bytes32 businessType ,bytes32 billCode,
    uint businessDate, uint amount, address[] cmyAddress) internal {
    Business newBusiness = _Buiness_Table[businessNo];
    newBusiness.businessNo = businessNo;
    newBusiness.businessType = businessType;
    newBusiness.billCode = billCode;
    newBusiness.businessDate = businessDate;
    newBusiness.amount = amount;
    newBusiness.cmyAddress = cmyAddress;
}
```

企业信息注册：企业注册平台后，对企业的注册信息进行上链保存。

```
function register(bytes32 cmyCode, bytes cmyName, bytes socialCreditCode,
    bytes licenseNumber, address cmyAddress) returns(uint) {
    Company newCompany = _Company_Table[cmyAddress];
    newCompany.cmyCode = cmyCode;
    newCompany.cmyName = cmyName;
    newCompany.cmyAddress = cmyAddress;
    newCompany.socialCreditCode = socialCreditCode;
    newCompany.licenseNumber = licenseNumber;
    return 0;
}
```

应收账款签收：应收账款签收的方法由供应链企业用户调用，在核心企业开具应收账款后，生成一张新的应收账款，经过飞洛应收款系统中的其他相关审批后，最后由供应链企业进行应收款凭证签收，签收信息进行上链。

```
function issue(bytes32 billCode, bytes32 billType, bytes32 status, uint billAmount, address
holdCmyAddress, bytes32 businessNo, bytes32 businessType ,bytes32 billCode, uint businessDate,
uint amount, address[] cmyAddress)returns(uint) {
    // _Bill_Table 是记录票据编号对应的票据结构体，bytes32Array[0]为票据编号
    _Bill_Table[billCode].billCode = billCode;
    _Bill_Table[billCode].billType = billType;
    _Bill_Table[billCode].status = status;
  _Bill_Table[billCode].billAmount = billAmount;
  _Bill_Table[billCode]. holdCmyAddress = holdCmyAddress;
    // 保存签收业务，调用上方通用方法
  BusinessUpdate(businessNo,businessType,billCode,businessDate,amount,cmyAddress);
    return 0;
}
```

10

融资：供应商在确认收到资金方的融资放款后对融资业务进行上链。

```
function fullAdvance(bytes32 billCode,bytes32 businessNo, bytes32 businessType ,bytes32
    billCode, uint businessDate, uint amount, address[] cmyAddress) returns(uint) {
    Bill bill = _Bill_Table[billCode];
        // 判断票据持有企业是不是当前操作人
        if (bill.holdCmyAddress != msg.sender) {
            return 1;
        }
        // 更新票据的状态为"融资完成"(注：_advanceSettled 表示融资完成) bill.status = _advanceSettled;
        // 业务信息进行上链
        BusinessUpdate(businessNo,businessType,billCode,businessDate,amount,cmyAddress);
        return 0;
}
```

转让签收完成：票据进行转让，被转让方签收的时候对转让的业务进行上链。

```
function fullTransfer(address to, bytes32 billCode, bytes32 businessNo, bytes32 businessType,
    bytes32 billCode, uint businessDate, uint amount, address[] cmyAddress) returns(uint) {
    Bill bill = _Bill_Table[billCode];
    if (bill.holdCmyAddress != msg.sender) {
        return 1;
    }
    // 应收款凭证持有企业进行变更（注：to 为被转让方）bill.holdCmyAddress = to;
    // 业务信息进行上链
    BusinessUpdate(businessNo,businessType,billCode,businessDate,amount,cmyAddress);
    return 0;
}
```

再融资、托收等功能的合约方法同融资及转让的主要区别在于应收款凭证持有企业的变更或者应收款凭证状态的变更，在此就不赘述了。

10.1.5　系统安全设计

在本节实现的应收款融资平台中，除了使用传统应用中的 JWT 身份认证、图形验证码、应用层权限控制、密码加密传输、HTTPS 传输等机制来加强系统安全性，区块链平台也有一些机制来保证数据的安全性。

基于区块链平台的多级加密机制，可以保证发送到区块链平台的交易没有被篡改，区块链节点之间密文传输信息。基于区块链平台的共识机制，可以保证每个节点都存储了所有的交易记录，保证了交易的正确性和不易篡改性。区块链的交易一旦达成就不可更改，如果要更改，必须经过平台中大多数节点的同意，由此来保障交易的安全和可信。如果有新的节点想要加入联盟链，必须得到平台发放的证书，通过此方法对联盟准入进行限制，保证数据安全，不会有恶意节点加入。

10.2　基于 Hyperchain 的出行打车平台案例分析

本节设计实现了一个基于 Hyperchain 的出行打车平台。该平台主要提供身份管理、订单撮合、支付等功能,通过调用部署在 Hyperchain 区块链平台的智能合约,为乘客和司机提供一个去中心化的网约平台。

10.2.1　项目简介

近几年滴滴出行、Airbnb 等公司非常火爆,其背后都涉及一个叫作"共享经济"的概念。但是现在的出行市场并不完全符合共享经济的定义。维基百科对共享经济的定义如下:共享经济是指拥有闲置资源的机构或个人有偿让渡资源使用权给他人,让渡者获取回报,分享者利用分享他人的闲置资源创造价值。

通过上述定义不难发现,共享经济的一个重要特点是利用闲置资源创造价值。而如今的出行市场,在悄然涨价、自由调控价格、降低补贴政策的背后,原本的闲置社会车辆、司机在获益有限的状况下逐渐减少,而随着价格的上调,需求端也出现了一定程度的需求下降。随之而来的是高度专业化、从传统出租领域退出的群体开始涉足网约车运营的道路。同时,现如今的很多打车服务也不再是单纯对于闲散物品的整合,而是部分专业化队伍重购车辆设备进行的一次行业新转型。

基于共享经济理念,我们采用区块链技术构建了分布式的互联网出行平台——趣快出行。该平台为多个参与方提供需求发现、交易撮合、支付结算、信用评价以及衍生服务。通过区块链,我们将有能力打造一个低成本的、更加公平的出行市场,实现真正意义上的共享经济。

乘客、司机与智能合约间的交互如图 10.6 所示。

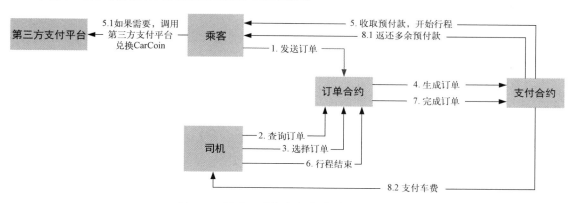

图 10.6　乘客、司机与智能合约间的交互

10

10.2.2　系统功能分析

该系统旨在为乘客与司机提供一个 P2P 网约车平台,本节将分别对乘客和司机两端进行功能分析。

1. 乘客功能分析

乘客功能整体上分为五大系统:身份系统、定位系统、订单系统、支付系统和评价系统。

(1) 身份系统

身份系统为平台乘客提供身份管理的相关功能,包括注册、登录、个人信息管理等。用户通过 App 注册成为一名乘客。注册时,系统会给乘客生成一对公私钥对,作为该乘客在区块链上的身份。同时,系统会根据该乘客的公钥生成该乘客的区块链地址。在注册时系统会请用户输入手机号作为用户名,注册之后用户即可登录系统。

个人信息部分包括乘客姓名、手机号、头像、常用地址等基本信息。乘客登录后可以进行个人信息的完善及修改。

(2) 定位系统

趣快出行通过手机上的 GPS 系统给乘客提供定位服务。定位系统给订单系统提供了强有力的基础数据支持。

(3) 订单系统

订单系统是趣快出行中最重要、最关键的功能系统。该系统负责所有与订单有关的功能。整体上订单系统分为约车服务、取消订单、查询订单。

约车服务为乘客提供约车功能。乘客设置好出发地及目的地后,即可约车。在司机接单后,用户会收到预付款请求。乘客支付完预付款后,司机会收到系统乘客已支付的通知。此时司机就会出发去接乘客。接到乘客后,订单状态更新为行程中。到达目的地后,司机选择结束订单,订单完成。此时支付系统会进行订单的清算。

取消订单给乘客提供取消订单的功能。在约车过程中,难免会出现各种情况导致乘客放弃约车。我们将取消订单功能划为两个时间段:乘客支付一分钟内和乘客支付一分钟后。在乘客支付前,司机不会来接乘客,因此不会产生纠纷,这时候乘客取消订单是无责的,不会产生违约金。而如果是在乘客支付后,此时司机在接乘客的路上,如果乘客取消订单会导致司机损失。考虑到乘客权益,我们给予乘客一分钟的宽限期。如果乘客在支付一分钟内取消订单,将不会产生违约金;如果在支付一分钟后取消则会产生违约金。当然,如果由于司机不合理取消订单,同样将会产生违约金并赔偿给乘客。

查询订单为乘客提供查询历史订单的功能。用户可以查询自己所有的历史订单,包括已完成和未完成的订单。每条订单会列出详细信息,包括出发地、目的地、时间、价格、司机、账单等。

(4) 支付系统

支付系统是趣快出行中第二关键的功能系统。该系统负责所有与支付有关的功能。整体上支付系统可以分为兑换、提现、支付预付款、订单结算几个模块。

趣快出行平台使用 CarCoin 进行支付相关的操作。CarCoin 是为趣快出行平台发行的一种"数字现金"。

- ❏ 兑换模块提供兑换 CarCoin 的功能。用户可以通过第三方支付平台进行人民币与 CarCoin 的兑换。
- ❏ 提现模块提供了 CarCoin 提现的功能。用户可以通过第三方支付平台将 CarCoin 提现成人民币。
- ❏ 支付预付款模块提供支付功能。趣快出行设计初期考虑司机的权益，会采用预付款的方式，即在订单开始前乘客即要支付订单费用。当乘客发起约车请求，并有司机接单后，乘客就会收到支付预付款请求。系统会根据订单信息计算出合理的预付款。
- ❏ 订单结算模块提供订单费用结算功能。通常乘客支付的预付款会多于实际产生的车费。因此，在订单结束后，需要进行结算。具体来说，就是根据实际行程计算出实际车费，支付给司机，然后将多余的车费返还给乘客。当然，如果产生预付款少于实际车费的情况，结算功能也要能够从乘客处收取不足的车费，并支付给司机。

(5) 评价系统

由于趣快出行去中心化、无人工干预的特点，评价系统显得尤为重要。趣快出行将根据乘客和司机的评分动态调整订单价格、订单分配等。

评价系统给乘客提供评价司机的功能。行程结束后，乘客根据行程状况给司机进行合理的评分。

2. 司机功能分析

司机功能整体上分为五大系统：身份系统、定位系统、订单系统、支付系统、评价系统。由于部分功能与乘客端重叠，在乘客端已详细介绍，此处不再赘述。

(1) 身份系统

司机端的身份系统和乘客端的类似。身份系统为平台司机提供身份管理的相关功能，包括注册、登录、个人信息管理等。用户通过 App 注册成为一名司机。注册时，系统会给司机生成一对公私钥对，作为该司机在区块链上的身份。同时，系统会根据该司机的公钥生成该乘客的区块链地址。在注册时系统会请用户输入手机号作为用户名，注册之后用户即可登录系统。

个人信息部分包括司机姓名、手机号、头像、车型、车牌号等基本信息。司机登录后可以进行个人信息的完善及修改。

(2) 定位系统

趣快出行通过手机上的 GPS 系统给用户提供定位服务，给订单系统提供了强有力的基础数据支持。

(3) 订单系统

司机端的订单系统分为开始接单、停止接单、开始行程、结束行程。

- ❑ 开始接单给司机提供"上班"的功能。司机选择开始接单后，就会进入接单状态。这时订单系统会给司机推送合适的订单供司机选择。司机选择一个订单后，系统便会通知乘客支付预付款。
- ❑ 停止接单给司机提供"下班"的功能。司机选择停止接单后，就会进入离线状态。订单系统不会再给司机推送订单。
- ❑ 开始行程给司机提供"开始工作"的功能。当司机接到乘客后，选择开始行程进入行程中。此时订单系统会记录下司机位置、行程轨迹、行程时间等行程信息。
- ❑ 结束行程给司机提供"结束工作"的功能。当结束行程后，司机选择结束行程。订单系统此时会进行订单的结算工作。

(4) 支付系统

司机端的支付系统分为费用结算、提现功能。

- ❑ 订单结算给司机提供订单费用结算功能。系统将从订单系统获取订单实际车费支付给司机。
- ❑ 提现给司机提供提现功能。司机可以将自己收到的 CarCoin 通过第三方支付平台提现成人民币。

(5) 评价系统

司机端的评价系统为司机提供给乘客评分的功能。在趣快出行平台中，给乘客的评分同样重要。司机根据行程中乘客的表现给乘客合理评分。

3. 第三方支付平台功能分析

在趣快出行平台中流通的"货币"是 CarCoin，但是现在没有人民币与 CarCoin 的交易所。为了打通 CarCoin 与现实世界的联系，趣快出行需要引入第三方支付平台合作方。

第三方支付平台在给趣快出行与用户提供一个交易的平台。用户与趣快出行官方账号在第三方支付平台上进行交易。

第三方支付具有以下两个功能。

- ❑ 兑换 CarCoin。用户可以通过在第三方支付平台的账号，与趣快出行官方账号交易，购买 CarCoin。
- ❑ 提现。用户可以通过在第三方支付平台的账号，与趣快出行官方账号交易，卖出 CarCoin。

10.2.3 系统总体设计

趣快出行系统是一个基于区块链的去中心化的网约车平台，在设计上要符合去中心化这一基本特性。本节将从业务逻辑设计和系统架构设计两方面介绍趣快出行系统的设计。

1. 业务逻辑设计

趣快出行业务逻辑主要分为两部分：行程业务逻辑与支付业务逻辑。

(1) 行程业务逻辑

在行程业务逻辑中，乘客的状态有 4 种：空闲、约车、等待接驾、行程中；司机的状态有 4 种：离线、在线、接客中、行程中。行程业务逻辑设计如下。

1) 乘客输入出发地、目的地等基本信息后，发起约车请求。此时乘客的状态从空闲变为约车。

2) 系统根据订单撮合逻辑，将订单发送给合适的处于在线状态的司机。司机选择一条订单。

3) 乘客收到预付款请求，支付预付款。支付成功后，乘客状态从约车变为等待接驾，司机状态变为接客中。

4) 司机接到乘客后，司机确认接到乘客。此时，乘客与司机的状态都变为行程中。

5) 到达目的地后，司机点击结束订单。此时，乘客的状态变为初始空闲状态，司机的状态变为初始在线状态。一个完整的订单结束。

(2) 支付业务逻辑

支付业务逻辑分为两部分：支付预付款和账单结算。

1) 支付预付款。首先，乘客收到系统的支付预付款请求。乘客点击付款后，就会在第三方支付平台上将人民币支付给趣快出行平台账户。当平台账号收到人民币后，就会将等额的 CarCoin 充值到乘客区块链账户上。然后，乘客使用 CarCoin 支付预付款。当然，如果乘客 CarCoin 余额足够支付预付款，乘客可以选择直接使用 CarCoin 支付。

2) 账单结算。账单结算部分比较简单。当行程结束后，支付合约根据订单的实际费用以及预付款结算车费，将实际车费支付给司机，将多余的预付款返还给乘客。

业务逻辑流程图如图 10.7 所示。

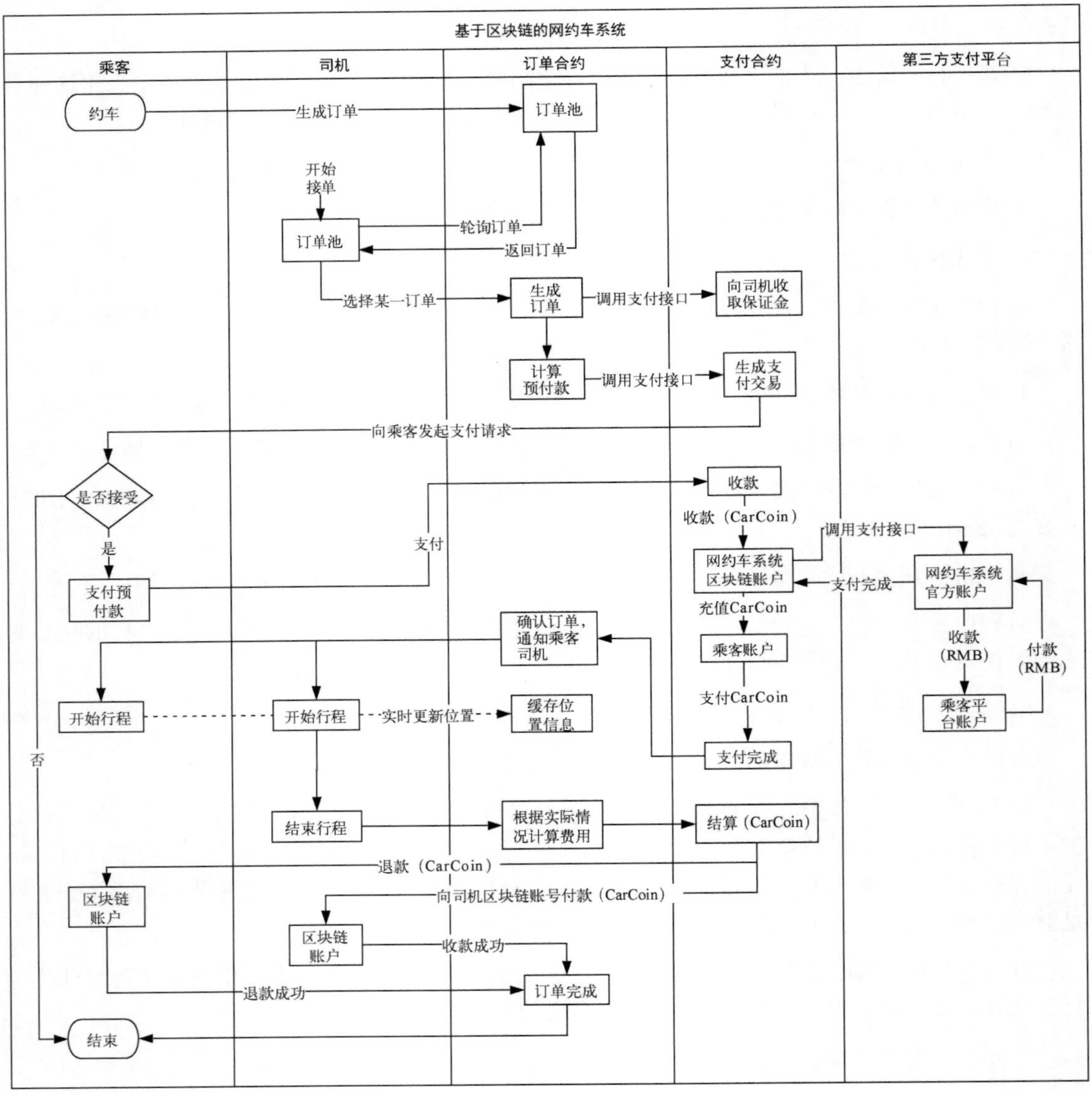

图 10.7 趣快出行业务逻辑图

2. 系统架构设计

系统架构图如图 10.8 所示。

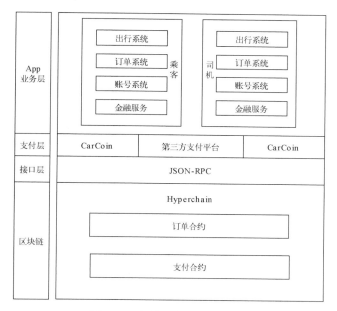

图 10.8　趣快出行系统架构图

从图中可以看出，趣快出行系统分为 4 层。

(1) 业务层

业务层负责业务逻辑的处理，通过 App 形式实现。在业务层实现了乘客与司机的身份系统、定位系统、订单系统、支付系统，用户可以通过 App 使用这些功能。

(2) 支付层

支付层负责提供支付相关的接口，分为两部分：一部分是 CarCoin 支付相关接口，包括支付等；另一部分是第三方支付相关接口，包括兑换 CarCoin、提现等。

(3) 接口层

接口层负责提供与底层区块链交互的接口，接口采用 JSON-RPC 方式。

(4) 区块链

区块链层提供区块链平台。在区块链中，部署了趣快出行项目的两个智能合约——订单合约和支付合约。

10.2.4　智能合约设计

趣快出行系统使用智能合约来实现主体业务逻辑。智能合约既是程序逻辑的主体，也是数据存储的主体，本节将会介绍趣快出行系统中智能合约的设计。

10

1. 概念设计

智能合约的设计总体上来说一般有两种方案：第一种方案采用面向对象的思想，对于每一个项目中的对象都对应设计一份智能合约，在我们的项目中，司机是一个合约，乘客也是一个合约，然后通过第三个合约（例如打车合约）使之关联在一起；另一种方案就是设计一个合约，不同的对象表现为合约中的结构体，并且使用映射的方式存储。在本案例中，我们使用的是第二种方案，相对来说，第二种方案对象之间的交互更加容易，代码更加容易理解，测试也较为简单。

总体上来说，我们需要设计两个合约——支付合约和打车合约。支付合约实现“电子现金”CarCoin 的功能，而打车合约提供打车所需要的数据存储功能。之所以设计两个合约，是因为它们之间的耦合度较低，并且打车合约可能面临经常需要升级的情况，而支付合约则相对稳定，因此这样的设计可以减少扩展维护的开销。

2. 支付合约设计

首先我们来介绍一下合约状态设计。

支付合约的功能为实现一个“电子货币”，因此需要一个映射来保存用户的余额。同时我们需要保存合约的拥有者和打车合约地址，前者用于标识发行货币者的身份，并且对充值、提现进行权限控制，相当于一个管理员的角色。后者则用于转账的权限控制，使得只有打车合约能够调用预付款、结账等涉及转账的方法。

在实际生活中，货币的最小单位并不是常用单位，例如人民币最小单位是“分”，而常用单位却是“元”。为了能和人民币进行对应，我们设定 CarCoin 的最小单位也是分，因此使用一个 int 类型来保存的时候，1 代表 1 分。

```
address owner; // 合约拥有者，“货币”发行者
address taxi; // 打车合约
mapping (address => int) balances; // 用户余额
```

除此之外，我们还需要一个 struct 结构体来保存转账的记录，它有 4 个属性：付款方、收款方、金额、备注。备注信息用来表明转账的意图。同时还有一个计数器记录这些记录的总数，因为我们的转账记录是按照编号顺序存储的，这样做是为了节省开销。最后我们需要一个映射，使用编号来映射到具体的结构体中。

```
struct record{
    address from; // 付款方
    address to; // 收款方
    int value; // 金额
    string comment; // 转账意图
}
uint counter; // 计数器
mapping (uint => record) records; // 编号映射到结构体
```

接下来我们详细介绍合约方法设计。

(1) 构造方法

每个合约都有一个默认的构造函数，这和面向对象的程序设计（例如 C++）中的构造函数是一样的，它在合约部署的时候会被调用，用于做一些初始化的工作。我们可以对它进行重写。在我们的构造函数中，要初始化 owner 字段，它用于记录合约的拥有者，即货币发行者，之后设定发行的总货币量，最后初始化我们的转账记录计数器。

```
// 构造函数
function CarCoin(){
    owner = msg.sender;
    balances[owner] = 100000000000;
    counter = 1;
}
```

(2) 权限控制符

Solidity 中有 modifier 标识符，声明之后便可以在后面的方法定义中使用，这样可以减少代码中重复的权限控制语句。下面可以看到我们写了两个用于权限控制的标识符，第一个要求方法调用者必须是 taxi 字段保存的用户地址，第二个要求方法调用者必须是 owner 字段保存的合约拥有者。它们的具体用法我们会在后面看到。

```
modifier onlyTaxi(){
    if (msg.sender != taxi) throw;
    _;
}

modifier onlyOwner(){
    if (msg.sender != owner) throw;
    _;
}
```

(3) 注册函数

由于打车合约可能被重新部署以完成升级、维护等操作，因此我们的 taxi 字段应该可以动态改变。这个函数需要使用刚才设定的标识符来进行权限控制，使之只能被合约拥有者调用。

```
function exeOnce(address addr) onlyOwner{
    taxi = addr;
}
```

(4) 记录函数

根据前面的设定，任何转账行为都应该有对应的记录，下面的函数就会将记录存储起来。

```
// 记录函数
function Transfer(address from, address to, int value, string comment) private{
    records[counter].from = from;
    records[counter].to = to;
    records[counter].value = value;
    records[counter].comment = comment;
    counter++;
}
```

10

(5) 转账函数

虽然我们实现的是一个"电子货币"，但是我们只允许在打车流程中进行流通，而不允许用户随意自由转账。根据场景我们将转账函数细分为 4 个：预付款、结账、收取违约金、充值/提现。前三者只允许打车合约调用，最后一个只允许合约拥有者调用。可以看到，我们之前定义的标识符被用在了函数声明中，用来进行权限控制。顺便一提，充值/提现使用的是同一个函数，因为我们只要设定金额为负数，就实现了提现。

```
// 预付款函数
function prepay(address client, int preFee) onlyTaxi
    returns(bool success){
    balances[client] -= preFee;
    balances[owner] += preFee;
    Transfer(client, this, preFee, "prepay");
    return true;
}
// 结账函数
function confirm(address client, address driver, int preFee,
    int finalFee) onlyTaxi returns(bool success){
    int remain = preFee - finalFee;
    balances[owner] -= preFee;
    balances[client] += remain;
    balances[driver] += finalFee;
    Transfer(this, client, remain, "remain fee");
    Transfer(this, driver, finalFee, "final fee");
    return true;
}
// 违约金函数
function penalty(address from, address to, int amount)
    onlyTaxi returns(bool){
    balances[from] -= amount;
    balances[to] += amount;
}
// 充值/提现函数
function recharge(address addr, int amount) onlyOwner
        returns(bool){
    if (balances[owner] < amount){
        return false;
    }
    balances[addr] += amount;
    balances[owner] -= amount;
    Transfer(this, addr, amount, "recharge");
    return true;
}
```

(6) 查询函数

当然，我们要能够查询用户的余额，顺便可以查看合约拥有者到底是谁。

```
// 查询余额
Function getBalance(address addr) returns(int){
    return balances[addr];
```

```
}
// 查询合约拥有者
function getOwner() returns(address){
    return owner;
}
```

3. 打车合约设计

打车合约要完成一个完整的打车流程，其主要对象有：订单、司机、乘客和评价。其中乘客并没有单独抽象出来，因为在打车的场景中，并不需要具体的乘客信息，只需要乘客的联系方式以及地址即可，而它们都被包含在了订单对象中，另外单独列成结构体的是乘客的位置信息，它只是为了使得在打车这个场景中某些逻辑更加合理罢了，并不是必须的。

关于我们的数据结构类型，由于 Solidity 并不支持浮点数的计算，因此需要用整数来模拟。前面对于 CarCoin 的设定便是如此。这里我们还要处理有关距离的数据，经纬度在这里保留了小数点后 6 位，也就是说，120° 在这里存放的实际形式为 120000000，而根据大致的计算，其中 1 表示的是 0.1 米。至于时间，我们采用的是 Linux 时间戳，其值为 1970 年 1 月 1 日到当前的秒数。评分则采用[0, 5000]的数值，用来表示 5 分制，即可以保留小数点后 3 位。

我们首先列出订单对象，它包含了如下属性：订单编号、乘客地址、司机地址、起终点经纬度、起终点地名、距离、时间、费用、状态、乘客信息和司机信息。这些信息的含义也十分好理解，就如其字面意思一样。同时有一个计数器表明当前的订单数，一个映射将编号映射到具体的订单结构中。

```
struct Order{
    uint id; // 订单编号
    address passenger; // 乘客地址
    address driver; // 司机地址
    int s_x; // 起点经度
    int s_y; // 起点纬度
    int d_x; // 终点经度
    int d_y; // 终点纬度
    string sName; // 起点地名
    string dName; // 终点地名
    int distance; // 起终点直线距离
    int preFee; // 预付款额
    int actFee; // 里程费
    int actFeeTime; // 时长费
    uint startTime; // 订单提交时间 UNIX 标准时间
    uint pickTime;// 接客时间
    uint endTime;// 结束时间
    int state; // 订单状态 1 待分配 2 已被抢 3 订单完成 4 订单终止
    string passInfo; // 乘客个人信息
    string drivInfo0; // 司机个人信息
    string drivInfo1;
    string drivInfo2;
}
uint counterOrderIndex; // 下一个空的订单序号
mapping (uint => Order) orders;
```

10

　　司机结构保存了有关司机的信息，其属性有：经纬度、是否接单、自身地址、信息、订单池、上一次经纬度。需要说明的是"上一次经纬度"这个属性，它用于进行实时计费，是一个辅助属性。另外，由于订单并不需要一一对应到某一个司机或者乘客上（当某一单结束之后，新的一单开始），所以只需要编号作为映射的键值即可，而司机结构和具体的司机是一一对应的，并且司机内部仍然需要一个编号，于是我们就看到了双重映射，司机的地址映射到了一个编号上，再由这个编号映射到具体的结构体上。

```
mapping (address => uint) driverIndexs; // 给每个司机分配一个内部的序号
uint counterDriverIndex;   // 下一个空的司机序号（当前司机数量+1）
struct Driver{
    int cor_x; // 经度
    int cor_y; // 纬度
    bool state; // true 表示接单中 false 表示休息中
    address name; // 司机地址
    string info0;
    string info1;
    string info2;
    uint counterOrder; // 司机当前可接订单数
    uint[8] orderPool; // 司机可接订单池
    int last_x; // 上一次经度
    int last_y; // 上一次纬度
}
mapping (uint => Driver) drivers;// 使用序号去寻找司机的信息
```

　　评价结构较为简单，它的属性有：总评价数、平均评价、单次分数、单次评价。其中，单次分数和评价都是按顺序存放的，同时也有一个映射将司机地址映射到评价结构中。

```
struct Judgement{
    int total; // 总评价数
    int avgScore; // 平均分
    mapping (int => int) score; // 单次分数
    mapping (int => string) comment; // 单次评价
}
mapping (address => Judgement) driverJudgements;
```

　　乘客位置结构很简单，不再赘述。

```
struct passengerPosition{
    int x;
    int y;
}
mapping (address => passengerPosition) passPos;
```

　　最后，还有一些独立的结构，首先是支付合约结构，这是一种合约之间互相调用的方法，和C++中的类十分相像，调用某个合约的方法只需要使用"变量.方法名"的形式即可。然后我们还有两个映射，分别将乘客和司机映射到某个订单上，表达的是当前乘客、司机所处的订单。正如前面所说，它会因为旧订单的结束、新订单的开始而被更新。之后是两个映射，用来存储用户的当前状态，状态是表明用户所处哪个阶段的重要标识，在合约方法设计中我们会详述。最后一个映射表明附近的司机。

```
CarCoin carcoin;

// 每个乘客对应到某个订单
mapping (address => uint) passengerToOrder;
// 每个司机对应到某个订单
mapping (address => uint) driverToOrder;
// 乘客状态
mapping (address => uint) passengerStates;
// 司机状态
mapping (address => uint) driverStates;
// 附近的司机
mapping (address => uint[5]) passengerNearDrivers;
```

接下来我们来详细介绍合约方法设计。

(1) 构造函数

不同于默认的构造函数，这里使用了带参构造函数，参数是支付合约的地址。因为在打车流程中需要多次使用支付合约的方法。除此之外，就是对订单计数器和司机计数器进行初始化。

```
function Taxi(address cc){
    counterDriverIndex = 1;
    counterOrderIndex = 1;
    carcoin = CarCoin(cc);
}
```

(2) 私有函数

如同 C++一样，我们可以定义一些私有函数，它们只能在内部使用。这里我们有 4 个私有函数。第一个是开根函数，Solidity 并没有现成的对整数进行开根的函数，于是我们需要自己定义。有关整数开根的问题，网上有很多讨论，它们可以获得精度较高的整数平方根。其次是距离计算函数，用的是两点距离公式，在本案例中其实是有所偏差的，因为根据两点之间的经纬度计算实际的距离有一套计算公式，要考虑地球半径以及经纬度位置等，而我们将球面的距离公式简化成了平面的距离公式，因为 Solidity 并不适合进行复杂的数学运算，加之小范围的距离误差并无多大影响，故采用此下策。第三是订单分配函数，也采用了最简单的方案，即处在一定范围内的司机都被分配。最后是计算预付款函数，其原理是计算两点的直角边距离，然后乘上一个系数。

```
function sqrt(int x) private returns (int){
    if(x < 0)
        x = - x;
    int z = (x + 1) / 2;
    int y = x;
    while (z < y){
        y = z;
        z = (x / z + z) / 2;
    }
    return y;
}

function calculateDistance(int x0, int x1, int y0, int y1)
```

```
        private returns(int){
    int tempX = x0 - x1;
    int tempY = y0 - y1;
    return sqrt(tempX*tempX + tempY*tempY);
}

function driverSelction(int x, int y, uint orderIndex)
        private returns(bool){
    uint i;
    uint j;
    int threshold = 50000; // 阈值，当距离小于该值之后则派单，数值可调整
    int temp;
    uint maxOrder = 8; // 司机可抢的最大订单数量
    bool flag = false;
    for (i=1; i<counterDriverIndex; ++i){
if (drivers[i].state && driverStates[drivers[i].name] == 0){
    temp = calculateDistance(x, drivers[i].cor_x, y,
        drivers[i].cor_y);
            if (temp < threshold){
                // 找到订单池中的空位
                for(j=0; j<maxOrder; ++j){
                    if(orders[drivers[i]. orderPool[j]].state != 1){
                        flag = true;
                        drivers[i].orderPool[j] = orderIndex;
                        break;
                    }
                }
            }
        }
    }
    return flag;
}

function calculatePreFee(int s_x, int s_y, int d_x, int d_y)
        private returns(int){
    int tempX = s_x - d_x;
    int tempY = s_y - d_y;
    if (tempX < 0){
        tempX = -tempX;
    }
    if (tempY < 0){
        tempY = -tempY;
    }
    return ((tempX + tempY) * unitPrice) / 2 * 3 / 100;
}
```

(3) 乘客提交订单

正如其字面意思，乘客通过该函数提交订单请求，合约会分配一个新的订单编号，并且将信息写入，同时分配给司机。如果乘客余额不足，或是没有司机，又或是状态不正确（例如上一单还未结束，新的订单就不会被分配），都会出现提交失败。提交后会返回订单编号，通过这个编

号，乘客可以很方便地查询到订单的具体信息。如果提交成功，则会设置对应的状态，进入等待司机抢单的阶段。

```
function passengerSubmitOrder(int s_x, int s_y, int d_x, int
    d_y, uint time, string passInfo, string sName, string dName) returns(uint){

    // 乘客账户余额必须是正数
    if(carcoin.getBalance(msg.sender) < 0){
        return 0;
    }

    // 乘客必须处于挂起状态才能抢单
    if(passengerStates[msg.sender] != 0){
        return 0;
    }
    if (counterDriverIndex <= 1){ // 没有司机
        return 0;
    }
    // 创建新的订单
    passengerToOrder[msg.sender] = counterOrderIndex;
    orders[counterOrderIndex].id = counterOrderIndex;
    orders[counterOrderIndex].passenger = msg.sender;
    orders[counterOrderIndex].driver = 0x0;
    orders[counterOrderIndex].s_x = s_x;
    orders[counterOrderIndex].s_y = s_y;
    orders[counterOrderIndex].d_x = d_x;
    orders[counterOrderIndex].d_y = d_y;
    orders[counterOrderIndex].distance = 0;
    orders[counterOrderIndex].preFee = penaltyPrice + calculatePreFee(s_x, s_y, d_x, d_y);
    orders[counterOrderIndex].actFee = 0;
    orders[counterOrderIndex].actFeeTime = 0;
    orders[counterOrderIndex].startTime = time;
    orders[counterOrderIndex].state = 1;
    orders[counterOrderIndex].passInfo = passInfo;
    orders[counterOrderIndex].sName = sName;
    orders[counterOrderIndex].dName = dName;
    counterOrderIndex++;
    passengerStates[msg.sender] = 1; // 乘客订单分配中

    if(!driverSelction(s_x, s_y, counterOrderIndex-1)){
        orders[counterOrderIndex-1].state = 4;
        passengerStates[msg.sender] = 0;
        return 0;
    }

    return counterOrderIndex-1;
}
```

(4) 司机抢单

我们采取的是司机抢单的模式，通过这个函数就可以完成这个操作，它会检查抢单的条件，如果成功则会设置对应的状态，进入等待乘客预付款的阶段。

10

```
function driverCompetOrder(uint orderIndex) returns(bool){
    if(driverIndexs[msg.sender] == 0){// 司机没有注册
        return false;
    }
    if(driverStates[msg.sender] != 0){// 司机不在挂起状态
        return false;
    }
    if(orders[orderIndex].state != 1){// 抢单失败
        return false;
    }
    orders[orderIndex].state = 2;
    orders[orderIndex].driver = msg.sender;
    orders[orderIndex].drivInfo0 =
        drivers[driverIndexs[msg.sender]].info0;
    orders[orderIndex].drivInfo1 =
        drivers[driverIndexs[msg.sender]].info1;
    orders[orderIndex].drivInfo2 =
        drivers[driverIndexs[msg.sender]].info2;
    passengerStates[orders[orderIndex].passenger] = 2; // 乘客待付款
    driverStates[msg.sender] = 1; // 司机已接单
    driverToOrder[msg.sender] = orderIndex;
    // 初始化司机上一次位置
    drivers[driverIndexs[msg.sender]].last_x =
        orders[orderIndex].s_x;
    drivers[driverIndexs[msg.sender]].last_y =
        orders[orderIndex].s_y;
    return true;
}
```

(5) 乘客预付款

我们采取预付款的模式,这里的预付款就是调用支付合约的接口,然后对状态进行检查,如果成功,则会设置对应的状态,并且进入等待司机接客的阶段。

```
function passengerPrepayFee() returns(bool){
    uint orderIndex = passengerToOrder[msg.sender];
    address driver = orders[orderIndex].driver;

    // 乘客不是待付款,或者订单不是已被抢
    if (passengerStates[msg.sender] != 2 ||
            orders[orderIndex].state != 2){
        return false;
    }

    // 付款过程,确定款项已经进入合约账户
    if (carcoin.prepay(msg.sender, orders[orderIndex].preFee)){
        passengerStates[msg.sender] = 3;
        driverStates[driver] = 2;
        return true;
    } else {
        // ...
        orders[orderIndex].state = 4;
        passengerStates[msg.sender] = 0;
        driverStates[driver] = 0;
```

```
            return false;
        }
    }
```

(6) 司机接客

当司机接到乘客的时候，调用该函数来进行状态检查和设置，这里我们还进行了防作弊的检验，即只有司机和乘客的当前位置足够接近的时候才能调用成功，防止司机进行欺诈。这样的自动化判断是十分必要的，因为这是一个完全无人值守的系统，严苛的检查有利于减少纠纷。当调用成功之后，就会进入行程中的状态。

```
function driverPickUpPassenger(int x, int y, uint time)
    returns(bool){
    uint orderIndex = driverToOrder[msg.sender];
    address passenger = orders[orderIndex].passenger;

    // 状态检查
    if (driverStates[msg.sender] != 2 ||
    passengerStates[passenger] != 3 ||
    orders[orderIndex].state != 2){
        return false;
    }

    int passX = passPos[passenger].x;
    int passY = passPos[passenger].y;
    int threshold = 20000;

    if (calculateDistance(x, passX, y, passY) > threshold){
        return false;
    }

    drivers[driverIndexs[msg.sender]].last_x = x;
    drivers[driverIndexs[msg.sender]].last_y = y;
    orders[orderIndex].pickTime = time;

    passengerStates[passenger] = 4;
    driverStates[msg.sender] = 3;
    return true;
}
```

(7) 实时计费

实现实时计费的方法为，司机在行程中不断调用该函数，并且传入当前的位置，进行分段计费，当分段分得足够细的时候，我们就可以用每段的直线距离总和来近似估计行程总长，达到实时计费的效果。

```
function driverCalculateActFee(int cur_x, int cur_y) returns(int){
    uint orderIndex = driverToOrder[msg.sender];
    uint driverindex = driverIndexs[msg.sender];
    int distance;
    address passenger = orders[orderIndex].passenger;
```

```
    // 状态检查
    if (driverStates[msg.sender] != 3 ||
        passengerStates[passenger] != 4 ||
        orders[orderIndex].state != 2){
        return 0;
    }

    distance = calculateDistance(cur_x,
        drivers[driverindex].last_x, cur_y,
        drivers[driverindex].last_y);
    orders[orderIndex].distance += distance;
    orders[orderIndex].actFee += distance * unitPrice / 100;
    drivers[driverindex].cor_x = cur_x;
    drivers[driverindex].cor_y = cur_y;
    drivers[driverindex].last_x = cur_x;
    drivers[driverindex].last_y = cur_y;
    return orders[orderIndex].actFee;
}
```

(8) 完成订单

司机在乘客下车之后可以使用此函数来完成订单，系统会根据实际费用和预付款额来进行结算，并且调用支付合约的接口完成支付。

```
function driverFinishOrder(uint time) returns(bool){
    uint orderIndex = driverToOrder[msg.sender];
    address passenger = orders[orderIndex].passenger;
    // 司机不是行程中，订单不是已被抢
    if (driverStates[msg.sender] != 3 ||
        passengerStates[passenger] != 4 ||
        orders[orderIndex].state != 2){
        return false;
    }
    if (time < orders[orderIndex].pickTime){
        time = orders[orderIndex].pickTime;
    }
    orders[orderIndex].actFeeTime = (int)(time -
        orders[orderIndex].pickTime) * unitPriceTime;
    int preFee = orders[orderIndex].preFee;
    int finalFee = orders[orderIndex].actFee +
        orders[orderIndex].actFeeTime;
    if (finalFee > preFee){
        finalFee = preFee;
        orders[orderIndex].actFee = finalFee -
            orders[orderIndex].actFeeTime;
    }

    // 支付
    if (carcoin.confirm(passenger, msg.sender, preFee,
        finalFee)){
        orders[orderIndex].state = 3;
        orders[orderIndex].endTime = time;
        passengerStates[passenger] = 0;
        driverStates[msg.sender] = 0;
```

```
        return true;
    } else {
        // ...
        passengerStates[passenger] = 0;
        driverStates[msg.sender] = 0;
        orders[orderIndex].state = 4;
        return false;
    }
}
```

(9) 取消函数

订单取消是实际情况中经常遇到的，我们提供了统一的接口，系统会自动判断当前的状态是否可以取消，并且进行设置。乘客调用对应乘客的取消函数，司机调用对应司机的取消函数。

```
function passengerCancelOrder(bool isPenalty) returns(bool){
    uint orderIndex = passengerToOrder[msg.sender];
    address driver = orders[orderIndex].driver;

    // 乘客在司机接单前取消订单，没有任何惩罚
    if (passengerStates[msg.sender] == 1 &&
        orders[orderIndex].state == 1){
        passengerStates[msg.sender] = 0;
        orders[orderIndex].state = 4;
        return true;
    }

    // 乘客在司机接单后、自己预付款前取消订单，没有惩罚
    if (passengerStates[msg.sender] == 2 &&
        driverStates[driver] == 1 && orders[orderIndex].state
        == 2){
        passengerStates[msg.sender] = 0;
        driverStates[driver] = 0;
        orders[orderIndex].state = 4;
        return true;
    }

    // 乘客在预付款后、等待司机接客时取消订单
    if (passengerStates[msg.sender] == 3 &&
        driverStates[driver] == 2 && orders[orderIndex].state
        == 2){
        // 退还预付款
        if (!carcoin.confirm(msg.sender, driver,
            orders[orderIndex].preFee, 0)){
            return false;
        }
        // 违约金
        if (isPenalty){
            carcoin.penalty(msg.sender, driver, penaltyPrice);
        }
        passengerStates[msg.sender] = 0;
        driverStates[driver] = 0;
        orders[orderIndex].state = 4;
        return true;
```

10

```
        }

        return false;
    }

function driverCancelOrder() returns(bool){
    uint orderIndex = driverToOrder[msg.sender];
    address passenger = orders[orderIndex].passenger;

    // 司机在乘客预付款前取消
    if (driverStates[msg.sender] == 1 &&
        passengerStates[passenger] == 2 &&
        orders[orderIndex].state == 2){
        passengerStates[passenger] = 0;
        driverStates[msg.sender] = 0;
        orders[orderIndex].state = 4;
        return true;
    }
    // 司机在乘客预付款后取消，有违约金
    if (driverStates[msg.sender] == 2 &&
        passengerStates[passenger] == 3 &&
        orders[orderIndex].state == 2){
        // 退还预付款
    if (!carcoin.confirm(passenger, msg.sender,
        orders[orderIndex].preFee, 0)){
            return false;
    }
        carcoin.penalty(msg.sender, passenger, penaltyPrice);
        passengerStates[passenger] = 0;
        driverStates[msg.sender] = 0;
        orders[orderIndex].state = 4;
        return true;
    }
    return false;
}
```

(10) 乘客评价

乘客在完成一笔订单之后可以进行评价,评价完成之后会解除绑定,乘客就无法再次评价了。

```
function passengerJudge(int score, string comment)
    returns(bool){
    uint orderIndex = passengerToOrder[msg.sender];
    address driver = orders[orderIndex].driver;
    int total = driverJudgements[driver].total;

    if (orderIndex == 0){
        return false;
    }

    passengerToOrder[msg.sender] = 0; // 解除绑定
    if (score > 5000)
        score = 5000;
    if (score < 0)
```

```
        score = 0;
    driverJudgements[driver].avgScore =
        (driverJudgements[driver].avgScore * total + score) / (total + 1);
    driverJudgements[driver].total += 1;
    total++;
    driverJudgements[driver].score[total] = score;
    driverJudgements[driver].comment[total] = comment;
    return true;
}
```

(11) 司机注册

司机在合约内部是有一个编号的，新的司机并不会直接分配出一个司机结构体，因此需要调用该函数进行“注册”。

```
function newDriverRegister(string info0, string info1, string
    info2) returns(uint){
    if (driverIndexs[msg.sender] > 0){// 已经注册
        return driverIndexs[msg.sender];
    }
    driverIndexs[msg.sender] = counterDriverIndex;
    drivers[counterDriverIndex].state = false;
    drivers[counterDriverIndex].name = msg.sender;
    drivers[counterDriverIndex].cor_x = 0;
    drivers[counterDriverIndex].cor_y = 0;
    drivers[counterDriverIndex].info0 = info0;
    drivers[counterDriverIndex].info1 = info1;
    drivers[counterDriverIndex].info2 = info2;
    drivers[counterDriverIndex].counterOrder = 0;
    driverStates[msg.sender] = 0;
    counterDriverIndex++;
    return counterDriverIndex - 1;
}
```

(12) 查询函数

由于智能合约的特殊性，Solidity 并不支持主动式的通知，因此所有信息都需要客户端来主动进行查询，因此需要大量的查询函数来支持查询。这些查询函数的结构非常类似，都是返回某些结构体的具体内容。下面仅以查询订单信息为例进行展示，详情不再赘述，读者可以参看合约源代码。

```
function getOrderInfo0(uint orderIndex) returns(uint id,
    address passenger, int s_x, int s_y, int d_x, int d_y,
    int distance, int preFee, uint startTime, string
    passInfo){
    id = orders[orderIndex].id;
    passenger = orders[orderIndex].passenger;
    s_x = orders[orderIndex].s_x;
    s_y = orders[orderIndex].s_y;
    d_x = orders[orderIndex].d_x;
    d_y = orders[orderIndex].d_y;
    distance = orders[orderIndex].distance;
```

10

```
    preFee = orders[orderIndex].preFee;
    startTime = orders[orderIndex].startTime;
    passInfo = orders[orderIndex].passInfo;
}
```

10.2.5　系统实现与部署

趣快出行系统分为 App 前端和区块链后台两部分。App 前端直接下载安装便可使用，这里不再赘述。本节将介绍趣快出行系统区块链后台的部署。

1. 系统部署图

系统部署图如图 10.9 所示。

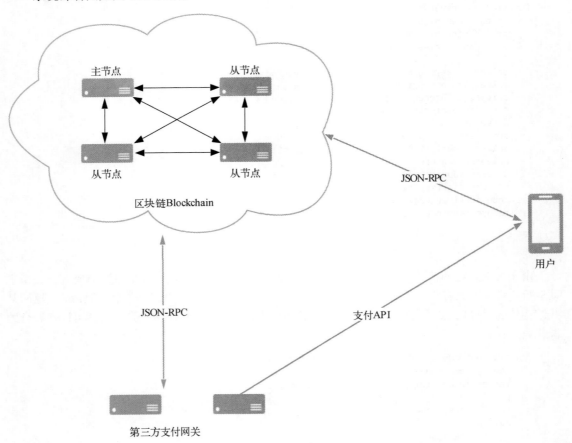

图 10.9　系统部署图

本案例采用 Hyperchain 作为区块链底层平台，趣快出行、第三方支付平台等合作方各出一台服务器作为区块链节点加入 Hyperchain 网络。用户（乘客和司机）通过 App 接入 Hyperchain 平台。第三方支付平台的支付服务器作为系统的支付网关与 Hyperchain 连接，App 则通过第三方支付 API 连接支付网关。

2. 系统部署环境

- **硬件环境**

区块链：阿里云服务器、双核 CPU、4GB 内存、500GB 可用存储空间

App：iPhone

第三方支付网关：阿里云服务器、双核 CPU、4GB 内存、200GB 可用存储空间

- **软件环境**

区块链：Linux 操作系统（Ubuntu 14.04）；Go 语言环境

App：iOS 8.0 以上

第三方支付网关：Linux 操作系统（Ubuntu 14.04）；Go 语言环境

3. 区块链环境搭建

对于一台空的服务器，可按照以下步骤搭建区块链环境。

(1) 安装 Git

```
apt-get update
apt-get install git
```

(2) 安装 Curl

```
apt-get install curl
```

(3) 安装配置 Go 语言环境

```
curl -0 https://storage.googleapis.com/golang/go1.8.1.linux-amd64.tar.gz
tar -C /usr/local -xzf go1.8.1.linux-amd64.tar.gz
export PATH=$PATH:/usr/local/go/bin
```

(4) 获取区块链可执行二进制文件

```
git clone https://github.com/trakel-project/trakelchain.git
```

(5) 启动区块链

```
cd trakelchain && ./start.sh
```

注意，以上环境搭建是区块链环境的搭建步骤，不包含第三方支付网关以及 iOS App。trakelchain 已部署趣快出行所需的智能合约，可直接调用。

10.3　小结

本章介绍了两个基于 Hyperchain 的企业级区块链应用项目案例，每个案例均包括项目简介、系统功能分析、系统总体设计、智能合约设计、系统实现和部署等部分。可以看到，利用 Hyperchain 可以构建功能完备、技术领先、符合企业级要求的区块链应用。读者可对照本章内容，通过 Hyperchain 提供的完善的开发接口，对区块链应用开发进行深入的学习和实践。

图灵教育

站在巨人的肩上
Standing on the Shoulders of Giants

TURING

图灵教育

站在巨人的肩上

Standing on the Shoulders of Giants